"双高建设"新型一体化教材

安全系统工程

（第 3 版）

Safety System Engineering

（3rd Edition）

主　编　林　友　卢　萍

副主编　文义明　何丽华　李国忠

北　京

冶 金 工 业 出 版 社

2024

内 容 提 要

本书内容分为6章，分别从安全技术及安全生产管理工作的实际需要出发，系统地介绍了系统安全分析、伤亡事故统计分析与调查处理、系统安全评价、系统安全决策与危险控制等基本概念、原理及方法。此外，本书还特别结合非煤矿山生产工艺系统安全技术与管理工作，兼顾矿物加工技术及尾矿设施管理等系统安全，介绍了大量的典型应用实例。

本书为高职高专院校教学用书，也可用作职业培训教材，亦可供从事安全技术与管理工作的人员参考。

图书在版编目（CIP）数据

安全系统工程／林友，卢萍主编 . —3 版 . —北京：冶金工业出版社，2022.8（2024.8 重印）

"双高建设"新型一体化教材

ISBN 978-7-5024-9242-7

Ⅰ . ①安…　Ⅱ . ①林…　②卢…　Ⅲ . ①安全系统工程—高等职业教育—教材　Ⅳ . ①X913.4

中国版本图书馆 CIP 数据核字（2022）第 148719 号

安全系统工程（第 3 版）

出版发行	冶金工业出版社	**电　话**	（010）64027926
地　址	北京市东城区嵩祝院北巷 39 号	**邮　编**	100009
网　址	www. mip1953. com	**电子信箱**	service@ mip1953. com

责任编辑　杨盈园　美术编辑　彭子赫　版式设计　郑小利
责任校对　王永欣　责任印制　禹　蕊
三河市双峰印刷装订有限公司印刷
2011 年 1 月第 1 版，2016 年 4 月第 2 版，
2022 年 8 月第 3 版，2024 年 8 月第 3 次印刷
787mm×1092mm　1/16；16.25 印张；391 千字；247 页
定价 **46.00** 元

投稿电话　（010）64027932　投稿信箱　tougao@cnmip. com. cn
营销中心电话　（010）64044283
冶金工业出版社天猫旗舰店　yjgycbs. tmall. com
（本书如有印装质量问题，本社营销中心负责退换）

第3版前言

本书第1版于2011年1月出版，获评为2013年云南省高等学校精品教材；第2版于2016年4月出版。

本书是根据教育部高职高专院校培养高素质技术技能人才的要求，为满足安全技术与管理等专业岗位能力的需求而编写的新型一体化教材。针对安全技术与管理等专业人才培养方案的要求，以工矿企业系统安全为主线，结合大量生产案例对多种分析方法系统地进行讲解，并安排了大量的课后习题，具有较强的针对性及实用性。在编写过程中充分考虑了高职高专教育特色，本着联系企业安全生产实际、知识够用的原则安排教学内容，旨在培养学生具备正确运用各种系统安全分析方法分析实际工程问题、伤亡事故统计分析与调查处理、安全评价基础知识、系统安全决策与危险控制以及企业重大危险源辨识的基本能力和知识；始终坚持培养学生分析和解决问题能力这一主线，精心构思和设计，体现了应用型人才培养的要求。安全系统工程是一门理论性较强又涉及具体工程知识运用的理论科学。通过本课程的学习，学生能够掌握安全系统工程的基本理论、原理和分析方法，提升运用系统安全分析方法解决工程实际问题的理论素质，在系统危险源辨识及安全技术与管理等方面具有较为深刻的认识，为从事安全技术与管理工作打下坚实的基础。

本书由长期从事安全专业教学研究及安全技术与管理工作的人员编写，昆明冶金高等专科学校林友和卢萍担任主编。具体的编写分工为：第1章由林友、张金梁、李瑛娟和王艳飞编写；第2章由林友、卢萍、文义明、王育军和马磊编写；第3章由卢萍、夏建波、龙晓波、李宛鸿、段丽萍、云南国土资源职业学院冯溪阳和保山市民生安全评价有限公司肖振华编写；第4章、第5章由林友、卢萍、聂琪、叶加冕、林吉飞、尹琼和云南省能源安全监测中心李国忠编写；第6章由何丽华、彭芬兰、李芬锐、常青青、云南华联锌铟股份有限公司张承功和云南能源职业技术学院幸文宬编写；课后习题及复习思考题由林友、卢萍和程涌编写；林友负责全书统稿。

　　在编写过程中，参考了大量文献资料，并得到了昆明理工大学杨溢、杨志全、谢贤平的大力帮助，在此一并表示衷心的感谢。

　　由于作者水平所限，书中难免有不妥之处，诚请读者批评指正。

编　者

2022 年 5 月

第 2 版前言

本书第 1 版于 2011 年 1 月正式出版，并获 2013 年云南省高等学校精品教材奖励。

本书的编写始终坚持为培养学生分析和解决问题能力这一主线，精心构思和设计。在教学内容及其编排上，体现了应用型人才培养的要求。安全系统工程是一门理论性较强又涉及具体工程知识运用的理论科学，通过本课程的学习，不仅让学生掌握安全系统工程的基本理论、原理和分析方法，同时为运用系统安全分析方法解决工程实际问题建立理论素质，对系统危险源辨识及安全技术与管理等方面具有较为深刻的认识，为从事安全工作打下坚实的基础。但在过去，教师和学生接触到的主要是一些理论性较强的教材，工程实例讲解分析方面有所欠缺。本书主要以工矿企业系统安全为主线，并结合大量生产实例对多种分析方法系统地进行讲解，具有较强的针对性及实用性。

本书由长期从事安全专业教学研究及安全技术与管理工作的人员编写，由昆明冶金高等专科学校林友和王育军担任主编。具体的编写分工为：林友编写第 1 章和第 2 章；王育军、林友和卢萍编写第 3 章；夏建波和保山市民生安全评价有限公司的王连森编写第 4 章；林友、叶加冕和卢萍编写第 5 章；何丽华、聂琪和云南华联锌铟股份有限公司的张承功编写第 6 章；林友负责全书统稿。

在编写过程中，参考了大量文献资料，在此对文献作者表示衷心的感谢。

由于作者水平所限，书中难免有不妥之处，诚请读者批评指正。

编　者
2016 年 1 月

第1版前言

安全系统工程是从系统的观点出发，应用系统工程的原理和方法不断优化系统总体安全性能的一门综合性技术科学。安全系统工程技术应用十分广泛，对于矿山、建筑施工企业和危险物品的生产、经营、储存单位等进行安全技术管理有着极为重要的作用。经过几十年的发展，安全系统工程已从技术应用发展到理论研究，并逐步形成自己的理论体系，而且成为高校与安全相关专业的学生和从事安全工作的人员需要掌握的一门重要课程。为此，编者结合近几年的实践工作和理论研究，编写了本书。本书系统地介绍了系统安全分析、伤亡事故统计分析、系统安全评价、系统安全决策与危险控制等内容。为了加强对实践应用的指导性，本书还增加了"典型实例分析"一章。

本书由昆明冶金高等专科学校林友和王育军两位老师担任主编。编写人员的具体分工为：林友编写第1章、第2章；王育军编写第3章；夏建波、叶加冕编写第4章；林友、赵虹编写第5章；何丽华、郭君编写第6章；林友和王育军两位老师负责全书统稿。

在本书编写过程中，编者参考了大量的相关文献资料，并得到了昆明理工大学谢贤平老师的大力帮助，在此表示衷心的感谢。

由于编者水平所限，书中难免有不妥之处，诚恳地欢迎读者批评指正。

编　者
2010 年 9 月

目　　录

1　绪　论

随着我国现代化建设的深入发展，生产生活各个领域的安全问题日益显现出来，安全问题已经成为我国构建和谐社会的主要障碍之一，安全科学则为生产生活的持续健康发展提供了必要的保障。安全系统工程是以系统工程的原理和方法研究、解决生产过程中的安全问题，确保实现系统安全功能，预防伤亡事故和减少经济损失的科学技术。

多少年来，人们总想找到一种办法，试图能够事先预测到事故发生的可能性，掌握事故发生的规律，作出定性和定量的评价，以便能在设计、施工、运行和管理中对发生事故的危险性加以辨识，并且能够根据对危险性的评价结果提出相应的安全对策措施，从而达到控制事故发生的目的，安全系统工程就是为了实现这个目标而发展起来的。

1.1　安全系统工程基础

1.1.1　系统

1.1.1.1　系统的含义

系统是由相互作用和相互依赖的若干组成部分结合成的具有特定功能的有机整体。系统按照不同的分类标准可分为自然系统与人造系统，开放性系统与封闭性系统，静态系统与动态系统，实体系统与概念系统，无机系统、有机系统与人类社会系统，大型系统、中型系统与小型系统，简单系统与复杂系统，宏观系统与微观系统，软件系统与硬件系统，环境系统、军事系统与安全系统等。

1.1.1.2　系统的特征

从系统的定义可以看出，系统具有整体性、目的性、有序性、相关性、环境适应性和动态性6个基本特征。

（1）整体性。系统是由两个或两个以上相互区别的要素（元件或子系统）组成的整体，而且各个要素都服从实现整体最优目标的需要。构成系统的各要素虽然具有不同的性能，但它们通过综合、统一（而不是简单拼凑）形成的整体就具备了新的特定功能。也就是说，系统作为一个整体才能发挥其应有的功能。所以，系统的观点是一种整体的观点，是一种综合的思想方法。

（2）目的性。任何系统都是为完成某种任务或实现某种目的而发挥其特定功能的。要达到系统的既定目的，就必须赋予系统规定的功能，这就需要在系统的整个生命周期，即系统的规划、设计、试验、制造和使用等阶段，对系统采取最优规划、最优设计、最优控制、最优管理等优化措施。

（3）有序性。系统有序性主要表现在系统空间结构的层次性和系统发展的时间顺序性。系统可分成若干子系统和更小的子系统，而该系统又是其所属系统的子系统。这种系统的分割形式表现为系统空间结构的层次性。另外，系统的生命过程也是有序的，它总是要经历孕育、诞生、发展、成熟、衰老、消亡的过程，这一过程表现为系统发展的有序性。系统的分析、评价、管理都应考虑系统的有序性。

（4）相关性。构成系统的各要素之间、要素与子系统之间、系统与环境之间都存在着相互联系、相互依赖、相互作用的特殊关系，通过这些关系，系统有机地联系在一起，发挥其特定功能。也就是说，不仅系统的各元素都为完成某种任务而起作用，而且任一元素的变化也都会影响其任务的完成。有些要素彼此关联，有些要素相互排斥，有些要素则互不相干。例如，生产班组管理系统的人员增加或减少，就会影响到设备装置、工时安排的改变。

（5）环境适应性。系统是由许多特定部分组成的有机集合体，而这个集合体以外的部分就是系统的环境。一方面，系统从环境中获取必要的物质、能量和信息，经过系统的加工、处理和转化，产生新的物质、能量和信息，然后再提供给环境；另一方面，环境也会对系统产生干扰或限制，即约束条件。环境特性的变化往往能够引起系统特性的变化，系统要实现预定的目标或功能，必须能够适应外部环境的变化。研究系统时，必须重视环境对系统的影响。

（6）动态性。世界上没有一成不变的系统。系统不仅作为状态而存在，而且具有时间性程序。在整个人类社会和自然环境的运行中，系统中的各个元素、子系统都是随着时间的改变而不断改变的。

1.1.2　系统工程

系统工程是以系统为研究对象，以达到总体最佳效果为目标，而采取组织、管理、技术等多方面的最新科学成就和知识的一门综合性科学技术。

1.1.2.1　系统工程方法

A　工程逻辑

工程逻辑就是从工程的观点出发，用逻辑学与哲学的一般思维方法进行系统的探讨和应用，同时把符号逻辑作为重要内容，采用的工具包括布尔代数、关系代数、决策研究和数学函数等。

（1）布尔代数。布尔代数起源于数学领域，通过布尔代数进行集合运算，可以获取不同集合之间的交集、并集或补集，即可以对不同集合进行与、或、非逻辑运算。

（2）关系代数。关系代数是一种抽象的查询语言，采用对关系的运算来表达查询，从而作为研究关系数据语言的数学工具。关系代数的运算对象是关系，运算结果亦为关系。关系代数用到的运算符包括集合运算符、专门的关系运算符、算术比较运算符和逻辑运算符4类。算术比较运算符和逻辑运算符是用来辅助专门的关系运算符进行操作的，所以按照运算符的不同，主要将关系代数分为传统的集合运算和专门的关系运算两类。

（3）决策研究。决策研究是利用系统科学、管理科学、行为科学、科学学、未来学和技术经济学等学科进行的综合探讨活动。它是以上各学科的知识综合体，对不同层次和不同尺度的社会系统中的组织、管理和决策问题进行综合研究。其研究的范围主要放在科学技术经济、决策、规划、管理、科技方法以及技术、工程咨询等方面的问题上。其目的是为各级各类管理与决策提供模式服务与科学计量。其研究方法的主要特点为在充分调查研究、如实掌握数据资料的基础上，进行定性与定量相结合的系统分析和论证，从而得出正确的预断和科学的决策，以指导各项工作的实践获得理想的效果。它在某些领域中的决策研究中为其提高成效、减少失误是必不可少的。

（4）数学函数。在数学领域中，函数是一种关系，这种关系使一个集合里的每一个元素对应到另一个（可能相同的）集合里的唯一元素。

B 工程分析

对工程加以分析、调查，找出其中浪费、不均匀、不合理的地方，进而进行改善的方法，称之为工程分析。运用基本理论（如物质不灭定律、能量守恒定律等），系统地、有步骤地解决各类工程问题。采取的步骤包括弄清问题、选择解决问题的恰当方法、实施、分析、总结。在分析过程中需要正确地运用数学方法。

C 概率论与数理统计

在系统工程中还经常用到概率论与数理统计，这是由系统工程的数学特点所决定的，即系统的输入量与输出量带有很大的随机性，并且，在复杂的系统工程中常常会遇到随机函数问题。因此，往往需要采用概率论与数理统计理论来处理系统工程中所遇到的数学问题。

a 概率论

概率论是研究随机现象数量规律的数学分支。随机现象是相对于决定性现象而言的。在一定条件下必然发生某一结果的现象称为决定性现象。例如，在标准大气压下，纯水加热到100℃时水必然会沸腾等。随机现象则是指在基本条件不变的情况下，每一次试验或观察前，不能肯定会出现哪种结果，呈现出偶然性。例如，掷一硬币，可能出现正面或反面。随机现象的实现和对它的观察称为随机试验。随机试验的每一可能结果称为一个基本事件，一个或一组基本事件统称随机事件，或简称事件。典型的随机试验有掷骰子、扔硬币、抽扑克牌以及轮盘游戏等。

事件的概率是衡量该事件发生的可能性的量度。虽然在一次随机试验中某个事件的发生是带有偶然性的，但那些可在相同条件下大量重复的随机试验却往往呈现出明显的数量规律。

b 数理统计

数理统计法是数学的一门分支学科，它以概率论为基础运用统计学的方法对数据进行分析、研究，从而导出其概念规律性（即统计规律）。它主要研究随机现象中局部（子样）与整体（母体）之间，以及各有关因素之间相互联系的规律性。它主要是利用样本的平均数、标准差、标准误差、变异系数率、均方、检验推断、相关、回归、聚类分析、判别分析、主成分分析、正交试验、模糊数学和灰色系统理论等有关统计量的计算来对实验所取得的数据和测量、调查所获得的数据进行有关分析研究而得到所需结果的一种科学方法。它要求数据具有随机性，而且必须真实可靠，这是进行定量分析的基础。该方法在不借助计算机来进行分析的同时，亦能达到快速、准确和实施大量计算的目的。以下将以"Q值检验法"为例作介绍。

Q值检验法又称为舍弃商法，是迪克森（W. J. Dixon）在1951年专为分析化学中少量观测次数（$n<10$）而提出的一种简易判据式。该方法按以下步骤来确定可疑值的取舍。

（1）将各数据按递增顺序排列：X_1，X_2，X_3，…，X_{n-1}，X_n。

（2）求出最大值与最小值的差值（极差）$X_{max}-X_{min}$。

（3）求出可疑值与其最相邻数据之间的差值的绝对值。

（4）求出 Q_1，Q_1 等于步骤（3）中的差值除以步骤（2）中的极差。

（5）根据测定次数 n 和要求的置信水平（如 95%）查表 1-1 得到 Q_2 值。

（6）判断：若计算 $Q_1>Q_2$，则舍去可疑值，否则应予以保留。

表 1-1　不同置信水平的 Q_2 值

测定次数 n	$Q_2(90\%)$	$Q_2(95\%)$	$Q_2(99\%)$
3	0.90	0.97	0.99
4	0.76	0.84	0.93
5	0.64	0.73	0.82
6	0.56	0.64	0.74
7	0.51	0.59	0.68
8	0.47	0.54	0.63
9	0.44	0.51	0.60
10	0.41	0.49	0.57

【例 1-1】　某现场仪器在同一点上 4 次测出值：0.1014，0.1012，0.1025，0.1016，其中，0.1025 与其他数值差距较大，是否应该舍去？

解：根据 Q 值检验法，其判断过程如下：

（1）对数据从小到大进行排列：0.1012，0.1014，0.1016，0.1025。

（2）求出最大值与最小值的差值：0.1025-0.1012=0.0013。

（3）求出可疑数据与其相邻数值的差值的绝对值：0.1025-0.1016=0.0009。

（4）计算 $Q_1=0.0009/0.0013=0.692$。

（5）测试次数为 4 次，通过查表 1-1，置信水平为 0.9 时的 $Q_2=0.76$。

（6）由于 $Q_1<Q_2$，所以，0.1025 不应舍弃。

D　运筹学

运筹学是现代管理学的一门重要专业基础课。应用运筹学方法有目标地、定量地作出决策，在一定的制约条件下使系统达到最优化。它是在 20 世纪 30 年代初发展起来的一门新兴学科，其主要目的是在决策时为管理人员提供科学依据，是实现有效管理、正确决策和现代化管理的重要方法之一。该学科是应用数学和形式科学的跨领域研究，利用统计学、数学模型和算法等方法，去寻找复杂问题中的最佳或近似最佳的解答。运筹学经常用于解决现实生活中的复杂问题，特别是改善或优化现有系统的效率。研究运筹学的基础知识包括实分析、矩阵论、随机过程、离散数学和算法基础等。而在应用方面，多与仓储、物流、算法等领域相关。因此，运筹学与应用数学、工业工程、计算机科学、经济管理等专业密切相关。

目前，一般认为运筹学是系统工程最重要的技术内容与数学基础。运筹学的内容包括线性规划、动态规划、排队论、决策论、优选法等。但是，在实际运用中，应当根据所研究对象的复杂程度，确定采用运筹学的内容。

1.1.2.2 系统工程原理

系统工程应用的原理有以下 8 个：

（1）系统原理。现代管理对象都是一个系统，它包含若干子系统，同时又和外界的其他系统发生着横向的联系，为了达到现代化管理的优化目标，就必须运用系统理论，对管理进行充分的系统分析，使之优化，这就是管理的系统原理。

（2）整分合原理。现代高效率的管理必须在整体规划下明确分工，在分工基础上进行有效的综合，这就是整分合原理。整体规划就是在对系统进行深入、全面分析的基础上，把握系统的全貌及其运动规律，确定整体目标、制定规划与计划及各种具体规范。明确分工就是确定系统的构成，明确各个局部的功能，把整体的目标分解，确定各个局部的目标以及相应的责、权、利，使各局部都明确自己在整体中的地位和作用，从而为实现最佳的整体效应而最大限度地发挥作用。有效综合就是必须对各个局部进行强有力的组织管理，在各纵向分工之间建立起紧密的横向联系，使各个局部协调配合、综合平衡地发展，从而保证最佳整体效应的圆满实现。现代高效率的管理，必须是在整体规划下明确分工，在分工基础上进行有效的综合。

（3）反馈原理。现代高效率的管理，必须有灵敏、正确、有力的反馈，这就是反馈原理。管理实质就是一种控制，管理活动的过程是由决策指挥中心发出指令，由执行机构去执行，直到实现管理目标。决策指挥中心要实现既定的目标，就要随时掌握执行机构活动的情况，及时发现偏差并加以调整、控制，使之回到正确的轨道上来。决策指挥中心如何掌握执行机构活动的情况呢？这就需要反馈。把反馈信息与输出信息进行比较，用比较所得的偏差对信息的再输入产生影响，起到控制的作用，以达到预定的目的。

（4）弹性原理。管理是在系统外部环境和内部条件千变万化的形势下进行的，管理必须要有很强的适应性和灵活性，才能有效地实现动态管理。安全管理所面临的是错综复杂的环境和条件，尤其是事故致因是很难完全预测和掌握的，因此，安全管理必须尽可能保持好的弹性。一方面，不断推进安全管理的科学化、现代化，加强系统安全分析、危险性评价，尽可能做到对危险有害因素的识别、消除和控制；另一方面，要采取全方位、多层次的事故预防对策，实行全面、全员、全过程的安全管理，从人、物、环境等方面层层设防。此外，安全管理必须注意协调好上、下、左、右、内、外各方面的关系，尽可能取得管理对象的理解和支持，一旦出现问题，就比较容易得到配合。

（5）封闭原理。任何一个系统的管理手段、管理过程等都必须构成一个连续封闭的回路，才能形成有效的管理。但是，管理封闭是相对的。从空间上讲，封闭系统不是孤立系统，它要受到系统管理的作用，与上、下、左、右各个系统都有着输入和输出的关系，只能与它们协调平衡地发展，而不能不顾周围，自行其是；从时间上讲，事物是不断发展的，永远不能做到完全预测未来的一切。因此，必须根据事物发展的客观需要，不断地以新的封闭系统代替旧的封闭系统，求得动态的发展，在变化中不断前进。

（6）能级原理。一个稳定而高效的管理系统必须是由若干分别具有不同能级的不同层次有规律地组合而成的，这就是能级原理。管理系统中的能级的划分不是随意的，它们的组合也不是随意的，必须按照一定的要求，有规律地建立起管理系统的能级结构。

（7）动力原理。管理必须有强大的动力（这些动力包括物质动力、精神动力和信息动力），而且要正确地运用动力，才能使管理运动持续而有效地进行。

（8）激励原理。激励原理就是以科学的手段，激发人的内在潜力，充分发挥出人的积极性和创造性。

1.1.2.3　采用系统工程解决安全问题的原因

采用系统工程解决安全问题的原因有以下 3 个：

（1）使用系统工程方法，可以识别出存在于各个要素本身、要素之间的危险性。危险性存在于生产过程的各个环节，例如，原材料、设备、工艺、操作、管理等之中。这些危险性是产生事故的根源。安全工作的目的就是要识别、分析、控制和消除这些危险性，使之不致发展成为事故。利用系统可分割的属性，可以充分地、不遗漏地揭示存在于系统各要素（元件和子系统）中的所有危险性，然后就可以对危险性加以消除，对不协调的部分加以调整，这就有可能消除事故的根源并使安全状态得到优化。

（2）使用系统工程方法，可以了解各要素间的相互关系，消除各要素由于互相依存、互相结合而产生的危险性。要素本身可能并不具有危险性，但当它们有机结合构成系统时，便可能产生危险。这种情况往往发生在子系统的交接面或相互进行作用时。

人机交接面是多发事故的场所，最突出的例子如人和压力机、传送设备等的交接面。对交接面的控制在很大程度上可以减少伤亡事故。

危险物的质量、能量储积都是构成重大恶性事故的物质根源。适当地调整加工量和处理速度，可以在很大程度上减小事故的严重性。例如，将炸药研磨由吨位级改为公斤级，在加工速度增快时能使事故严重性大大减小。现代化的大型石油化工生产，也存在着能量储积和加工速度之间的安全优化问题。

（3）系统工程所采用的一些手段都能用于解决安全问题。系统工程几乎使用了各种学科的知识，但其中最重要的有运筹学、数学和控制论。运用系统工程所解决的问题，几乎都适用于解决安全问题。例如，使用决策论，在安全方面可以预测发生事故可能性的大小；利用排队论，可以减少能量的储积危险；使用线性规划和动态规划，可以采取合理的防止事故的手段。至于数理统计、概率论和可靠性，则更可广泛地应用于预测风险、分析伤亡事故等。因此，可以说使用系统工程方法可以使系统的安全达到最佳状态。

1.1.3　安全系统工程

安全系统工程是指应用系统工程的基本原理和方法，预先辨识、分析、评价、排除和控制系统中存在的各种危险有害因素，根据其结果对工艺过程、设备、操作、管理、生产周期和投资等因素进行分析评价和综合处理，使系统可能发生的事故得到控制，并使系统安全性达到最佳状态的一门综合性技术科学。

对这个定义，可以从以下 4 个方面进行理解：

（1）安全系统工程是系统工程在安全工程学中的应用，安全系统工程的理论基础是安全科学和系统科学。

（2）安全系统工程追求的是整个系统或局部系统运行全过程的安全。

（3）安全系统工程的核心是系统危险有害因素的辨识与分析、伤亡事故统计分析、系统风险评价和系统安全决策与危险控制。

（4）安全系统工程要达到的预期安全目标是将系统风险控制在人们能够接受的范围之内，也就是在现有的经济技术条件下，最经济、最有效地控制事故，使系统风险在安全指标以下。

安全系统工程是从根本上和整体上来考虑安全问题的，因而它是解决安全问题的具有战略性的措施，为安全工作者提供了一个既能对系统发生事故的可能性进行预测，又可对安全性进行定性、定量评价的方法，从而为有关决策人员提供决策依据，并据此采取相应的安全对策措施。

课后习题

一、选择题

1. 下列对动态性解释正确的是_____。
    A. 系统中的各个元素、子系统都是不变的
    B. 系统中的各个元素随时间改变，子系统不变
    C. 系统中只有子系统随时间改变，各个元素不变
    D. 系统中的各个元素、子系统都是随着时间的改变而不断改变的

2. 下列不属于系统工程原理的是_____。
    A. 系统原理　　　　B. 反馈原理　　　　C. 弹性原理　　　　D. 开放原理

3. 系统有序性主要表现在系统空间结构的_____和系统发展的时间顺序性。
    A. 层次性　　　　B. 管理性　　　　C. 影响性　　　　D. 功能性

4. Q 值检验法是迪克森在_____年专为分析化学中少量观测次数而提出的一种简易判据式。
    A. 1955　　　　　B. 1951　　　　　C. 1978　　　　　D. 1966

5. 下列不属于系统的基本特征的是_____。
    A. 整体性　　　　B. 封闭性　　　　C. 有序性　　　　D. 相关性

6. 系统工程是以_____为研究对象，以达到总体最佳效果为目的，而采取组织、管理、技术等多方面的最新科学成就和知识的一门综合性的科学技术。
    A. 个体　　　　B. 空间　　　　C. 系统　　　　D. 整体

7. 下列选项不包含在工程逻辑的是_____。
    A. 关系代数　　　　B. 数学函数　　　　C. 物理逻辑　　　　D. 决策研究

8. 系统工程的目的是_____。
    A. 整体性和系统化观点　　　　　　B. 多种方法运用的观点
    C. 问题导向及反馈控制观点　　　　D. 总体最优平衡或最佳效果观点

二、填空题

1. 安全系统工程是从_____出发，应用系统工程的原理和方法不断优化系统总体安全性能的一门综合性技术科学。

2. 系统工程应用的原理包括系统原理、_____、_____、弹性原理、封闭原理、能级原理、动力原理、激励原理。

3. 系统的思想和方法在安全生产中的具体应用，形成了_____学科。

4. 系统是由相互作用和相互依赖的若干组成部分组成的具有特定功能的_____。

1.2　安全系统工程的研究对象、内容与方法

1.2.1　安全系统工程的研究对象

安全系统工程作为一门科学技术，有它本身的研究对象。任何一个生产系统都包括三个部分，即从事生产活动的操作人员和管理人员，生产必需的机器设备、厂房等物质条件，以及生产活动所处的环境。这三个部分构成一个"人—机—环境"系统，每一部分就是该系统的一个子系统，分别称为人子系统、机器子系统和环境子系统。

1.2.1.1　人子系统

对于人子系统的安全与否涉及人的生理和心理因素，以及规章制度、规程标准、管理手段、方法等是否适合人的特性，是否易于为人们所接受的问题。研究人子系统时，不仅把人当作"生物人""经纪人"，更要把人看作"社会人"，必须从社会学、人类学、心理学、行为科学角度分析问题、解决问题；不仅把人子系统看作系统固定不变的组成部分，更要看到人是自尊自爱、有感情、有思想、有主观能动性的。

1.2.1.2　机器子系统

对于机器子系统，不仅要从工件的形状、大小、材料、强度、工艺、设备的可靠性等方面考虑其安全性，而且要考虑仪表、操作部件对人提出的要求，以及从人体测量学、生理学、心理与生理过程有关参数对仪表和操作部件的设计提出要求。

1.2.1.3　环境子系统

对于环境子系统，主要应考虑环境的理化因素和社会因素。理化因素主要有噪声、振动、粉尘、有毒气体、射线、光、温度、湿度、压力、热、化学等有害物质；社会因素有管理制度、工时定额、班组结构、人际关系等。

三个子系统相互影响、相互作用的结果就使系统总体安全性处于某一种状态。例如，理化因素影响机器的寿命、精度，甚至损坏机器；机器产生的噪声、振动、温度、粉尘又影响人和环境；人的心理状态、生理状况往往是引起误操作的主观因素；环境的社会因素又会影响人的心理状态，给系统安全带来潜在危险。这就是说，这三个相互联系、相互制约、相互影响的子系统构成了一个"人—机—环境"系统的有机整体。分析、评价、控制"人—机—环境"系统的安全性，只有从 3 个子系统内部及 3 个子系统之间的这些关系出发，才能真正解决系统的安全问题。安全系统工程的研究对象就是这种"人—机—环境"系统（以下简称"系统"）。

1.2.2　安全系统工程的研究内容

安全系统工程是专门研究如何运用系统工程的基本原理和方法确保实现系统安全功能的科学技术。其主要研究内容有系统安全分析、系统安全评价、系统安全决策与危险控制。

1.2.2.1　系统安全分析

系统安全分析是使用系统工程的基本原理和方法辨识、分析系统存在的危险因素，并

根据实际需要对其进行定性、定量描述的一种技术方法。

要提高系统的安全性，使其不发生和少发生事故，其前提条件是预先发现系统可能存在的危险因素，全面掌握其基本特点，明确其对系统安全性影响的程度。只有这样，才有可能抓住系统可能存在的主要危险，采取有效的安全防护措施，改善系统安全状况。这里所强调的"预先"是指：无论系统生命过程处于哪个阶段，都要在该阶段开始之前进行系统的安全分析，发现并掌握系统的危险因素。这就是系统安全分析所要解决的问题。

系统安全分析有安全目标、可选用方案、系统模式、评价标准、方案选优 5 个基本要素和程序。

（1）把所研究的生产过程或作业形态作为一个整体，确定安全目标，系统地提出问题，确定出明确的分析范围。

（2）将工艺过程或作业形态分成几个单元或环节，绘制流程图，选择评价系统功能的指标或顶端事件。

（3）确定终端事件，应用数学模式或图表形式及有关符号，以使系统定量化或定型化；对系统的结构和功能加以抽象化，将其因果关系、层次及逻辑结构变换为图像模型。

（4）分析系统的现状及其组成部分，测定与诊断可能发生事故的危险性、灾害后果，分析并确定导致危险的各个事件的发生条件及其相互关系，建立数学模型或进行数学模拟。

（5）对已建立的系统，综合采用概率论、数理统计、网络技术、模糊技术、最优化技术等数学方法，对各种因素进行定量描述，分析它们之间的数量关系，观察各种因素的数量变化及规律。根据数学模型的分析结论及因果关系，确定可行的措施方案，建立消除危险、防止危险转化或条件耦合的控制系统。

根据有关文献介绍，系统安全分析有多种形式和方法，使用中应注意：

（1）根据系统的特点、分析的要求和目的，采取不同的分析方法。因为每种方法都有其自身的特点和局限性，并非处处通用。使用中有时要综合应用多种方法，以取长补短或相互进行比较，验证分析结果的正确性。

（2）使用现有分析方法不能生搬硬套，必要时要根据实用、好用的需要对其进行改造或简化。

（3）不能局限于分析方法的应用，而应从系统原理出发，开发新方法，开辟新途径，还要在以往行之有效的一般分析方法基础上总结提高，形成系统性的安全分析方法。

1.2.2.2　系统安全评价

系统安全评价的目的是为系统安全决策提供可靠依据。系统安全评价往往要以系统安全分析为基础，通过分析、了解和掌握系统存在的危险有害因素，但不一定要对所有危险有害因素采取措施；而是通过评价掌握系统的事故风险大小，以此与预定的系统安全指标相比较，如果超出指标，则应对系统的主要危险有害因素采取控制措施，使其降至该标准以下。这就是系统安全评价的任务。

评价方法也有多种，评价方法的选择应考虑评价对象的特点、规模，评价的要求和目的。同时，在使用过程中也应和系统安全分析的使用要求一样，坚持实用和创新的原则。过去 20 年，我国在许多领域都进行了系统安全评价的实际应用和理论研究，开发了许多实用性很强的评价方法，特别是企业安全评价技术和重大危险源的评估、控制技术。

1.2.2.3 系统安全决策与危险控制

任何一项系统安全分析技术或系统安全评价技术，如果没有一种强有力的管理手段和方法，也不会发挥其应有的作用。因此，在出现系统安全分析的同时，也出现了系统安全决策。其最大的特点是从系统的完整性、相关性、有序性出发，对系统实施全面、全过程的安全管理，实现对系统的安全目标控制。最典型的例子是美国标准《系统安全程序》，美国陶氏化学公司的安全评价程序，国际劳工组织、国际标准化组织倡导的《职业安全卫生管理体系》。系统安全管理是应用系统安全分析和系统安全评价技术，以及安全工程技术，控制系统安全性，使系统达到预定安全目标的一整套管理方法、管理手段和管理模式。

安全对策措施是指根据安全评价的结果，针对存在的问题，对系统进行调整，对危险点或薄弱环节加以改进的办法。安全对策措施主要有两个方面：一是预防事故发生的措施，即在事故发生之前采取适当的安全对策措施，以排除危险因素，避免事故的发生；二是控制事故损失扩大的措施，即在事故发生之后采取补救措施，避免事故继续扩大，使损失降到最低。

1.2.3 安全系统工程的研究方法

安全系统工程的研究方法是依据系统学和安全学理论，在总结过去经验性安全方法的基础上日渐丰富和成熟起来的。概括起来可以归纳为如下 5 个方面。

1.2.3.1 从系统整体出发的研究方法

安全系统工程的研究方法必须从系统的整体性观点出发，从系统的整体考虑解决安全问题的方法、过程和要达到的目标。例如，对每个子系统安全性的要求，要与实现整个系统的安全功能和其他功能的要求相符合。在系统研究过程中，子系统和系统之间的矛盾以及子系统与子系统之间的矛盾，都要采用系统优化方法寻求各方面均可接受的满意解；同时要把安全系统工程的优化思路贯穿到系统的规划、设计、研制和使用等各个阶段中。

1.2.3.2 本质安全方法

这是安全技术追求的目标，也是安全系统工程方法中的核心。由于安全系统把安全问题中的"人—机—环境"统一为一个"系统"来考虑，因此不论是从研究内容来考虑还是从系统目标来考虑，核心问题就是本质安全化，就是研究实现系统本质安全的方法和途径。

1.2.3.3 人机匹配法

在影响系统安全的各种因素中，至关重要的是人机匹配。在产业部门研究与安全有关的人机匹配的内容属于安全人机工程，在人类生存领域研究与安全有关的人机匹配称为生态环境和人文环境问题。显然，从安全的目标出发，考虑人机匹配，以及采用人机匹配的理论和方法是安全系统工程方法的重要支撑点。

1.2.3.4 安全经济方法

由于安全的相对性原理，安全的投入与安全（目标）在一定经济、技术水平条件下有着对应的关系。也就是说，安全系统的"优化"同样受制于经济。但是，由于安全经济的特殊性（安全性投入与生产性投入的渗透性、安全投入的超前性与安全效益的滞后性、安全效益评价指标的多目标性、安全经济投入与效用的有效性等），就要求安全系统工程方法在考虑系统目标时，要有超前的意识和方法，要有指标（目标）的多元化的表示方法和测算方法。

1.2.3.5 系统安全管理方法

安全系统工程从学科的角度讲是技术与管理相交叉的横断学科；从系统科学原理的角度讲它是解决安全问题的一种科学方法。所以，安全系统工程是理论与实践紧密结合的专业技术基础，系统安全管理方法则贯穿到安全的规划、设计、检查与控制的全过程。所以，系统安全管理方法是安全系统工程方法的重要组成部分。

1.2.4 安全系统工程的优点及应用

1.2.4.1 安全系统工程的优点

采用安全系统工程的方法有很多优越性，它可以使以预防为主的安全工作从过去凭直观、经验的传统方法，发展成为能预测事故的定性及定量方法，其主要优点有以下5条：

（1）通过分析可以了解系统的薄弱环节及危险性可能导致事故的条件。从定量分析可以预测事故发生的概率，从而可以采取相应的措施控制事故的发生。不仅如此，通过分析还能够找到发生事故的真正原因及查出事故隐患。

（2）通过评价和优化技术，可以找出最适当的方法使各分系统之间达到最佳配合，用最少的投资达到最佳的安全效果，大幅度地减少伤亡事故。

（3）安全系统工程的方法不仅适用于工程，而且适用于管理，实际上现已形成安全系统工程和安全系统管理两个分支。其应用范畴可以归纳为5个方面，即发现事故隐患，预测由故障引起的危险，设计和调整安全措施方案，实现最优化的安全措施，不断地采取改善措施。

（4）可以促进各项标准的制定和有关可靠性数据的收集。安全系统工程既然需要评价，就需要各种标准和数据，如允许安全值、故障率数据，以及安全设计标准、人机工程标准等。

（5）可以迅速提高安全工作人员的水平。真正搞好安全系统工程必须熟悉生产过程，学会各种分析和评价方法，这对提高安全工作人员的素质是有很大好处的。

当然，安全系统工程方法最大的优点是减少事故的发生，这在很多国家已得到了实例论证。

1.2.4.2 安全系统工程在安全工作中的应用

从安全系统工程的发展可以看出，安全系统工程最初是从研究产品的可靠性和安全性开始的。军事装备零部件对可靠性、安全性的要求十分严格，否则不仅不能完成武器的设计，而且在制造过程中的各个环节也难确保安全。之后，安全系统工程发展到对生产系统各个环节的安全分析。环节的内容除了包括原料、设备等物的因素之外，还包括了人的因素和环境因素，这就使安全系统工程的方法在安全技术工作领域中得到了实际应用。这个过程大致经历了以下4个阶段：

（1）安全技术工作和系统安全分工合作阶段。安全系统工程发展的初期阶段，安全工作者和产品系统安全工作者的分工是明确的。前者负责工人的安全，后者负责产品的安全，两者分工协作共同完成生产任务。如果安全工作做得不好，发生了事故，不仅工人受到伤害，而且设备以及制造中的产品也会受到损害。又如工作环境不良，就有可能造成零部件的污染和质量问题。这些都能影响系统安全计划的完成。另外，如果零部件或产品的安全性不良，制造过程中发生事故的危险性很高，也不能保证工人的安全。所以，二者有着极为密切的关系。

（2）安全技术工作引进系统安全分析方法阶段。安全系统工程发展不久，安全技术工作就把它的工作方法特别是系统安全分析的方法吸收了进来。由于系统安全分析是对系统各个环节，根据其本身的特点和环境条件进行安全性的定性和定量分析，作出科学合理的评价，并据此采取有针对性的安全对策措施，所以，这种方法对安全工作十分有用，自然也就很快被安全工作所采用。

（3）安全管理引用安全系统工程方法阶段。安全系统工程不仅可以评价系统各个环节的可靠性和安全性问题，而且对系统开发的各个阶段，如计划编制、研究开发、加工制造、操作使用等都需要进行评价，以取得最优效果。这些手段也完全适用于企业的安全管理，如对新装置的投产或已有装置的检查、操作、维修，以及对工人进行教育、训练等阶段，都可以使用这种方法提高系统性和准确性。

（4）以安全系统工程方法改革传统安全工作阶段。在安全工作中广泛使用安全系统工程方法，是传统安全工作进行改革的趋势，目前正从实践中不断总结出经验，并且加以推广和应用。

课后习题

一、选择题

1. （多选）任何一个生产系统都包括三个部分，即 ＿＿＿＿、＿＿＿＿ 以及 ＿＿＿＿。

    A. 从事生产活动的操作人员和管理人员

    B. 生产必需的机器设备

    C. 生产活动所处的环境

    D. 厂房等物质条件

2. 人子系统的安全与否涉及人的＿＿＿＿和＿＿＿＿因素，以及规章制度、规程标准、管理手段、方法等是否适合人的特性，是否易于为人们所接受的问题。

    A. 社会　自然　　　　B. 生理　心理　　　C. 社会　环境　　　D. 生理　心情

3. （多选）风险评价是为了选择适当的安全措施，对在危险状态下可能造成损伤或危害健康的风险进行全面评价。与特定状态或技术过程有关的风险评价由以下两方面因素联合得出。

（1）发生损伤或危害健康的＿＿＿＿。即与人们进入危险区的频次或出现在危险区（即面临危险）的时间有关。

（2）损伤或危害健康的可预见的最严重＿＿＿＿。

　　　　A. 条件　　　　　　　　B. 概率　　　　　　　C. 程度　　　　　　D. 场合

4.（多选）安全系统工程的研究对象是 _____ 系统。

　　　　A. 人　　　　　　　　　B. 机　　　　　　　　C. 环境　　　　　　D. 动物

5. _____ 是运用系统工程原理和方法对系统或生产中的安全问题进行预测、分析及评价。

　　　　A. 安全评价　　　　　　B. 安全系统　　　　　C. 事故理论　　　　D. 系统评价

6. 对于环境子系统，主要应考虑环境的_____因素。

　　　　A. 理化，内在　　　　　B. 社会，外在　　　　C. 内在，外在　　　D. 理化，社会

7. 安全对策措施是指根据安全评价的结果，针对存在的问题，对系统进行调整，对_____加以改进的办法。

　　　　A. 危险点或薄弱环节　　B. 安全点　　　　　　C. 重点工程　　　　D. 存在故障地方

8.（多选）安全系统工程是专门研究如何运用系统工程的基本原理和方法确保实现系统安全功能的科学技术。其主要研究内容有_____、_____、_____。

　　　　A. 系统安全分析　　　　　　　　　　B. 系统安全评价

　　　　C. 系统安全决策与危险控制　　　　　D. 构筑物工程

9. 系统安全认为，事故发生的根本原因是系统中存在的_____。

　　　　A. 危险源　　　　　　　B. 人工作业　　　　　C. 机械　　　　　　D. 人工作业与机械

10. 安全系统把安全问题中的"人—机—环境"统一为一个"系统"来考虑，因此不论是从研究内容来考虑还是从系统目标来考虑，核心问题就是_____。

　　　　A. 环境　　　　　　　　B. 作业　　　　　　　C. 管理　　　　　　D. 本质安全化

二、填空题

1. 在影响劳动者安全健康的人、_____、_____三项主要因素中，针对设计阶段的内容，以物和环境为重点，着重介绍具有共性和原则性的劳动安全卫生设施、改善劳动条件的技术措施，这应是建设项目初步设计劳动安全卫生评价的主要内容。

2. 安全系统工程的研究对象是人—机—环境系统；主要研究内容包括_____、_____、_____等三方面。

3. 安全系统工程的研究方法必须从系统的_____观点出发，从系统的整体考虑解决安全问题的方法、过程和要达到的目标。

4. 安全对策措施主要有两个方面：一是_____的措施，即在事故发生之前采取适当的安全对策措施，以排除危险因素，避免事故的发生；二是_____的措施，即在事故发生之后采取补救措施。

5. 系统安全分析有_____、_____、系统模式、评价标准、方案选优 5 个基本要素和程序。

三、简答题

1. 简述安全系统工程的研究对象？

2. 安全系统工程的方法在安全技术工作领域中得到了实际应用，大致经历了哪几个阶段？

1.3　安全系统工程的产生与发展

扫一扫看视频

1.3.1　安全系统工程的产生

事故给人类带来很多的损失，严重地制约了经济发展和社会进步。然而，已发生的事故的影响也促进人们在研究生产安全方面不断进步。首先，事故具有鲜明的反面教育作用，它向人们展示了破坏的恶果，促使人们必须按照科学规律办事。其次，事故是一种特殊的科学实验。一个系统发生事故，说明该系统存在某些不安全、不可靠的问题，从而以事故的形式弥补了设计时应做而没做或想做而没敢做（经费问题）的实验。人们通过对事故的调查、分析，找出事故发生的原因，研究并采取了有效控制事故的安全对策措施，改变了系统工艺、设备，从而提高了系统的性能，发展了专业技术。最后，事故也是诞生新的科学技术的催化剂。事故的强大负面效应对人类产生巨大的冲击作用，从而激发人类以更大的决心和更大的力量研究事故。通过对事故信息、资料的收集、整理、分析、研究，也就是充分开发利用"事故资源"，一个崭新的自然科学学科就在人们这种不懈努力与艰苦卓绝的斗争中诞生了，这就是作用力与反作用力的作用机制。在科学技术发展的历史长河中，几乎每一个学科的诞生都离不开事故这种反作用力的作用。

安全系统工程也正是在这种事故的反作用下应运而生的。安全系统工程产生于 20 世纪 50 年代美、英等工业发达国家。继 1957 年苏联发射了第一颗地球人造卫星之后，美国为了赶上空间优势，匆忙地进行导弹技术开发，采取所谓研究、设计、施工齐头并进的方法，由于对系统的可靠性和安全性研究不足，在一年半的时间内连续发生了 4 起重大事故，每一起都造成了数以百万计美元的损失，最后不得不全部报废，从头做起。这种情况迫使美国空军以系统工程的基本原理和管理方法来研究导弹系统的安全性、可靠性，并于 1962 年首次提出了"弹道导弹系统安全工程"说法，制定了《武器系统安全标准》；1963 年美国提出了《系统安全程序》，并于 1967 年 7 月成为美军标准，之后又经过两次修订，成为现在的《系统安全程序要求》（MIL-STD-882B）。它以标准的形式规范了美国军事系统的工程项目在招标以及研发过程中对安全性的要求和管理程序、管理方法、管理目标，首次奠定了安全系统工程的概念，以及设计、分析、综合等基本原则。这就是由事故引发的军事系统的安全系统工程。

原子弹是可怕的，从而人们的心里存在着对以放射性物质为动力的核电站的恐惧心理。因此，在社会压力下，各国政府对核电站的要求极其严格，同时在核安全研究方面投入了巨大的人力、物力。英国在这方面的研究开始比较早，它从 20 世纪 60 年代中期开始收集有关核电站故障的数据，对系统的安全性和可靠性问题，采用了概率评价方法，成功开发了概率风险评价技术，后来进一步推动了采用定量评价的工作，并设立了系统可靠性服务所和可靠性数据库，从而以概率来计算核电站系统风险大小以及是否可以接受。1974 年美国原子能委员会发表了拉斯姆逊教授的《商用核电站风险评价报告》（WASH-1400），这项报告是该委员会委托麻省理工学院的拉斯姆逊教授，组织了十几个人，用了两年时间，花了 300 万美元完成的。报告收集了核电站各个部位历年发生的故障及其概率，采用了事件树和事故树的分析方法，作出了核电站的安全性评价。这个报告发表后，引起了世界各国同行的关注，从而使系统安全分析和系统安全评价技术得以成功开发和应用。该报告的科学性和对事故预测的准确性得到了"三哩岛事件"（核电站堆芯熔化造成放射性物质泄漏事故）的证实。这就是核工业的安全系统工程。

化工企业的危险性和化工事故的危害性是众所周知的。工业规模的扩大和事故破坏后果的日益严重化，迫使化工企业加倍努力，严格控制事故，特别是化工厂的火灾爆炸事故。为此，美国陶氏化学公司于1964年发表了化工厂"火灾爆炸指数评价法"，俗称道氏法。该法经过多年的使用，经6次修改，发表了第7版，并被写进教科书。该法是以化学物质的理化特性确定的物质系数为基础，综合考虑一般工艺过程和特殊工艺过程的危险特性，计算系统火灾爆炸指数，评价系统损失大小，并据此考虑安全对策措施，修正系统风险指数。之后，英国帝国化学公司在此基础上开发了蒙德评价法，日本提出了岗山法等。20世纪70年代日本劳动省发表的评价方法是以分析与评价、定性评价与定量评价相结合为特点的"化工企业安全评价指南"，亦称"化工企业六步骤安全评价法"。该评价法是一种对化工系统的全过程如何进行评价的管理规范。它不仅规定了评价方法、评价技术，也规定了系统生命周期每个阶段用哪种评价方法，如何进行评价等。这就是化工系统的安全系统工程。

民用工业也存在安全系统工程的诞生与发展问题。20世纪60年代正是美国市场竞争日趋激烈的年代，许多新产品在没有得到安全保障的情况下就投放市场，造成许多使用事故的发生，用户纷纷要求厂方赔偿损失，甚至要求追究厂商刑事责任，迫使厂方在开发新产品的同时，寻求提高产品安全性的新方法、新途径。这期间，电子、航空、铁路、汽车、冶金等行业出现了许多系统安全分析方法和评价方法，这也可以称为民用工业的安全系统工程。

1.3.2　安全系统工程的发展

当前，安全系统工程已普遍引起了各国的重视，国际安全系统工程学会每两年举办一次年会，1983年，在美国休斯敦召开的第六次会议，参加国有40多个，从讨论议题涉及面的广泛，可以看出这门学科已越来越引起了人们的兴趣。

在我国，安全系统工程的研究、开发是从20世纪70年代末开始的。天津东方化工厂应用安全系统工程成功地解决了高度危险企业的安全生产问题，为我国各个领域学习、应用安全系统工程起了带头作用。其后是机械、冶金、化工、航空、航天等各类行业借鉴引用国外的系统安全分析方法，如安全检查表分析、事故树分析、故障类型及影响分析、事件树分析、预先危险性分析、危险性与可操作性研究和作业条件危险性分析等对现有系统进行分析。到20世纪80年代中后期，人们将注意力逐渐转移到系统安全评价的理论和方法，开发了多种系统安全评价方法，特别是企业安全评价方法，重点解决了对企业危险程度的评价和企业安全管理水平的评价。

这期间，许多专家学者的相关专著也相继问世了，系统地总结了国内外安全系统工程的理论与方法，以系统的观点、方法对安全系统工程的理论与方法的产生和发展归纳如下：

（1）安全系统工程是在事故逼迫下产生的。由于在人类从事社会经济活动中，经常发生事故，造成人员伤亡和财产损失，人们不得不在现有安全工程技术的基础上，寻找能够预测、预防、预控事故的科学技术，安全系统工程就是在这样的背景下诞生的。人们开始采用系统安全预先分析、系统安全评价技术和对系统整个生命周期实施全过程安全控制的系统安全管理工程。

（2）现代科学技术的发展为安全系统工程的产生提供了必要条件。20世纪40年代产生了系统可靠性工程，20世纪50年代出现了系统工程，以及这一期间现代数学和计算机技术的迅速发展，使安全系统工程在20世纪60年代成为科学技术发展的必然产物，这也是相关学科相互影响的必然结果。

（3）军事、核工业、化工等行业系统安全分析与评价方法的研究与开发，丰富了安全系统工程的研究内容。20世纪60年代初，美国在导弹技术的开发中，深入地研究了系统的安全性和控制系统安全性的手段与方法，从而出现了空军标准《系统安全程序》和《系统安全程序要求》。在同一时期，出现了核电站的概率风险评价技术，化工企业的火灾爆炸指数安全评价法以及涉及产品安全的系统安全分析技术，如事故树分析、事件树分析、故障类型和影响分析等。这些理论和方法大大丰富了安全系统工程的内容，从而形成一个完整的学科。

（4）安全系统工程在理论研究和实践中不断完善和发展。安全系统工程以系统工程和安全科学为其理论基础，以人—机—环境为其研究对象，其研究内容不仅包括辨识、分析、评价与控制技术，还包括管理程序、管理方法等管理科学的内容。基于这种思想，迄今国外发表的有关系统安全分析、系统安全评价、系统安全管理技术与方法的论著，都属于安全系统工程范畴；各行业预先分析与控制事故、提高系统安全性、倡导安全技术等的实践和研究，也都具有鲜明的系统工程特点。因此，安全系统工程在理论研究和生产实践过程中不断完善和发展。

1.3.3　我国推广安全系统工程的现状

20世纪80年代以前，我国对安全工作虽然给予了高度重视，每年也花费了大量的资金，但往往是采取问题出发型的办法，也就是说发生事故以后才去寻找原因和防治措施，这很难从根本上解决问题。

自从钱学森教授提出了"系统工程是组织管理的科学"这一著名论断之后，我国安全研究人员和管理人员深感必须采用系统工程的方法，才能真正改变企业安全工作的被动局面。也就是说，必须采用问题发现型的方法，事先用系统工程方法，找出系统中的所有危险性，加以辨识、分析和评价，从而找出解决问题的对策措施，防患于未然。1982年，我国首次组织了安全系统工程讨论会，由研究单位、大专院校和重要企业等方面的人员参加。会上研究了在我国发展安全系统工程的方向，并组织分工进行预先危险性分析（PHA）、故障类型及影响分析（FMEA）、事件树分析（ETA）和事故树分析（FTA）等分析方法的研究，同时开展了安全检查表的推广应用工作。

30多年来，我国推广应用安全系统工程的主要成果可归纳为以下5项：

（1）安全检查表得到普遍的应用。由于安全检查表能够事先编制，可集中有经验人员的智慧，由于是经过缜密考虑的，问题能提到重点上，编出的表有系统性，检查时以它为据，克服了漫无目标的盲目状态，其深受企业领导和广大职工的欢迎。

（2）普遍使用事故树分析方法查找事故原因。由于事故树分析方法是一种演绎方法，是采用逻辑推理的办法，由顶上事件开始逐步查找各种基本原因事件。因此，很多使用者发现，有些基本原因事件是事先未能考虑到的或未曾注意过的。不少企业根据这种方法改变了工艺流程和操作方法，取得了减少事故的效果。不少企业还针对有特殊危险的岗位编制了形象化的事故树图挂在操作岗位旁边，说明会造成危险的几条途径，工人看起来一目了然，帮助他们提高了紧急处理事故的能力。有的企业通过事故树分析，编制了安全检查表，即把基本事件或最小割集、最小径集等作为检查项目，使检查表更加切合实用。

（3）安全系统工程的理论研究上也有所发展。例如，有人总结出求结构重要度的简化方法，有人用模糊数学对安全管理进行评价等。

（4）安全系统工程方法正在引起更多人的注意，被不断深入地进行研究。例如，如何正确地编制事故树，对其他系统安全的分析手段（如系统可靠性分析、故障类型及影响分析等方法），以及评价技术等，这些都有人在积极地进行研究。

（5）在计算机的应用方面，不少单位编制了事故树的概率计算程序以及求最小割集和最小径集的程序。在管理应用方面，编制了事故数据处理、分析等程序，并准备着手编制专家系统、异常诊断程序等。在生产安全工作领域中，开辟了使用计算机的广阔前景。

课后习题

一、选择题

1. 我国安全系统工程的研究从_____开始的。
　　A. 20 世纪 80 年代末　　　　　　　B. 20 世纪 70 年代末
　　C. 20 世纪 60 年代末　　　　　　　D. 20 世纪 50 年代末

2. 安全系统工程是在_____的逼迫下产生的。
　　A. 事件　　　　　B. 事故　　　　　C. 生产　　　　　D. 消费

3. 安全系统工程产生于 20 世纪 50 年代_____等工业发达国家。
　　A. 俄、美　　　　B. 美、日　　　　C. 美、英　　　　D. 加拿大、法

4. 安全系统工程以_____和_____为其理论基础。
　　A. 系统工程　安全科学　　　　　B. 管理工程　自然科学
　　C. 管理方法　系统安全　　　　　D. 安全管理　安全分析

5. 安全系统工程产生于_____。
　　A. 20 世纪 50 年代初美英等工业发达国家
　　B. 20 世纪 60 年代欧美等工业发达国家
　　C. 20 世纪 70 年代的美英等发达国家
　　D. 20 世纪 80 年代以后的美英工业发达国家

二、填空题

1. _____、_____、_____等行业系统安全分析与评价方法的研究与开发，丰富了安全系统工程的研究内容。

2. 安全系统工程是运用_____学的原理和方法，对系统中或生产中的安全问题进行分析、评价及预测，并采取综合安全措施，使系统发生事故的可能性减小到最低限度，从而达到最佳安全状态的学科。

3. 钱学森教授提出_____这一著名论断之后，我国安全研究人员和管理人员深感必须采用安全系统工程的方法，才能真正改变企业安全工作的被动局面。

4. 20 世纪 70 年代日本劳动省发表的评价方法是以分析与评价、定性评价与定量评价相结合为特点的"化工企业安全评价指南"，也称_____。

三、简答题

1. 30 多年来，我国推广应用安全系统工程的主要成果有哪些？

2. 安全系统工程的产生和发展史？

———— 本 章 小 结 ————

绪论主要介绍了系统、系统工程、安全系统工程等基本概念。安全系统工程的研究对象是"人—机—环境"系统，安全系统工程的研究内容有系统安全分析、系统安全评价、系统安全决策与危险控制。

采用安全系统工程的方法有很多优越性，它可以使以预防为主的安全工作从过去凭直观、经验的传统方法，发展成为能预测事故的定性及定量方法。

复习思考题

1-1　什么是系统，系统具有哪些基本属性？

1-2　什么是系统工程？试举例说明。

1-3　什么是安全系统工程？

1-4　安全系统工程的主要研究内容是什么？

1-5　安全系统工程的研究方法有哪些？

1-6　安全系统工程有哪些优点？

1-7　安全系统工程产生的客观背景与条件是什么？

2　系统安全分析

系统安全分析是安全系统工程的核心内容，是系统安全评价的基础。通过系统安全分析，可以查明系统中的危险源，分析可能出现的危险状态，估计事故发生的概率和可能产生伤害及损失的严重程度，为确定出哪种危险能够通过修改系统设计或改变控制系统运行程序来进行系统安全风险控制提供依据。因此，分析结果的正确与否将直接影响到整个工作的成败。

本章讲述系统安全分析，包括系统安全分析基本知识、系统安全定性分析、系统安全定量分析、事故树分析和系统安全分析方法的选择等 5 节。其中，上述各定性及定量系统安全分析方法是本章的重点学习内容，本章的难点是各系统安全分析方法的选择及其应用。

2.1　系统安全分析概述

2.1.1　系统安全分析的主要内容

系统安全分析是从安全角度出发对系统中的危险源进行辨识与分析，主要分析导致系统故障或事故的各种因素及其相互关系，主要分析以下 6 个内容：

（1）对可能出现的初始的、诱发的及直接引起事故的各种危险因素（对系统中存在的各种危险源）及其相互关系进行调查和分析。

（2）对与系统有关的环境条件、设备、人员及其他有关因素进行调查和分析。

（3）对能够利用适当的设备、规程、工艺或材料，控制或根除某种特殊危险因素的措施进行调查和分析。

（4）对可能出现的危险因素的控制措施及实施这些措施的最好方法进行调查和分析。

（5）对不能根除的危险因素失去或减少控制可能出现的后果进行调查和分析。

（6）对危险因素一旦失去控制，为防止伤害和损失的安全防护措施进行调查和分析。

2.1.2　系统安全分析的常用方法

随着系统工程学科的不断发展，出现了很多系统安全分析方法。这些方法都各有特点、互为补充。其中，在生产实践中得到广泛应用的系统安全分析方法主要有如下 10 种：

（1）安全检查表分析（safety check list analysis）。

（2）预先危险性分析（preliminary hazard analysis）。

（3）故障类型及影响分析（failuremodes and effects analysis）。

（4）危险性与可操作性研究分析（hazard and operability study analysis）。

（5）鱼刺图分析（fishbones diagram analysis）。

（6）系统可靠性分析（system reliability analysis）。

（7）事件树分析（event tree analysis）。

（8）事故树分析（fault tree analysis）。

（9）原因—后果分析（cause-consequence analysis）。

（10）火灾、爆炸危险指数评价法（fire and explosion hazard index analysis）。

2.1.3　系统安全分析方法的分类

2.1.3.1　系统安全分析方法按定性与定量分析方法分类

定性分析，是指对影响系统、操作、产品或人身安全的全部因素，进行非数学方法的研究与分析，或对事件只给定"0"或"1"的分析程序，而"0"或"1"这两个数值的意义只表示某事件不发生或发生。在系统安全分析中，一般应先进行定性分析，确定出对系统安全的所有影响因素的模式及相互关系，然后再根据实际需要进行定量分析。

定量分析，是在定性分析的基础上，运用数学方法与计算工具，分析事故、故障及其影响因素之间的数量关系和数量变化规律。其目的是对事故或危险发生的概率及风险度进行客观评定。

具体划分为以下两种方法：

（1）定性分析方法——安全检查表分析、预先危险性分析、故障类型及影响分析、危险性与可操作性研究分析、鱼刺图分析。

（2）定量分析方法——事件树分析，系统可靠性分析，事故树分析，原因—后果分析，火灾、爆炸危险指数评价法。

2.1.3.2　系统安全分析方法按逻辑思维方法分类

按逻辑思维方法可将系统安全分析方法分为归纳法和演绎法两大类。

归纳法就是从个别情况出发，总结出一般结论。考虑一个系统，如果假定一个特定故障或初始条件，并且想要查明这一故障或初始条件对系统运行的影响，那么就可以调查某些特定元件（部件）的实效是如何影响系统正常运行的（如管道破裂是如何影响企业生产安全的）。

演绎法就是从一般到个别的推理。在系统的演绎分析中，假定系统本身已经以一定的方式失效，然后要找出哪些系统（或部件）行为模式造成了这种失效（如是由哪些事件引起某车间火灾事故的发生）。

具体划分为以下两种方法：

（1）归纳法——安全检查表分析、预先危险性分析、故障类型及影响分析、危险性与可操作性研究和事件树分析。

（2）演绎法——事故树分析，系统可靠性分析，原因—后果分析，鱼刺图分析，火灾、爆炸危险指数评价法。

2.1.3.3　系统安全分析方法按静态和动态特性分类

根据系统安全分析方法能否反映出时间历程和环境变化因素，可将其分为静态分析法和动态分析法两种。具体划分为以下两种方法：

（1）动态分析法——事件树分析和原因—后果分析。

（2）静态分析法——事故树分析，预先危险性分析，安全检查表分析，危险性与可操作性研究，故障类型及影响分析，系统可靠性分析，火灾、爆炸危险指数评价法，鱼刺图分析。

课 后 习 题

一、选择题

1.（多选）定性分析方法包括_____。

  A. 安全检查表分析　　　　　　B. 预先危险性分析

  C. 故障类型及影响分析　　　　D. 安全管理分析

2.（多选）定量分析方法包括_____。

  A. 事件树分析　　　　　　　　B. 系统可靠性分析

  C. 系统安全分析　　　　　　　D. 事故树分析和原因—后果分析

3.（多选）系统安全分析方法按逻辑思维方法分类属于演绎法的有_____。

  A. 事故树分析　　　　　　　　B. 系统可靠性分析

  C. 原因—后果分析　　　　　　D. 鱼刺图分析

二、填空题

1. 定量分析是指对影响_____、_____、_____或人身安全的全部因素，进行非数学方法的研究或分析。

2. 安全系统工程的核心内容是_____。

3. 系统安全评价的基础是_____。

4. 系统安全分析方法按逻辑思维方法可将系统安全分析方法分为_____和_____两大类。

三、简答题

1. 如何理解定性分析？

2. 系统安全分析是从安全角度出发对系统中的危险源进行辨识与分析，主要分析哪些方面？

2. 2　系统安全定性分析

2.2.1　安全检查表分析

安全检查表（safety check list，SCL）是进行安全检查、发现潜在危险、督促各项安全法规、制度、标准实施的一个较为有效的工具。它是安全系统工程中最基本、最初步的一种形式。

2.2.1.1 安全检查

安全检查是运用常规、例行的安全管理工作及时发现不安全状态及不安全行为的有效途径，也是消除事故隐患、防止伤亡事故发生的重要手段。

A 安全检查的形式

企业安全生产检查的形式有经常性检查、定期安全检查、季节性及节假日前安全检查、专业性安全检查、综合性安全检查和群众性普遍检查等。

（1）经常性检查。是指安全技术人员、车间和班组干部及职工对安全工作所进行的个别的、日常的巡视检查。

（2）定期安全检查。企业通过有计划、有组织、有目的的形式，对生产活动情况的全面安全检查。

（3）季节性及节假日前安全检查。企业根据季节变化，按照事故发生的规律，对易触发的潜在危险，突出重点地进行季节性检查。

（4）专业性安全检查。针对某个专项问题或在生产中存在的普遍性安全问题进行的单项检查。它具有较强的针对性和专业要求。

（5）综合性安全检查。一般是由主管部门对下属各企业或生产单位进行的全面综合性检查，必要时可组织实施系统的安全评价。

（6）群众性普遍检查。是指发动群众普遍进行安全检查。如对职工岗位安全操作规程的考核，职工对本岗位危险因素的认识与控制危险因素的方法的检查等。

开展安全检查工作，要做到有计划、有组织、目标明确，内容要求具体，并且必须由领导负责、有关人员参加的安全生产检查组实施。安全检查自始至终应贯彻领导与群众相结合的原则，做到边检查，边整改。

B 安全检查的内容

安全检查的内容主要是查思想、查管理、查隐患、查整改及查事故处理。

（1）查思想。即检查各级生产管理人员对安全生产的认识，对安全生产的方针、政策、法律、法规、规程及各项规章制度的理解和贯彻执行情况。

（2）查管理。即检查安全管理的各项具体工作的执行情况，如安全生产责任制、安全生产操作规程、各项安全生产规章制度和档案是否健全，安全教育、安全技术措施、伤亡事故管理等的实施情况。

安全管理制度包括安全生产责任制、安全生产操作规程和安全生产规章制度 3 个类别、3 个层次。安全管理制度的作用有：

1）明确安全生产职责。明确本单位各岗位的从业人员的安全生产职责，使全体从业人员都知道"谁应干什么"或"什么事应该由谁干"，避免为实现安全生产应干的事没有人干，有利于避免互相推诿，有利于各在其位、各司其职、各尽其责。

2）规范安全生产行为。规章制度和操作规程，明确了全体从业人员在履行安全生产管理职责或生产操作时应"怎样干"，有利于规范管理人员的管理行为，提高管理的质量；有利于规范生产操作人员的操作行为，避免因不安全行为而导致发生事故。

3）建立和维护安全生产秩序。规定了贯彻执行国家安全生产法规的具体方法、生产的工艺规程和安全操作规程等安全生产规章制度，明确了"干不好怎么办"，使企业能建立起安全生产的秩序。

（3）查隐患。即检查劳动条件、生产设备、安全卫生设施是否符合安全卫生条件的要求，职工在生产中的不安全行为的情况等，找出不安全因素和事故隐患。

（4）查整改。即对已经发现的隐患及安全生产管理存在的问题进行检查，明确其是否进行了相应的整改，或采取了相应的安全对策措施，效果如何。

（5）查事故处理。即检查企业对工伤事故是否及时报告、认真调查、严肃处理；是否按"四不放过"（事故原因未查清楚不放过，责任人员未处理不放过，责任人和群众未受教育不放过，整改措施未落实不放过）的要求处理事故；有没有采取有效措施，防止类似事故重复发生。

总之，安全检查的具体内容可以概括为查管理制度、查现场管理、查安全培训、查安全防护措施、查特种设备及危险源的管理、查应急预案及演练情况、查违章、查安全生产资金投入情况以及查事故隐患等。

C　安全检查的方法

（1）常规检查法。常规检查是常见的一种检查方法，通常由安全管理人员作为检查工作的主体，到作业场所的现场，通过感观或辅助一定的简单工具、仪器、仪表等，对作业人员的行为、作业场所的环境条件、生产设备设施等进行的定期检查。安全检查人员通过这一手段，及时发现现场存在的安全隐患并采取措施予以消除，纠正作业人员的安全行为。

常规检查完全依靠安全检查人员的经验和能力，其检查结果直接受安全检查人员个人素质的高低而影响。因此，常规检查法对安全检查人员个人素质的要求较高。

（2）安全检查表法。为使检查工作更加规范，将个人的行为对检查结果的影响降至最低，常采用安全检查表法。安全检查表是进行安全检查，发现和查明各种危险和隐患，监督各项安全规章制度的实施，及时发现事故隐患并制止违章行为的一个有力工具。安全检查表应列举需查明的所有可能会导致事故发生的不安全因素，安全检查表的设计应做到系统、全面，检查项目应明确。后面将对安全检查表法作详细介绍。

2.2.1.2　安全检查表

A　安全检查表介绍

a　安全检查表的定义

安全检查表是 20 世纪 30 年代工业迅速发展时期的产物。当时，由于安全系统工程尚未出现，安全工作者为了解决生产中遇到的日益增多的安全事故，运用系统工程的手段编制了一种检验系统安全与否的表格。系统工程广泛应用以后，在安全系统工程开始萌芽的时期，安全检查表的编制逐步走向理论阶段，使得安全检查表的编制越来越科学、全面和完善。它们的内容基本相同，不同的是编制的依据和方法；前者运用系统工程手段，后者源于安全系统工程的科学分析。

因此，安全检查表的定义为：运用安全系统工程的方法，发现系统以及设备、机器装置和操作管理、工艺、组织措施中的各种不安全因素，事先对检查对象加以剖析、分解、查明问题所在，并根据理论知识、实践经验、有关标准、规范和事故情报等进行周密细致的思考，确定出检查的项目和要点，列成表格进行分析。

安全检查表分析法就是制定安全检查表，并依据此表实施安全检查和诊断的系统安全分析方法。

b　安全检查表的特点

安全检查表是进行系统安全性分析的基础，也是安全检查中行之有效的基本方法，对有计划地解决生产安全问题是很有效的。安全检查表具有以下 8 个明显的特点：

（1）通过事先对检查对象进行详细调查研究和全面分析所制定出来的安全检查表比较系统、科学、完整，包括可能导致事故发生的各种因素，为事故树的编制和分析做好准备，可避免检查过程中的"走过场"和盲目性，从而提高安全检查工作的效果和质量。

（2）可根据现有的规章制度、法律、法规、安全规程和标准规范等检查执行情况，检查目的明确，内容具体，容易得出正确的评估。

（3）通过事故树分析和编制安全检查表，将实践经验上升到理论，从感性认识到理性认识，并用理论去指导实践，充分认识各种影响事故发生的因素的危险程度。

（4）对所拟定的检查项目进行逐项检查的过程，也是对系统危险因素辨识、评价和制定出措施的过程，既能准确地查出隐患，又能得出确切的结论，从而保证有关法规的全面落实。

（5）检查表是与有关责任人紧密相连的，所以易于推行安全生产责任制，按不同的检查对象使用不同的安全检查表，检查后能够做到事故清、责任明、整改措施落实快。

（6）安全检查表是通过问答的形式进行检查的过程，所以使用起来简单易行，易于安全管理人员和广大职工掌握和接受，可经常自我检查。

（7）安全检查表是定性分析的结果，是建立在原有的安全检查基础和安全系统工程之上的，简单易学，容易掌握，符合我国现阶段的实际情况，可以为安全预测和决策提供坚实的基础。

（8）安全检查表只能作定性的安全评价，只能对已经存在的对象进行评价。

安全检查表不仅可以用于系统安全设计的审查，也可以用于生产工艺过程中的危险因素辨识、评价和控制，以及用于行业标准化作业和安全教育等方面，是一种进行科学化管理、简单易行的基本方法，具有实际意义和广泛的应用前景。

B　安全检查表的编制

a　安全检查表的编制依据

安全检查表应列举需查明的所有能导致工伤或事故的不安全状态和行为。为了使检查表在内容上能结合实际、突出重点、简明易行、符合安全要求，应根据以下 4 个方面进行编制：

（1）有关法律、法规、规程、规范、规定、标准与手册。安全检查表应以国家、部门、行业、企业所颁发的有关安全法令、规章、制度、规程以及标准、手册等为依据。例如，编制生产装置的检查表，要以该产品的设计规范为依据，对检查中涉及的控制指标应规定出安全的临界值，即设计指标的容许值，超过容许值应报告并作处理。对专用设备如电气设备、锅炉压力容器、起重机具、机动车辆等，应按各相关的规程与标准进行编制，使检查表的内容在实施中均能做到科学、合理并符合法规的要求。

（2）本单位的经验。由本单位工程技术人员、生产管理人员、操作人员和安全技术人员共同总结生产操作的经验。要在总结本单位生产操作和安全管理资料的实践经验、分析导致事故的各种潜在危险源和外界环境条件的基础上，编制出结合本单位实际情况的安全检查表，切忌生搬硬套。

（3）国内外事故案例。编制检查表应认真收集以往发生的事故教训以及在生产、研制和使用中出现的各种问题，包括国内外同行业、同类事故的相关事故案例和资料，结合编制对象，仔细分析有关的不安全状态，并一一列举出来，这是杜绝隐患首先必须做的工作。

（4）系统安全分析的结果。根据其他系统安全分析方法（如事故树分析、事件树分析、故障类型及影响分析和预先危险性分析等）对系统进行分析的结果，将导致事故的各个基本事件作为防止灾害的控制点列入安全检查表。

b　安全检查表的格式

安全检查表的格式很多，没有统一的规定，可以根据不同的要求，设计出满足不同需要的安全检查表。原则上应条目清晰、内容全面，要求详细、具体。对发现的问题做出简明确切的记录，并提出解决方案，同时落实到责任人，以便及时进行整改。

表2-1是综合各种安全检查表的优点所设计的一种格式，以供参考。

表2-1　安全检查表

检查项目	检查内容	检查要求	是否符合要求	检查人

检查人：　　　　　　　　　被检查单位负责人：　　　　　　　　　年　月　日

注：本表一式多份。被检查单位一份，应急管理部门一份……

表2-1并非标准格式。在设计时，可以先初步设计出来，再不断改进。另外，可以根据不同的职责范围、岗位、工作性质，制定不同类型的安全检查表。

c　安全检查表的编制方法

根据检查对象，安全检查表编制人员可由熟悉系统安全分析的本行业专家（包括生产技术人员）、管理人员及生产第一线有经验的工人组成。编制安全检查表主要步骤有以下4个：

（1）确定检查对象与目的。

（2）剖切系统。根据检查对象与目的，把系统剖切分成子系统、部件或元件。

（3）分析可能的危险性。对各"剖切块"进行分析，找出被分析系统（部件或元件）存在的危险源，评定其危险程度和可能造成的后果。

（4）制定检查表。确定检查项目，根据检查目的和要求设计或选择检查表的格式，按系统或子系统编制安全检查表，并在使用过程中加以完善。

d　编制安全检查表应注意的问题

编制安全检查表应注意的问题有以下 8 个：

（1）编制安全检查表的过程，实质是理论知识、实践经验系统化的过程，一个高水平的安全检查表需要专业技术的全面性、多学科的综合性和实际经验的统一性。为此，应组织技术人员、管理人员、操作人员和安技人员深入现场共同编制。

（2）按查隐患要求列出的检查项目应齐全、具体、明确，突出重点，抓住要害。为了避免重复，尽可能将同类性质的问题列在一起，系统地列出问题和状态。另外，应规定检查方法，并有合格标准，防止检查表笼统化、行政化。

（3）各类检查表都有其适用对象，各有侧重，是不宜通用的。如专业检查表与日常检查表要加以区分，专业检查表应详细，而日常检查表则应简明扼要，突出重点。

（4）危险性部位应详细检查，确保一切隐患在可能发生事故之前就被发现。

（5）编制安全检查表应将安全系统工程中的事故树分析、事件树分析、预先危险性分析和可操作性研究等方法结合进行，把一些基本事件列入检查项目中。

（6）安全检查表应由专业干部、有关部门领导、工程技术人员和工人共同编写，并通过实践检验不断修改，使之逐步完善。

（7）安全检查表可以按企业生产系统、车间、工段和岗位编写，也可以按专题编写，如对重要设备和容易出现事故的工艺流程，就应该编制该项工艺的专门的安全检查表。

（8）安全检查表的编制过程，也是对系统进行安全分析的过程。通过对系统的全面分析，结合有关资料，找出系统中存在的隐患、事故发生的可能途径和影响后果等，然后根据有关法规、规章制度、标准和安全技术要求，完成检查表的制定工作。为了清楚地列出检查表中的检查项目和检查重点，可通过事故树分析找出导致事故的基本事件和最小割集，然后进行逐一审查并确定出它们之间的逻辑关系。

2.2.1.3　应用实例分析

【例 2-1】　非煤矿山企业安全管理系统现状综合安全检查表见表 2-2。

表 2-2　非煤矿山企业安全管理系统现状综合安全检查表

序号	检查项目	检查内容	检查依据	检查结果	备注
1	安全生产管理机构	（1）矿山、金属冶炼、建筑施工、运输单位和危险物品的生产、经营、储存、装卸单位，应当设置安全生产管理机构或者配备专职安全生产管理人员	《安全生产法》第二十四条		
		（2）前款规定以外的其他生产经营单位，从业人员超过一百人的，应当设置安全生产管理机构或者配备专职安全生产管理人员；从业人员在一百人以下的，应当配备专职或者兼职的安全生产管理人员			
		（3）矿山企业工会依法维护职工生产安全的合法权益，组织职工对矿山安全工作进行监督	《矿山安全法》第二十三条		

序号	检查项目	检查内容	检查依据	检查结果	备注
2	安全生产管理人员	（1）生产经营单位的安全生产管理机构及安全生产管理人员履行下列职责：组织或者参与拟订本单位安全生产规章制度、操作规程和生产安全事故应急救援预案；组织或者参与本单位安全生产教育和培训，如实记录安全生产教育和培训情况；组织开展危险源辨识和评估，督促落实本单位重大危险源的安全管理措施；组织或者参与本单位应急救援演练；检查本单位的安全生产状况，及时排查生产安全事故隐患，提出改进安全生产管理的建议；制止和纠正违章指挥、强令冒险作业、违反操作规程的行为；督促落实本单位安全生产整改措施	《安全生产法》第二十五条		
		（2）生产经营单位可以设置专职安全生产分管负责人，协助本单位主要负责人履行安全生产管理职责			
		（3）生产经营单位的主要负责人和安全生产管理人员必须具备与本单位所从事的生产经营活动相应的安全生产知识和管理能力			
		（4）危险物品的生产、经营、储存、装卸单位及矿山、金属冶炼、建筑施工、运输单位的主要负责人和安全生产管理人员，应当由主管的负有安全生产监督管理职责的部门对其安全生产知识和管理能力考核合格。考核不得收费	《安全生产法》第二十七条		
		（5）危险物品的生产、储存、装卸单位及矿山、金属冶炼单位应当有注册安全工程师从事安全生产管理工作。鼓励其他生产经营单位聘用注册安全工程师从事安全生产管理工作。注册安全工程师按专业分类管理，具体办法由国务院人力资源和社会保障部门、国务院应急管理部门会同国务院有关部门制定			
3	安全生产责任制	（1）矿山企业必须建立、健全安全生产责任制	《矿山安全法》第二十条		
		（2）生产经营单位的全员安全生产责任制应当明确各岗位的责任人员、责任范围和考核标准等内容	《安全生产法》第二十二条		
		（3）生产经营单位应当建立相应的机制，加强对全员安全生产责任制落实情况的监督考核，保证全员安全生产责任制的落实			
		（4）非煤矿矿山企业取得安全生产许可证，应建立健全主要负责人、分管负责人、安全生产管理人员、职能部门、岗位安全生产责任制	《非煤矿矿山企业安全生产许可证实施办法》（国家安全生产监督管理总局令第20号）第六条		

序号	检查项目	检查内容	检查依据	检查结果	备注
4	安全生产规章制度	（1）制定安全检查制度	《国家安全生产监督管理总局令第 20 号》第六条		
		（2）制定职业危害预防制度			
		（3）制定安全教育培训制度			
		（4）制定生产安全事故管理制度			
		（5）制定重大危险源监控和重大隐患整改制度			
		（6）制定设备安全管理制度			
		（7）制定安全生产档案管理制度			
		（8）制定安全生产奖惩制度			
5	作业安全规程和工种操作规程	制定作业安全规程和各工种操作规程	《国家安全生产监督管理总局令第 20 号》第六条		
6	安全教育培训	（1）生产经营单位应当对从业人员进行安全生产教育和培训，保证从业人员具备必要的安全生产知识，熟悉有关的安全生产规章制度和安全操作规程，掌握本岗位的安全操作技能，了解事故应急处理措施，知悉自身在安全生产方面的权利和义务。未经安全生产教育和培训合格的从业人员，不得上岗作业	《安全生产法》第二十八条		
		（2）生产经营单位使用被派遣劳动者的，应当将被派遣劳动者纳入本单位从业人员统一管理，对被派遣劳动者进行岗位安全操作规程和安全操作技能的教育和培训。劳务派遣单位应当对被派遣劳动者进行必要的安全生产教育和培训			
		（3）生产经营单位接收中等职业学校、高等学校学生实习的，应当对实习学生进行相应的安全生产教育和培训，提供必要的劳动防护用品。学校应当协助生产经营单位对实习学生进行安全生产教育和培训			
		（4）生产经营单位应当建立安全生产教育和培训档案，如实记录安全生产教育和培训的时间、内容、参加人员以及考核结果等情况			
		（5）生产经营单位采用新工艺、新技术、新材料或者使用新设备，必须了解、掌握其安全技术特性，采取有效的安全防护措施，并对从业人员进行专门的安全生产教育和培训	《安全生产法》第二十九条		
		（6）生产经营单位的特种作业人员必须按照国家有关规定经专门的安全作业培训，取得相应资格，方可上岗作业	《安全生产法》第三十条		
7	安全生产管理档案	企业应制定安全生产档案管理制度，并按照制度要求制定相应的管理档案，如各级安全生产会议记录档案，各类从业人员安全教育培训、考核、持证情况档案，设备、设施安全管理档案，现场安全检查、事故隐患及其整改情况档案，职工劳动防护用品发放管理档案，职工违章处罚情况档案，伤亡事故分析、处理及统计档案，特种作业人员记录档案，安全生产责任制签订、考核情况档案，安全奖惩档案，特种设备安全技术档案等	对照矿山企业应制定的"安全生产档案管理制度"		

续表 2-2

序号	检查项目	检查内容	检查依据	检查结果	备注
8	安全生产资金投入	（1）生产经营单位应当具备的安全生产条件所必需的资金投入，由生产经营单位的决策机构、主要负责人或者个人经营的投资人予以保证，并对由于安全生产所必需的资金投入不足导致的后果承担责任	《安全生产法》第二十三条		
		（2）有关生产经营单位应当按照规定提取和使用安全生产费用，专门用于改善安全生产条件。安全生产费用在成本中据实列支			
		（3）生产经营单位新建、改建、扩建工程项目（以下统称建设项目）的安全设施，必须与主体工程同时设计、同时施工、同时投入生产和使用。安全设施投资应当纳入建设项目概算	《安全生产法》第三十一条		
		（4）生产经营单位应当安排用于配备劳动防护用品、进行安全生产培训的经费	《安全生产法》第四十七条		
		（5）生产经营单位必须依法参加工伤保险，为从业人员缴纳保险费	《安全生产法》第五十一条		
9	事故应急救援预案	生产经营单位应当制定本单位生产安全事故应急救援预案，与所在地县级以上地方人民政府组织制定的生产安全事故应急救援预案相衔接，并定期组织演练	《安全生产法》第八十一条		
10	职业危害防范和个体劳动防护	（1）建设项目的职业病防护设施所需费用应当纳入建设项目工程预算，并与主体工程同时设计，同时施工，同时投入生产和使用	《职业病防治法》第十八条		
		（2）用人单位应当采取下列职业病防治管理措施：设置或者指定职业卫生管理机构或者组织，配备专职或者兼职的职业卫生管理人员，负责本单位的职业病防治工作；制定职业病防治计划和实施方案；建立、健全职业卫生管理制度和操作规程；建立、健全职业卫生档案和劳动者健康监护档案；建立、健全工作场所职业病危害因素监测及评价制度；建立、健全职业病危害事故应急救援预案	《职业病防治法》第二十一条		
		（3）用人单位必须采用有效的职业病防护设施，并为劳动者提供个人使用的职业病防护用品	《职业病防治法》第二十三条		
		（4）矿山企业必须向职工发放保障安全生产所需的劳动防护用品	《矿山安全法》第二十八条		
		（5）生产经营单位必须为从业人员提供符合国家标准或者行业标准的劳动防护用品，并监督、教育从业人员按照使用规则佩戴、使用	《安全生产法》第四十五条		
11	安全警示标志	生产经营单位应当在有较大危险因素的生产经营场所和有关设施、设备上，设置明显的安全警示标志。如在机械设备、供配电设施、废石场、井口、爆破器材库、地表移动范围、油库等危险场所设置安全警示、标示牌	《安全生产法》第三十五条		

检查结果可以用"是（√）"（表示符合要求）或"否（×）"（表示还存在问题，有待进一步改进）来回答检查内容的要求，也可以用其他简单的参数来进行检查，还可以用打分的形式表示检查结果（需制定评分标准），并可设置改进措施栏，以填写整改措施意见。

2.2.2　预先危险性分析

2.2.2.1　预先危险性分析介绍

A　基本含义

预先危险性分析（preliminary hazarde analysis，PHA），又称初步危险分析，是一种定性分析评价系统内危险因素和危险程度的方法。它是在每项工程活动运转之前（如设计、施工、生产之前）或技术改造之后（制定操作规程和使用新工艺等情况之后）对系统存在的危险性类型、来源、出现条件、导致事故的后果及有关措施等，作一宏观概略分析。

通过 PHA 能够并应该做到：识别出系统中可能存在的所有危险源；识别出危险源可能导致的危害后果，并根据风险程度对其进行分级；确定风险控制措施。

B　适用条件

预先危险性分析主要用于新系统设计、已有系统改造之前的方案设计、选址阶段，在人们还没有掌握该系统详细资料的时候，用于分析、辨识可能出现或已经存在的危险因素，并尽可能在付诸实施之前找出预防、改正、补救措施，消除或控制危险因素。

C　分析目的

预先危险性分析的目的是防止操作人员直接接触对人体有害的原材料、半成品、成品和生产废弃物，防止使用危险性工艺、装置、工具和采用不安全的技术路线。如果必须使用，则应从工艺上或设备上采取安全措施，以保证这些危险因素不致发展成为事故。一句话，把分析工作做在行动之前，避免由于考虑不周而造成损失。

D　分析内容

根据安全系统工程的方法，生产系统的安全必须从人—机—环境系统进行分析，而且在进行预先危险性分析时应持这种观点，即对偶然事件、不可避免事件、不可知事件等进行剖析，尽可能地把它变为必然事件、可避免事件、可知事件，并通过分析、评价、控制事故发生。

分析的内容可归纳为以下 7 个方面：

（1）识别危险的设备、零部件，并分析其发生的可能性条件。

（2）系统中各子系统、各元件的交接面及其相互关系与影响。

（3）原材料、产品，特别是有害物质的性能及贮运。

（4）工艺过程及其工艺参数或状态参数。

（5）人机关系（操作、维修等）。

（6）环境条件。

（7）用于保证安全的设备、防护装置等。

E　主要优点

预先危险性分析的主要优点有以下 4 个：

（1）分析工作做在行动之前，可及早采取措施排除、降低或控制危害，避免由于考虑不周造成损失。

（2）对系统开发、初步设计、制造、安装、检修等做的分析结果，可以提供应遵循的注意事项和指导方针。

（3）分析结果可为制定标准、规范和技术文献提供必要的资料。

（4）根据分析结果可编制安全检查表以保证实施安全，并可作为安全教育的材料。

预先危险性分析的特点在于在系统开发的初期就可以识别、控制危险因素，用最小的代价消除或减少系统中的危险因素，从而为制定整个系统寿命期间的安全操作规程提供依据。

2.2.2.2　危险源辨识

关于危险源当前有多种表述。简单地说，危险源（hazard）就是指导致事故的根源，它包含 3 个要素：潜在危险性、存在状态和触发因素。危险源辨识需要有丰富的知识和实践经验。一般可从以下 3 个方面入手：

（1）根据能量以外释放论，事故就是发生不希望的能量转移所造成的，因此辨识危险源首先要考虑的就是系统存在的能够致害的能量（包括致害物质）。致害能量（物质）决定了危险源的潜在危险性。

（2）系统中的特定能量和物质在正常情况下总是以特定的物理或化学状态存在于系统中的特定部位，或处在某种约束条件之下的。由于危险源的存在状态不同，可能发生能量转移的途径或方式就不同，造成危害的可能性及后果的严重程度也不同，需要采取的控制措施也不同。因此，在辨识危险源时必须明确危险源的存在状态，以及是否采取了有效的约束措施（既包括具体装置设施，也包括管理制度、作业规程等），这些都是分析事故原因的重要依据。

（3）致害能量或物质的转移是需要条件的，这既包括那些直接导致危险源约束条件破坏的因素，也包括导致危险源进入危险的物理或化学状态的因素。这些因素可以来自系统内部，如人的不安全行为、硬件故障、软件故障、环境的不良因素等，也可以来自系统外部，如其他系统发生的火灾、爆炸，以及自然灾害等。这些导致事故发生的重要外因，需要在危险源辨识的过程中加以明确，以便为指定防范措施提供依据。

2.2.2.3　危险性等级的划分与确定

A　危险性等级的划分

在危险性查出之后，应对其划分等级，排列出危险因素的先后次序和重点，以便分别进行处理。由于危险因素发展成为事故的起因和条件不同，因此在预先危险性分析中仅能作出定性评价。另外，危险性等级的划分要同时考虑事故发生的可能性和后果的严重程度。其等级划分见表 2-3。

表 2-3　危险性等级划分

级别	危险程度	可能导致的后果
Ⅰ级	安全的	一般不会发生事故或后果轻微，可以忽略
Ⅱ级	临界的	有导致事故的可能性，且处于临界状态，暂时不会造成人员伤亡和财产损失，但应该采取措施予以控制
Ⅲ级	危险的	很可能导致事故发生、造成人员伤亡或财产损失，必须立即采取措施进行控制
Ⅳ级	灾难性的	破坏性的，很可能导致事故发生、造成人员严重伤亡或财产巨大损失，必须立即设法采取措施予以消除

B　危险性等级的确定

当系统中存在很多危险因素时，分清其严重程度的方法，因人而异，带有很大的主观性。为了较好地符合客观性，可集体讨论或多方征求意见，也可采取一些定性的决策方法。下面介绍一种矩阵比较法，其基本思路是：如有很多大小差不多的圆球放在一起，很难一下分出哪个最大，哪个次之。若将它们一对一比较，则较易判明。

具体方法是列出矩阵表。设某系统共有 6 个危险因素需要进行等级判别，可分别用字母 A、B、C、D、E、F 代表，画出一个如图 2-1（a）所示的方阵。

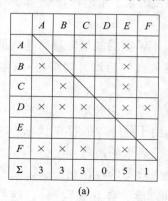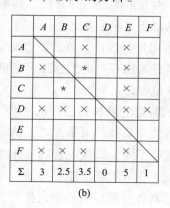

图 2-1　危险因素严重程度矩阵比较
（a）危险因素严重程度矩阵比较；（b）A、B、C 三因素相同条件下，危险因素严重程度矩阵比较

按方阵图中顺序，比较每列因素的严重性，用"×"号表示在列里严重、在行里不严重的因素。例如，比较因素 A 和 B，A 比 B 严重，则在一列二行空格内画"×"号。再比较因素 A 和 C，A 不比 C 严重，在一列三行空格内不画"×"号。照此方法，依次一一对应比较后，可得出每列画"×"号的总和。图 2-1（a）中结果是因素 E 画"×"号的总和为 5，因素 A、B、C 画"×"号的总和均为 3，因素 F 总和为 1，因素 D 则为零。这样就可得出各危险因素的严重性次序：E、A、B、C、F、D。其中，因素 A、B、C 具有同等的严重性。

在这种情况下，可以承认 A、B、C 三因素具有同等严重性。为了分得细一些，也可在方阵图中增加一个"＊"符号，以它代表严重性的 0.5，如图 2-1（b）所示，在两者有关的行和列各画一个"＊"符合。这样处理后，对 A、B、C 三个因素进行比较，可以看出，因素 C 画"×"号为 3.5，因素 A 为 3，因素 B 为 2.5。这样 6 个因素的严重性顺序：

E、*C*、*A*、*B*、*F*、*D*。需要指出的是，当危险因素较多时，这样一一对比会引起混乱，陷入自相矛盾的境地，为此要求在比较时应十分冷静、细致。

2.2.2.4 风险控制措施

风险控制需要从降低事故发生的可能性和降低事故后果的严重程度两方面入手。具体来说，可以采取预防性措施降低事故发生的概率，采取保护性措施及应急性措施降低事故后果的严重程度。

2.2.2.5 预先危险性分析的步骤

进行预先危险性分析时，一般是利用安全检查表、经验和技术先查明危险因素存在方位，然后识别使危险因素演变为事故的触发因素和必要条件，对可能出现的事故后果进行分析，并采取相应的措施。预先危险性分析包括准备、审查和结果汇总3个阶段：

（1）准备阶段。对系统进行分析之前，要收集有关资料和其他类似系统以及使用类似设备、工艺物质的系统的资料。要弄清系统（子系统）的功能、构造，为实现其功能所采用的工艺过程及选用的设备、物质、材料等。预先危险性分析一般是在系统开发的初期进行的，而获得的有关分析系统的资料是有限的。因此，在实际工作中可以借鉴类似系统的经验来弥补分析系统资料的不足，通常收集类似系统、类似设备的安全检查表以供参照。

（2）审查阶段。通过对方案设计、主要工艺和设备等的安全审查，辨识出危险源，审查设计规范和拟采取的消除、控制危险源的措施，确定危险性等级。

（3）结果汇总阶段。汇总审查结果，根据危险性等级，按轻重缓急制定风险控制措施。可以将分析结果汇总成 PHA 结果表，见表2-4。表格的格式可以根据实际需要进行增删和调整。典型的结果汇总表包括危险源、事故情况、事故原因、事故的可能性、危害后果、危险等级以及控制措施等。

表2-4　PHA 结果汇总表格式范例

系统：　　　　　　　运行方式：　　　　　　　分析日期：

危险源	事故情况	事故原因	事故的可能性	危害后果	危险等级	控制措施

2.2.2.6 预先危险性分析应注意的问题

预先危险性分析应注意以下4个问题：

（1）由于在新开发的生产系统或新的操作方法中，对接触到的危险物质、工具和设备的危险性还没有足够的认识，为了使分析获得较好的效果，应采取设计人员、操作人员和安技干部结合的形式进行。

（2）根据系统工程的观点，在查找危险源时，应将系统进行分解，按系统、子系统、系统元一步一步地进行。这样做不仅可以避免过早地陷入细节问题而忽视重点问题的危险，而且可以防止漏项。

（3）使分析人员有条不紊地、合理地从错综复杂的结构关系中查出深潜的危险有害因素。

（4）在可能条件下，最好事先准备一个检查表，指出查找危险源的范围。

2.2.2.7　应用实例分析

【例 2-2】　对某地下矿运输系统进行预先危险性分析，见表 2-5。

表 2-5　某地下矿运输系统预先危险性分析

危险有害因素	诱发事故原因	事故模式	事故后果	危险等级	对策措施
轨道不符合要求	（1）车速过快；（2）矿车制动装置失灵；（3）矿车装载矿石过多；（4）巷道内光线不足；（5）矿车行至弯道	掉道导致车辆伤害事故	人员伤亡，设备设施损坏	Ⅲ	（1）使用稳定性符合要求的钢轨；（2）控制地压，防止道轨隆起变形；（3）利用轨枕承受行车的震动，保证车辆平稳而安全运行，轨距符合要求，避免时大时小；（4）利用连接件，加强道轨与轨枕、道轨与道轨间的连接强度；（5）根据车速和轴距大小调节最小弯道半径；（6）巷道掘进及时铺设永久性轨道，临时性轨道不要太长；控制轨道坡度
线路架设不合格	（1）巷道过窄、过低；（2）巷道内有积水；（3）巷道围岩不稳、线路破坏	漏电、触电事故	人员重伤或死亡	Ⅱ	（1）增扩巷道断面；（2）巷道边掘进边打好各种线路吊挂孔，孔口打在稳固的岩石上，孔距长度、高度、深度符合要求；（3）确保吊架结实可靠；（4）电线与风、水管分开架设，避免相互缠绕
电压达不到要求	（1）电线绝缘层损坏；（2）线路与机器接口处裸露；（3）人体出汗、地面潮湿	烧毁电器、人体触电	人员重伤或死亡	Ⅱ	（1）安装变压器，使用安全电压；（2）线路裸露处及时包扎；（3）电气设备机壳接地；（4）高低压线分别架设
井巷断面规格不合理	（1）设计计算有误；（2）施工质量不合格或井下材料占道；（3）地压作用导致井巷严重变形；（4）矿车制动失灵；（5）坑内照明不足	车辆伤害、触电	人员伤亡和设备损坏	Ⅲ	（1）严格按照《金属非金属矿山安全规程》（GB 16423—2006）有关规定进行，并按设计要求施工、验收；（2）及时处理采空区，控制地压；（3）减少巷道内杂物堆放；（4）巷道内支护应规范，各种管线吊挂整齐；（5）刷帮，扩大巷道断面
电机车司机违章操作	（1）无证驾驶；（2）司机酒后驾驶；（3）未按规程操作	车辆伤害、触电	人员伤亡和设备损坏	Ⅲ	制定并严格执行操作规程

危险有害因素	诱发事故原因	事故模式	事故后果	危险等级	对策措施
人车设备故障或操作失误	（1）设备质量不合格或缺乏检修维护；（2）规程缺乏或未执行规程	翻车导致车辆伤害	多人伤亡	IV	（1）加强设备检修维护；（2）制定并执行人车操作规程
运输通信不畅	（1）未设运输通信联络装置；（2）通信联络装置失效	联络不畅导致车辆相撞、车辆伤人等事故	人员伤亡和设备损坏事故	IV	（1）确保运输信号齐全、灵敏、可靠，确保运输工作的有序运行；（2）在主要运输要道，设置齐全的安全警示标志

2.2.3 故障类型及影响分析

故障类型及影响分析（failuremodes and effects analysis，FMEA），是安全系统工程中重要的分析方法之一。它是由可靠性工程发展起来的，主要分析系统各组成部分、元件、产品的可靠性和安全性。它采取系统分割的概念，根据实际需要把系统分割成子系统，或进一步分割成元件。然后对系统的各个组成部分进行逐个分析，寻求各组成部分中可能发生的故障、故障因素，以及可能出现的事故、可能造成人员伤亡的事故后果，查明各种故障类型对整个系统的影响，并提出防止或消除事故的措施，以提高系统或产品的可靠性和安全性。

FMEA 分析方法能够对系统或设备部件可能发生的故障模式、危险因素、对系统的影响、危险程度、发生可能性大小或概率等进行全面的、系统的定性或定量分析，并可针对故障情况提出相应的检测方法和预防措施，因而具有较强的系统性、全面性和科学性。实践证明，用 FMEA 分析法进行工业系统中的潜在危险辨识与分析，具有良好的效果。

2.2.3.1 基本概念及格式

A 基本概念

（1）故障。元件、子系统或系统在规定期限内和运行条件下未按设计要求完成规定的功能或功能下降，称为故障。

（2）故障类型。故障类型是故障的表现形态。可表述为故障出现的方式（如熔丝断）或对操作的影响（如阀门不能开启）。对于不同的产品，故障类型也会有所不同。例如，水泵、发电机等运转部件的故障类型有误启动、误停机、启动不及时、停机不及时、速度过快、反转、异常的负荷振动、发热、线圈漏电、运转部分破损等；阀门等流量调节装置的故障类型有不能启动、不能闭合、开关错误、泄漏、堵塞、破损等。

（3）故障检测机制。由操作人员在正常操作过程中或由维修人员在检修活动中发现故障的方法或手段。

（4）故障原因。导致系统、产品故障的原因既有内在因素（如系统、产品的硬件设计不合理或有潜在的缺陷；系统、产品中零部件有缺陷；制造质量低、材质选用有错或不佳；运输、保管、安装不善等），也有外在因素（包括环境条件和使用条件）。

（5）故障影响。某种故障类型对系统、子系统、单元的操作、功能或状态所造成的影响。

（6）故障严重度。考虑故障所能导致的最严重的潜在后果，并用伤害程度、财产损失或系统永久破坏加以度量。

B　格式

表 2-6 所列为故障类型及影响分析的一般格式。

表 2-6　故障类型及影响分析

子系统或设备部件	故障类型	故障原因	故障影响	故障的识别	校正措施

对于故障类型及影响和危险度分析（FMECA），在编制分析表格时，只需在故障类型及影响分析的表格之中加上通过分析计算得出的危险程度数值和故障发生概率数值两列栏目即可。

2.2.3.2　FMEA 的步骤

FMEA 按如下 6 个步骤进行：

（1）调查所分析系统的情况，收集整理资料。将所分析的系统或设备部件的工艺、生产组织、管理和人员素质、设备等情况，以及投产或运行以来的设备故障和伤亡事故情况进行全面调查分析，收集整理伤亡事故、设备故障等方面的有关数据和资料。

（2）危险源初步辨识。组织与该系统或设备部件有关的工人、技术人员和安全管理人员开展危险预知活动，摆明问题，从操作行为、设备、工艺、环境因素、管理状态等方面进行危险源辨识和分析。

（3）故障类型、影响及组成因素分析。危险源列出来以后，即根据收集整理的设备故障、伤亡事故情况等资料进行故障类型、影响及组成因素分析。

（4）故障危险程度和发生概率分析。通过危险源辨识、故障类型及组成因素的分析，对系统中危险因素的基本情况有了初步了解，此时需要给出故障危险程度和发生概率。

按故障可能导致的最严重的潜在后果，故障危险程度等级划分情况见表 2-7。

表 2-7　故障危险程度等级

级别	危害程度	危害后果
Ⅰ级	轻微的	不足以造成人身伤害、职业病、财产损失或系统破坏，但需要额外的维护或修理
Ⅱ级	临界的	可能造成轻伤、职业病、少量财产损失、轻度的系统破坏（造成生产延误、系统可靠性或功能下降），但可排除和控制
Ⅲ级	严重的	可能导致重伤、严重职业病、重大财产损失、严重的系统破坏（造成长时间停产或生产损失），须立即采取控制措施
Ⅳ级	致命的	可能导致死亡或系统损失，必须设法予以消除

故障概率一般按统计时间内的实际故障次数除以统计区间内实际工作（小时）进行计算。若实际统计有困难，则可按表 2-8 进行半定量分析。

表 2-8 故障概率

级别	故障出现可能性	故障概率	级别	故障出现可能性	故障概率
A	非常容易发生	10^{-1}	D	不容易发生	10^{-4}
B	容易发生	10^{-2}	E	难以发生	10^{-5}
C	较容易发生	10^{-3}	F	极难发生	10^{-6}

（5）检测方法与预防措施。主要采用常规或专门的方法测定故障和危险因素；预防措施是对故障因素和危险源的控制措施。

（6）按故障危险程度与概率大小，分先后次序、轻重缓急地逐项采取预防措施。

2.2.3.3 应用实例分析

【例 2-3】 空气压缩机是矿山企业井巷工程施工时常用的动力设备。空气压缩机的储气罐属于一种容易发生事故的高压容器，是安全管理工作中要重点防范的设备系统。在此对空气压缩机储气罐罐体和安全阀两个元素进行故障类型及影响分析，结果见表 2-9。

表 2-9 空气压缩机储气罐的故障类型及影响分析

组成元素	故障类型	故障原因	故障影响	故障的识别	校正措施
罐体	轻微漏气	接口不严	能耗增加	漏气噪声、空气压缩机频繁打压	加强维修保护
	严重漏气	焊接裂缝	压力迅速下降	压力表读数下降，巡回检查	停机修理
	破裂	材料缺陷、受冲压等	压力迅速下降、损伤人员和设备	压力表读数下降，巡回检查	停机修理
安全阀	漏气	接口不严、弹簧疲劳	能耗增加、压力下降	漏气噪声、空气压缩机频繁打压	加强维修保护
	错误开启	弹簧疲劳折断	压力迅速下降	压力表读数下降，巡回检查	停机修理
	不能安全泄压	由锈蚀污物等造成	超压时失去安全功能，系统压力迅速增高	压力表读数升高，阀门检验	停机检查更换

【例 2-4】 表 2-10 所列为起重机防过卷装置和钢丝绳两组件系统的故障类型及影响和危险度分析的实例。

表 2-10 起重机部分组成元素的故障类型及影响和危险度分析

名称	组成元素	故障类型	故障原因	故障影响	危险程度	发生概率	检查方法	校正措施
防过卷装置	电器零件	动作不可靠	零件失修	误动作	大	1×10^{-2}	通电检查	立即维修
	机械部分	变形、生锈	使用过久	损坏	中	1×10^{-4}	观察	警惕
	制动瓦块	间隙过大	螺钉松动	制动失灵	大	1×10^{-3}	观察	及时紧固
钢丝绳	绳股	变形、扭结	使用过久	绳断裂	中	1×10^{-4}	观察	及时更换
	钢丝	断丝15%	使用过久	绳断裂	大	1×10^{-1}	检查	立即更换

2.2.4　危险性与可操作性研究分析

危险性与可操作性研究分析（hazard and operability study analysis，HAZOP）是英国帝国化学工业公司（ICI）于 1974 年开发的，用于热力—水力系统安全分析的方法。它应用系统的审查方法来审查新设计或已有工厂的生产工艺和工程总图，以评价因装置、设备的个别部分的误操作或机械故障引起的潜在危险，并评价其对整个工厂的影响。危险性与可操作性研究，尤其适合于类似化学工业系统的安全分析。

危险性与可操作性研究与其他系统安全分析方法不同，这种方法由多人组成的小组来完成。通常，小组成员包括各相关领域的专家，他们采用头脑风暴法（brainstorming）进行创造性的工作。

2.2.4.1　基本概念和术语

进行危险性与可操作性研究时，应全面地、系统地审查工艺过程，不放过任何可能偏离设计意图的情况，分析其产生原因及其后果，以便有的放矢地采取控制措施。

危险性与可操作性研究常用的术语如下：

（1）意图（intention）。工艺某一部分完成的功能，一般情况下用流程图表示。

（2）偏差（或偏离）（deviation）。偏差（或偏离）指与设计意图的情况不一致，在分析中运用引导词系统地审查工艺参数来发现偏离。

（3）原因。产生偏离的原因，通常是物的故障、人失误、意外的工艺状态（如成分的变化）或外界破坏等。

（4）后果。偏离设计意图所造成的后果（如有毒物质泄漏等）。

（5）引导词（guide words）。在危险源辨识的过程中，为了启发人的思维，对设计意图定性或定量描述的简单词语。危险性与可操作性研究的引导词见表 2-11。

（6）工艺参数。生产工艺的物理或化学特性，一般性能如反应、混合、浓度、pH 值等；特殊性能如温度、压力、相态、流量等。

表 2-11　危险性与可操作性研究的引导词

引导词	意义	说　明
否	对标准值的完全否定	完全没有完成规定功能，什么都没有发生
多	数量增加	包括数量的多与少、性质的好与坏、完成功能程序的高与低
少	数量减少	
而且	质的增加	完成规定功能，但有其他事件发生，如增加过程、组分变多
部分	质的减少	仅实现部分功能，有的功能没有实现
相反	逻辑上与规定功能相反	对于过程：反向流动、逆反应、程序颠倒； 对于物料：用催化剂还是抑制剂
其他	其他运行状况	包括其他物料和其他状态、其他过程、不适宜的运行过程、不希望的物理过程等

2.2.4.2　危险性与可操作性研究分析的特点

危险性与可操作性研究分析具有以下 6 个特点：

（1）它是从生产系统中的工艺状态参数出发来研究系统中的偏差，运用启发性引导词来研究因温度、压力、流量等状态参数的变动可能引起的各种故障的原因、存在的危险及采取的对策。

（2）它是故障模式及影响分析的发展。它研究和运行状态参数有关的因素。它从中间过程出发，向前分析其原因，向后分析其结果。向前分析是事故树分析，向后分析是故障模式及影响分析，它有两种分析的特长，因为两种方法都有中间过程。中间过程可理解为故障模式及影响分析中的故障模式对子系统的影响，或者是事故树分析的中间事件。它承上启下，既表达了元件故障包括人的失误相互作用的状态，又表示了接近顶上事件更直接的原因。因此，不仅直观有效，而且更易查找事故的基本原因和发展结果。

（3）危险性与可操作性研究方法，不需要有可靠性工程的专业知识，因而很易掌握。使用引导词进行分析，既可启发思维，扩大思路，又可避免漫无边际地提出问题。

（4）研究的状态参数正是操作人员控制的指标，针对性强，有利于提高安全操作能力。

（5）研究结果既可用于设计的评价，又可用于操作评价；既可用于编制、完善安全规程，又可作为可操作的安全教育材料。

（6）该方法主要适用于化工企业。

2.2.4.3 研究步骤

A 研究准备

需要做好如下4项准备：

（1）研究目的、对象和范围。进行危险性与可操作性研究时，对所研究的对象要有明确的目的。其目的是查找危险源，保证系统安全运行，或审查现行的指令、规程是否完善等，防止操作失误，同时要明确研究对象的边界、研究的深入程度等。

（2）建立研究小组。开展危险性与可操作性研究的小组成员一般由5~7人组成，包括有关各领域专家、对象系统的设计者等，以便发挥和利用集体的智慧和经验。

（3）资料收集。危险性和可操作性研究资料包括各种设计图纸、流程图、工厂平面图、等比例图和装配图，以及操作指令、设备控制顺序图、逻辑图或计算机程序，有时还需要工厂或设备的操作规程和说明书等。

（4）制定研究计划。在广泛收集资料的基础下，组织者要制订研究计划。在对每个生产工艺部分或操作步骤进行分析时，要计划好花费的时间和研究的内容。

B 进行审查

对生产工艺的每个部分或每个操作步骤进行审查时，应采取多种形式引导和启发各位专家，对可能出现的偏离及其原因、后果和应采取的措施充分发表意见。危险性与可操作性研究分析程序如图2-2所示。

2.2.4.4 应用实例分析

【例2-5】 图2-3所示为一个反应器及供料系统。原料A和原料B分别用泵P_1、P_2送入反应器内，经过化学反应生成产品C。在反应过程中，若原料B的成分大于原料A的成分，则会发生爆炸性反应。现在选取原料A的泵P_1吸入口到反应器的入口这一段管线进行可操作性研究分析。该部分的设计要求是要按规定的流量输送原料A，其分析结果见表2-12。

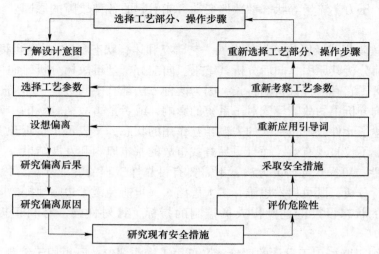

图 2-2　危险性与可操作性研究分析程序

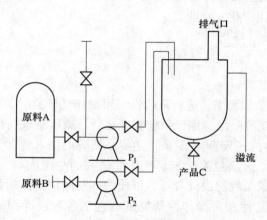

图 2-3　反应器输送系统

表 2-12　反应器输送系统危险性与可操作性研究

引导词	偏差	可能原因	结果
否	未按设计要求输送原料 A	(1) 原料 A 的贮槽是空的； (2) 泵发生故障； (3) 管线破裂； (4) 阀门关闭	反应器内 B 的浓度高，会发生爆炸性反应
多	输送了过量的原料 A	(1) 泵流量过大； (2) 阀门开度过大； (3) A 贮槽的压力过高	(1) 反应器内 A 量过剩，可能对工艺造成影响； (2) 反应器发生溢流可能引起灾害
少	输送原料 A 量过少	(1) 阀门部分关闭； (2) 管线部分堵塞； (3) 泵的性能下降	反应器内 B 的浓度高，会发生爆炸性反应

引导词	偏差	可能原因	结果
而且	输送原料 A 的同时，发生了质的变化	（1）从泵吸入口阀门流进别的物质； （2）泵吸入口阀门流出； （3）管线和泵内发生相应的变化	可能生成危险性混合物，发生火灾，产生静电，出现腐蚀等
部分	输送原料 A 量只达到设备要求的一部分	（1）原料中 A 的成分不足； （2）输送到其他反应器	对 A 成分不足和对其他反应器的影响都要进行评价
相反	原料 A 的输送方向变反	反应器满了，压力上升，向管线和泵逆流	原料 A 向外泄漏，应了解其危险性
其他	发生和输送原料 A 的设计要求完全不同的事件	（1）输送与原料 A 不同的原料； （2）原料 A 输向别的地方； （3）管内原料 A 凝固了	（1）了解有无反应； （2）了解别的地方可能发生的结果

2.2.5 鱼刺图分析

2.2.5.1 基本概念

鱼刺图又称因果分析图、因果图、特性图或树枝图，是安全系统工程中的重要分析方法之一。该法在 1953 年首次应用于日本，后来介绍到其他国家，并被移植到安全分析领域、成为一种重要的事故分析方法。

用这种方法分析事故，可以使复杂的原因系统化、条理化，把主要原因搞清楚，也就明确了预防的对策。因其所绘制的分析图形像一条完整的鱼，有骨有刺，故名鱼刺图分析。

2.2.5.2 绘制方法

鱼刺图分析是由原因和结果两部分构成。一般情况下，可从人的不安全行为（安全管理者、设计者、操作者等）、物质条件构成的物的不安全状态（设备缺陷、环境不良等）及自然环境三大因素中从大到小、从粗到细、由表及里，一层一层深入分析，则可得到图 2-4 所示的鱼刺图。

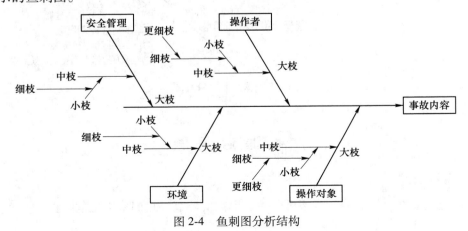

图 2-4 鱼刺图分析结构

在绘制图形时，一般可按下列 6 个步骤进行：

（1）确定要分析的某个特定问题或事故，将其写在图的右边，画出主干，箭头指向右端。

（2）确定造成事故的因素分类项目，如安全管理、操作者、材料、方法、环境等并画大枝。

（3）将上述项目深入发展，中枝表示对应的项目造成事故的原因，一个原因画出一枝，文字记在中枝线的上下。

（4）将上述原因层层展开，一直到不能再分为止。

（5）确定鱼刺图中的主要原因，并标上符号，作为重点控制对象。

（6）注明鱼刺图分析的名称。

上述步骤可归纳为：针对结果，分析原因；先主后次，层层深入。

2.2.5.3　应用实例分析

【例 2-6】　从我国非煤矿山工伤事故统计资料来看，爆破事故在矿山伤亡事故中时有发生，为了进一步减少爆破事故的发生，必须认真地分析爆破事故发生的原因。图 2-5 所示为产生爆破事故的主要因果关系鱼刺图。

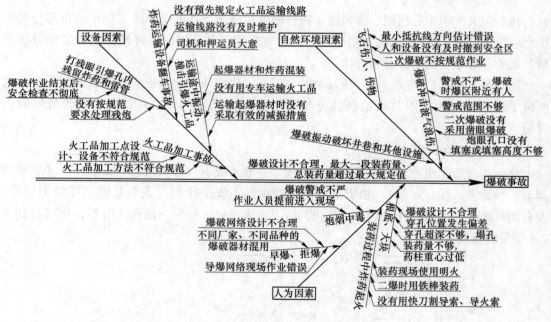

图 2-5　爆破事故鱼刺图

课后习题

一、选择题

1. 预先危险性分析的分析步骤可分为 3 个主要环节，它们分别是危险性_____、危险性_____和危险性控制对策。

A. 分析　评价　　B. 辨识　分析　　C. 分级　评价　　D. 辨识　分级

2. 预先危险性分析是在一个工程项目的设计、施工和投产之前，对系统存在的危险性类别、出现条件、导致事故的后果等作出概略的分析。这种分析方法将系统的危险和危害划分为_____个等级。

　　A. 7　　　　　　B. 6　　　　　　C. 5　　　　　　D. 4

3. 在预先危险性分析中，对系统中存在的危险性可划分为 4 个等级。其中：1 级为_____，它将不会造成事故。2 级为_____，它将使事物处于事故的边缘状态。3 级为_____，它必然会造成人员的伤亡和财产损失。4 级为_____，它会造成灾难性的事故。

　　A. 临界的　　安全的　　危险的　　灾难性的

　　B. 安全的　　临界的　　危险的　　灾难性的

　　C. 危险的　　安全的　　临界的　　灾难性的

　　D. 安全的　　危险的　　破坏性的　　临界的

4. (多选) "四不放过"是指_____。

　　A. 事故原因未查清楚不放过　　　　B. 责任人员未处理不放过

　　C. 责任人和群众未受教育不放过　　D. 整改措施未落实不放过

5. (多选) 检查的性质可分为_____、_____、_____。

　　A. 整改检查　　B. 专业性检查　　C. 季节性检查　　D. 普遍检查

6. _____是常见的一种检查方法，通常由安全管理人员作为检查工作的主体，到作业场所的现场，通过感观或借助一定的简单工具、仪器、仪表等，对作业人员的行为、作业场所的环境条件、生产设备设施等进行的定期检查。

　　A. 常规检查　　B. 思想检查　　C. 隐患检查　　D. 事故检查

7. 故障类型及影响分析由_____发展起来的，主要分析系统各组成部分、元件、产品的可靠性和安全性。

　　A. 预先危险分析　　B. 可靠性工程　　C. 安全检查　　D. 安全分析

8. 按故障可能导致的最严重的潜在后果，故障危险程度等级划分_____级。

　　A. 2　　　　　　B. 3　　　　　　C. 4　　　　　　D. 5

9. FMEA 分析法进行_____中的潜在危险辨识与分析，具有良好的效果。

　　A. 民用系统　　B. 工业系统　　C. 建筑系统　　　D. 军事系统

10. 危险性与可操作性研究分析是英国帝国化学工业公司用于热力—水力系统安全分析的方法，尤其适合类似_____的安全分析。

　　A. 军事系统　　B. 民用系统　　C. 化学工业系统　　D. 建筑系统

11. 危险性与可操作性研究分析中的引导词"否"的意义是_____。

　　A. 数量减少　　B. 质减少　　　C. 数量增加　　　D. 对标准值完全否定

12. 预先危险性分析是在每项工程活动_____（如设计、施工、生产之前或制定操作规程和使用新工艺等情况之后），对系统存在的危险性类型、来源、出现条件、导致事故的后果及有关措施等作概略分析。

　　A. 运转之前、技术改造之后　　　　B. 运转之后

　　C. 技术改造之前　　　　　　　　　D. 运转之后、技术改造之前

　　13. _____分析其所绘制的分析图形像一条完整的鱼，有骨有刺，可以使复杂的原因系统化、条理化，把主要原因搞清楚，也就明确了预防的对策。

　　A. 预先危险性分析　　　　　　　　B. 鱼刺图

　　C. 危险性与可操作研究　　　　　　D. 事故树

二、填空题

　　1. _____是运用常规、例行的安全管理工作及时发现不安全状态及不安全行为的有效途径，也是消除事故隐患、防止伤亡事故发生的重要手段。

　　2. 安全检查除进行经常性的检查外，还应定期地进行_____的检查。

　　3. 安全检查表分析法就是制定_____，并依据此表实施安全检查和诊断的系统安全分析方法。

　　4. 预先危险性分析主要用于_____、已有系统改造之前的方案设计、选址阶段。

　　5. 危险源就是指导致事故的_____，它包含三个要素：_____、存在状态和触发因素。

　　6. 风险控制需要从降低事故发生的可能性和降低事故_____两方面入手。

　　7. 元件、子系统或系统在规定期限内和运行条件下未按设计要求完成规定的功能或功能下降，称为_____。

　　8. 安全检查的内容_____、_____、查隐患、查整改及查事故处理。

　　9. 危险性与可操作性研究由多人组成的小组来完成，小组成员包括各相关领域的专家，采用_____方法进行创造性的工作。

　　10. 预先危险性分析是一种定性分析评价系统内_____和_____的方法。

　　11. 在故障类型和影响分析方法中，将元件、子系统或系统在运行时达不到设计规定的要求，因而完不成规定的任务或完成得不好，称为故障。按故障类型对系统的影响程度，故障可分为 4 个等级，其中：

　　一级称为_____，可能造成死亡或系统损坏。

　　二级称为_____，可能造成重伤、严重职业病或次要系统损坏。

　　三级称为_____，可能造成轻伤、轻度职业病或次要系统损坏。

　　四级称为_____，不会造成伤害和职业病，系统不会损坏。

　　12. 在应用故障类型和影响分析时，对于特别危险的故障类型，可采用与故障类型和影响分析法相关的_____法作进一步分析。

三、简答题

　　1. 什么是安全检查表分析？

　　2. 安全检查表编制的依据是什么？

　　3. 什么是危险性与可操作性研究分析方法？

　　4. 故障类型和影响分析是什么？

2.3　系统安全定量分析

2.3.1　系统可靠性分析

可靠性技术是为了分析由于机械零部件的故障或人的差错而使设备或系统丧失原有功能或功能下降的原因而产生的学科。故障（物的不安全状态）和差错（人的不安全行为）不仅会使设备或系统功能下降，还是导致意外事故和灾害的原因。在进行定量的系统安全分析时，比如事件树或事故树分析，各种事件的发生概率（包括事件树起始事件的发生概率、环节事件成功或失败的概率、事故树基本事件的发生概率）一般都需要通过分析相关设备或单元，以及人的可靠性来获得。因此，可靠性分析是系统安全定量分析的基础，在安全系统工程中占有很重要的地位。

2.3.1.1　基本概念

A　可靠性和可靠度

可靠性：指系统、设备或元件等在规定的条件下和规定的时间内完成其规定功能的能力。例如，火车在运行时发生故障，造成运行中断或误点，为可靠性的问题。又如，有的产品结构坚固，经久耐用，可靠性是好的，但若设计时对安全问题考虑不周，容易对操作人员造成伤害，则安全性是差的。可靠性是一个定性的概念，与之对应的定量指标是可靠度。

可靠度：可靠度是衡量系统可靠性的标准，是产品不发生故障的概率，即系统、设备或元件等在预期的使用周期（规定的时间）内和规定的条件下，完成其规定功能的概率。相反，系统在规定的条件下和规定的时间内不能完成规定功能的概率就是系统的不可靠度。

在可靠度的内涵中明确了5个要素，即具体的对象（系统、设备或元件等）、规定的条件、规定的时间、规定的功能、概率。其中，"规定的功能"不仅依存于具体的对象，也依存于规定的时间和条件。

B　维修度

维修度是指系统发生故障后在规定的条件下和维修容许时间内完成维修的概率。

对于可修复系统（贵重耐用的产品，如生产设备、汽车、计算机和电视机等），通常不会在发生故障后抛弃，而是经过维修后再继续正常使用。这类产品或系统，除要有不发生故障的可靠度外，还要有易于修理的特性。对于这类系统，是否易于维修对系统实现其功能有重要影响。可修复系统维修的难易程度一般可用维修度来衡量。

由此可见，对于可修复的产品或系统，其广义可靠性包括以下两项：（1）不发生故障的狭义可靠度。（2）发生故障后进行修复的维修度。上述广义可靠性称为有效度。

规定的条件当然是与维修人员的技术水平、熟练程度、维修方法、备件，以及补充部件的后勤体制等密切相关的。

要提高产品或系统的维修度，就必须考虑维修三要素：（1）维修性设计时，要做到产品发生故障时，易于发现或检查，且易于修理。（2）维修人员要有熟练的技能。（3）维修设备、后勤系统要优良。

C　有效度

有效度是指对于可修复系统在规定的使用条件和时间内能够保持正常使用状态的概率。

再具体地讲，给定某系统的预期使用时间为 t，维修所容许的时间为 τ（远小于 t），该系统的可靠度、维修度和有效度分别为 $R(t)$、$M(\tau)$ 和 $A(t,\tau)$，则有：

$$A(t,\tau) = R(t) + [1 - R(t)]M(\tau) \tag{2-1}$$

这就是系统有效度的计算式，式中第一项是在时间 t 内不发生故障的可靠度，第二项包括在时间 t 内发生故障的概率 $[1 - R(t)]$ 和在时间 τ 内维修好的概率 $M(\tau)$。由式（2-1）可以看出，要提高系统的有效度有两个途径：一是提高系统的可靠度，二是提高系统的维修度。

为了满足某种有效度，最好一开始就做到高可靠度或高维修度。当然也可以使可靠度很低，通过提高维修度来满足所需的有效度，但这样就会经常发生故障，从而提高了维修费用。反之，若采用高可靠度、低维修度，则产品的初始费用过高（初期投资高）。所以设计师在设计时，必须在产品的价值和产品的可靠度二者之间进行均衡考虑。

显然，系统可靠性分析针对的是系统功能能否实现。但需要指出的是，系统可靠性与系统安全性还是有区别的。从伤亡事故预防的角度来看，系统功能丧失并不意味着一定会导致工伤事故，而系统在正常运转时也并不意味着就不会出事故。因此，如何保证系统安全运行，以及如何在系统故障时保证安全都是非常重要的。

D　安全性

人们在某一种环境中工作或生活感受到的危险或危害是已知的，并且是可控制在可接受的水平上。例如，飞机发生故障，起落架放不下来。

E　风险性

风险性指在一定时间内，造成人员伤亡和财务损失的可能性，其程度可用发生概率和损失大小的乘积来表示。安全性是通过风险值或接受的危险概率来定量评价安全性程度的。

2.3.1.2　可靠度、维修度和有效度的常用度量指标

根据可靠度、维修度和有效度的定义，它们当然可以用概率来度量。除此之外，还可以用时间或单位时间的次数来度量。下面介绍几种常用的度量指标。

A　平均无故障时间（MTTF）

它是指系统由开始工作到发生故障前连续正常工作的平均时间，通常用来度量不可修复系统的可靠度。对于某不可修复系统，其无故障时间也就是其寿命 t，显然 t 可以在 0 到 $+\infty$ 内取任意值，即 $t \in (0, +\infty)$。对于某两件产品来说，其寿命 t 可能是不同的。而这里所说的平均无故障时间应该是指大量的产品由开始工作到发生故障前连续的正常工作时间的一个平均值，也就是一个数学期望值。即：

$$MTTF = E(t) = \int_0^{+\infty} tf(t)\,\mathrm{d}t \tag{2-2}$$

式中　$f(t)$——寿命 t 的概率密度函数。

B　平均故障间隔时间（MTBF）

它是指可修复系统发生了故障后经修理后仍然能正常工作，其在两次相邻故障间的平

均工作时间。如某产品第一次开始工作，经过时间 t_1 出现故障，修复后第二次开始工作，过了时间 t_2 后又出现故障。以此类推，设第 n 次开始工作后经过了 t_n 时间后发生故障，则平均故障间隔时间为：

$$MTBF = \frac{\sum_{i=1}^{n} t_i}{n} \tag{2-3}$$

C　平均故障修复时间（MTTR）

它是指可修复系统出现故障到恢复正常工作所需的平均时间。

$$MTTR = \frac{\sum_{i=1}^{n} \tau_i}{n} \tag{2-4}$$

式中　τ_i——从第 i 次出现故障到恢复正常工作所需的时间。

2.3.1.3　系统可靠度计算

一个系统通常是由若干个子系统组成，各子系统间相互联系、相互依赖，以完成一定的功能。系统的可靠度一方面取决于各子系统本身的可靠度，另一方面取决于各子系统间的功能作用关系。根据子系统间功能作用关系的不同，系统可分为串联系统和并联系统。

A　串联系统

串联系统是指系统中任何一个子系统发生故障，都会导致整个系统发生故障的系统。设一个串联系统中各子系统的可靠度是相互独立的，且分别为 R_1，R_2，$\cdots$，R_n，则这个串联系统的可靠度为：

$$R_s = R_1 R_2 \cdots R_n = \prod_{i=1}^{n} R_i \tag{2-5}$$

若子系统可靠度是时间的函数，则 $R_s(t) = \prod_{i=1}^{n} R_i(t)$。

若所有子系统的故障率都是常数，则

$$R_s(t) = \prod_{i=1}^{n} R_i(t) = \prod_{i=1}^{n} e^{-\lambda_i t} = e^{-\sum_{i=1}^{n} \lambda_i t} = e^{-\lambda_s t} \tag{2-6}$$

此式说明由故障率为常数的子系统组成的串联系统的可靠度也服从指数分布，且系统的故障率等于各单元故障率之和。例如，某系统包含两个串联的子系统，故障率均为 λ（显然，子系统的平均寿命为 $1/\lambda$），则系统的故障率为 2λ；系统的平均寿命则为 $0.5/\lambda$，为子系统平均寿命的一半。

由以上分析可以看出，要提高串联系统的可靠度有以下 3 个途径：

（1）提高各子系统的可靠度，即减少子系统的故障率。

（2）减少串联级数。

（3）缩短任务时间。

B　并联系统

串联系统中的任何部件或单元都是缺一不可的，即没有任何的备用部件，当其中的任何一个部件发生故障时都会导致整个系统的失效，这在很多情况下是不可接受的。为了提高系统的可靠性，通常需要使系统的部分子系统乃至全部子系统有一定的数量储备，即使某一子系统发生故障，相应的储备子系统可继续顶替它的工作，从而保证整个系统的正常工作。利用储备提高系统可靠性最常用的方法就是采用并联结构的系统，即并联系统。在并联系统中，只有在所有子系统或单元都发生故障时系统才发生故障。并联系统一般可分为两种情况，即热储备系统和冷储备系统。

　　a　热储备系统

热储备系统是指储备的单元也参与工作，即参与工作的设备数量大于实际所必需的数量，这种系统又称冗余系统，如图 2-6 所示。设系统各个单元的可靠性是相互独立的，各单元的不可靠度分别为 F_1，F_2，…，F_n，根据概率乘法定理，可得系统的不可靠度为：

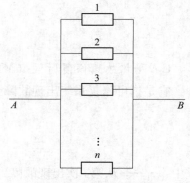

图 2-6　热储备系统

$$F_s = F_1 F_2 \cdots F_n = \prod_{i=1}^{n} F_i \tag{2-7}$$

由此也可以看出，可靠性并联相当于不可靠性的串联。显然，式（2-7）可等价地变换为：

$$(1 - R_s) = (1 - R_1)(1 - R_2) \cdots (1 - R_n) = \prod_{i=1}^{n} (1 - R_i) \tag{2-8}$$

故该系统的可靠度为：

$$R_s = 1 - \prod_{i=1}^{n} (1 - R_i) \tag{2-9}$$

可以证明，热储备并联系统的可靠度大于等于各并联单元可靠度的最大值。

【例 2-7】　某系统为由两个单元组成的热储备系统，若两单元的故障率分别为常数 λ_1 和 λ_2，则系统的可靠度为：

$$R_s = e^{-\lambda_1 t} + e^{-\lambda_2 t} - e^{-(\lambda_1 + \lambda_2)t}$$

若 $\lambda = \lambda_1 = \lambda_2$，即 $R_1 = R_2$，则有：

$$R_s = 2e^{-\lambda t} - e^{-2\lambda t}$$

则可求得该系统的平均寿命为：

$$Q_s = \int_0^{+\infty} R_s(t) \, dt = \int_0^{+\infty} (2e^{-\lambda t} - e^{-2\lambda t}) \, dt$$

$$= \left(-\frac{2}{\lambda} e^{-\lambda t} + \frac{1}{2\lambda} e^{-2\lambda t} \right) \Big|_0^{+\infty} = \frac{2}{\lambda} - \frac{1}{2\lambda} = 1.5 \frac{1}{\lambda} = 1.5Q$$

可见，由两个故障率相等的子系统构成的热储备系统的平均寿命是子系统平均寿命的 1.5 倍。

以两个或两个以上同功能的重复单元并行工作构成热储备系统（冗余系统）来提高系统的可靠度的方法，可称作冗余设计法。在进行冗余设计时需考虑以下两方面的问题：

（1）冗余度的选择问题。系统的总可靠总是随着冗余度的提高而提高，但提高的效率越来越低。用低可靠度的单元构成冗余系统，可靠度提高的效率比用高可靠度单元构成冗余系统效率高（可靠度的绝对数值仍比以高可靠度单元构成的系统高）。

例如，某系统为由两个同样的单元构成的冗余系统（冗余单元为 1 个），单元可靠度均为 0.6，可求得系统的可靠度为 0.84，较没有冗余的情况可靠度提高的效率为 40%。若将冗余单元增加到 2 个，则系统可靠度增加到 0.936，较冗余单元为 1 个时可靠度提高的效率为 11.4%。

再如，某系统为由两个可靠度为 0.7 的相同单元组成的冗余系统，求得系统的可靠度为 0.91，可靠度提高的效率为 30%。若用两个可靠度为 0.9 的单元组成该系统，则系统的可靠度可达 0.99，但可靠度的提高效率只有 10%。

（2）冗余级别的选择问题。部件级冗余比系统级冗余的效率高。图 2-7（a）所示系统 S 中包含两个串联的部件 A 和 B。图 2-7（b）为由系统 S_1 和 S_2 构成的系统级冗余系统。而图 2-7（c）所示为由 S_1 和 S_2 的部件进行组合构成的部件级冗余系统。显然系统级冗余和部件级冗余所使用的部件数是相同的。设部件 A 的可靠度为 0.8，部件 B 的可靠度为 0.9，下面分别来计算图 2-7（b）和图 2-7（c）所示系统的可靠度。

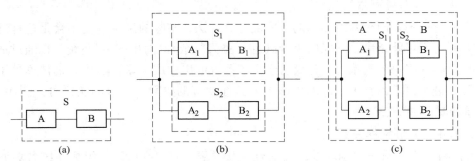

图 2-7　部件级冗余与系统级冗余的效率
（a）系统 S；（b）系统级冗余系统；（c）部件级冗余系统

显然系统 S 的可靠度是部件 A 和 B 的可靠度的乘积，为 0.72。图 2-7（b）所示的系统级冗余系统的可靠度为 0.9216。对图 2-7（c）所示的部件级冗余系统，求得 A_1 和 A_2 并联的可靠度为 0.96，B_1 和 B_2 并联的可靠度为 0.99，则系统的可靠度为 0.9504。显然，部件级冗余比系统级冗余提高系统可靠度的效率要高。

b　冷储备系统

冷储备系统是指储备的单元不参加工作，并且假定在储备中不会失效，储备时间的长短不影响以后的使用寿命。如图 2-8 所示，在 A 与 B 两点间有 N+1 个部件，通过转换开关连接。当部件 1 失效时，转换到部件 2，由部件 2 顶替部件 1 工作；当部件 2 失效时，由部件 3 顶替，以此类推，直到所有部件失效时系统失效。假设转换开关完全可靠，若所有部件的故障率均相等且为 λ，则系统的可靠度可进行计算为：

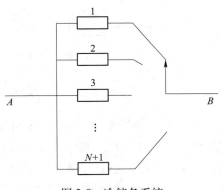

图 2-8　冷储备系统

$$R_s(t) = e^{-\lambda t} \sum_{i=0}^{N} \frac{(\lambda t)^i}{i!} \tag{2-10}$$

系统的平均寿命为：

$$Q_s = \frac{N+1}{\lambda} \tag{2-11}$$

由式（2-11）可见，冷储备系统的平均寿命是各单元平均寿命的总和。

如果系统各部件的故障率不相等，且分别为 λ_1，λ_2，$\cdots$，λ_{N+1}，则系统的可靠度可用下式进行计算：

$$R_s(t) = \sum_{i=1}^{N} \left(\prod_{\substack{k=1 \\ k \neq i}}^{N+1} \frac{\lambda_k}{\lambda_k - \lambda_i} \right) e^{-\lambda_i t} \tag{2-12}$$

系统的平均寿命为：

$$Q_s = \sum_{i=1}^{N+1} \frac{1}{\lambda_i} \tag{2-13}$$

C　串-并联系统可靠度

以上所讨论的是两种基本结构的可靠度计算方法，实际的系统可能不会是这种纯粹的串联或并联，而可能是串、并联的组合（甚至更为复杂）。对串-并联系统可以通过适当的功能模块分解，将一个大系统转化成若干个子系统的串联或并联，然后分别计算各子系统的可靠度，进而再求出整个系统的可靠度或其他相应的参数。下节的实例可说明串-并联系统可靠度的计算方法。

2.3.1.4　应用实例分析

【例2-8】　有一汽车的制动系统可靠性连接关系如图2-9所示。组成系统各单元的可靠度分别为：$R(A_1) = 0.995$，$R(A_2) = 0.975$，$R(A_3) = 0.972$，$R(B_1) = 0.990$，$R(B_2) = R(C_1) = R(C_2) = R(D_1) = R(D_2) = 0.980$。求该系统的可靠度。

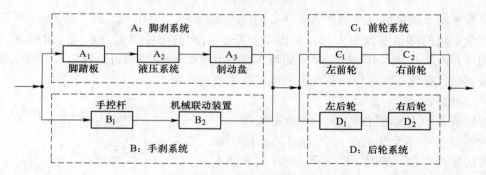

图 2-9　汽车制动系统可靠性

解：（1）分析系统。由图2-9可知，该制动系统可看作由 A-B 子系统和 C-D 子系统组成的可靠性串联系统。其中 A-B 子系统又是由 A 子系统和 B 子系统组成的可靠性并联系统；C-D 子系统是由 C 子系统和 D 子系统组成的可靠性并联子系统。A 子系统是 A_1、A_2 和 A_3 三个单元组成的可靠性串联子系统；B 子系统是 B_1 和 B_2 两个单元组成的可靠性串联子系统；C 子系统是 C_1 和 C_2 两个单元组成的可靠性串联子系统；D 子系统是 D_1 和 D_2 两个单元组成的可靠性串联子系统。

（2）分别求 A、B、C、D 四个子系统的可靠度。

1）A 子系统：$R(A) = R(A_1) R(A_2) R(A_3) = 0.995 \times 0.975 \times 0.972 \approx 0.943$

2）B 子系统：$R(B) = R(B_1) R(B_2) = 0.990 \times 0.980 \approx 0.970$

3）C 子系统：$R(C)= R(C_1)R(C_2)=0.980×0.980≈0.960$

4）D 子系统：$R(D)= R(D_1)R(D_2)=0.980×0.980≈0.960$

（3）分别求 A-B 并联子系统和 C-D 并联子系统的可靠度。

1）A-B 并联子系统：$R(AB)=1-[1-R(A)][1-R(B)]=1-(1-0.943)×(1-0.970)$
$$≈0.998$$

2）C-D 并联子系统：$R(CD)=1-[1-R(C)][1-R(D)]=1-(1-0.960)×(1-0.960)$
$$≈0.998$$

（4）求整个系统的可靠度。

$$R_s=R(AB)R(CD)=0.998×0.998≈0.996$$

计算结果表明，目前该控制系统的可靠度为 0.996（不可靠度为 0.004）。随着使用时间加长，可靠度将不断下降，而不可靠度将不断上升。

上例所演示的汽车制动系统，其手刹和脚刹均同时作用于前轮和后轮。目前多数家用小汽车是脚刹作用于四轮，手刹只作用于后轮。请读者尝试画出这种制动系统的可靠性框图，并进行系统可靠度的分析计算（提示：进行系统可靠度计算时可借鉴事故树顶上事件概率计算的方法或原理）。

2.3.2　事件树分析

2.3.2.1　基本含义及分析原理

A　基本含义

事件树分析（event tree analysis，ETA）是安全系统工程中的重要分析方法之一，其理论基础是运筹学中的决策论。它是一种归纳法，从给定的一个初始事件的事故原因开始，按顺序分析事件向前发展中各个环节成功与失败的过程和结果，从而定性与定量地评价系统的安全性，并由此获得正确的决策。

任何一个事故都是由多个环节事件发展变化形成的。在事件发展过程中出现的环节事件可能有两种情况，即或者成功或者失败。如果这些环节事件都失败或部分失败，就会导致事故发生。

B　分析原理

事件树分析是由决策树演化而来的，最初用于可靠性分析。它的原理是：每个系统都是由若干个元件组成的，每个元件对规定的功能都存在具有和不具有两种可能。元件具有其规定的功能，表明正常（成功）；元件不具有规定功能，表明失效（失败）。按照系统的构成顺序，从初始元件开始，由左向右分析各元件成功与失败两种可能，直到最后一个元件为止。分析的过程用图形表示出来，就得到近似水平的树形图。

通过事件树分析，可以把事故发生发展的过程直观地展现出来，如果在事件（隐患）发展的不同阶段采取恰当措施阻断其向前发展，就可达到预防事故的目的。

2.3.2.2　分析步骤

事件树分析通常包括以下 6 个步骤：确定初始事件、找出与初始事件有关的环节事件、画事件树、说明分析结果、进行事件树简化和进行定量计算。

（1）确定初始事件。初始事件是事件树中在一定条件下造成事故后果的最初原因事件。它可以是系统故障、设备失效、人员误操作或工艺过程异常等。一般情况下，分析人员选择最感兴趣的异常事件作为初始事件。

（2）找出与初始事件有关的环节事件。所谓环节事件，就是出现在初始事件后一系列可能造成事故后果的其他原因事件。

（3）画事件树。把初始事件写在最左边，各种环节事件按顺序写在右面；从初始事件画一条水平线到第一个环节事件，在水平线末端画一条垂直线段，垂直线段上端表示成功，下端表示失败；再从垂直线两端分别向右画水平线到下个环节事件，同样用垂直线段表示成功和失败两种状态；以此类推，直到最后一个环节事件为止。如果某个环节事件不需要往下分析，则水平线延伸下去，不发生分支，如此便得到事件树。

（4）说明分析结果。在事件树最后面写明由初始事件引起的各种事故结果或后果。为清楚起见，对事件树的初始事件和各环节事件用不同字母加以标记。

（5）进行事件树简化。详见 2.3.2.3 节 B。

（6）进行定量计算。详见 2.3.2.3 节 C。

2.3.2.3　事件树的建造

A　事件树的建造方法

下面以某一简单的物料输送系统为例，说明事件树的建造方法。

【例 2-9】　由一台泵和两个串联阀门组成的物料输送系统如图 2-10 所示，物料沿箭头方向顺序经过泵 A、阀门 B 和阀门 C。这是一个三因素（元件）串联系统，在这个系统里有 3 个节点，因素（元件）A、B、C 都有成功或失败

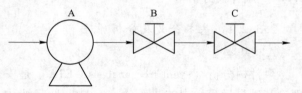

图 2-10　阀门串联的物料输送系统

两种状态。根据系统实际构成情况，所建造事件树的根是初始条件——泵的节点，当泵 A 接受启动信号后，可能有泵启动成功或启动失败两种状态。从泵 A 的节点处，将成功作为上分支，失败作为下分支，画出两个分支。同时，阀门 B 也有成功或失败两种状态，将阀门 B 的节点分别画在泵 A 的成功状态与失败状态分支上，再从阀门 B 的两个节点分别画出两个分支，上分支表示阀门 B 成功，下分支表示失败。同样阀门 C 也有两种状态，将阀门 C 的节点分别画在阀门 B 的 4 个分支上，再从其节点上分别画出两个分支，上分支表示成功，下分支表示失败。这样就建造出了阀门串联的物料输送系统的事件树，如图 2-11 所示。

从图 2-11 中可以看出，这个系统共有 $2^3 = 8$ 个可能发展的途径，即有 8 种结果，只有因素 A、B、C 均处于成功状态（111）时，系统才能正常运行。而其他 7 种状态均为系统失败状态。

【例 2-10】　由一台泵和两个并联阀门组成的物料输送系统如图 2-12 所示，物料沿箭头方向经过泵 A、阀门 B 或阀门 C 后输出。这也是一个三因素（元件）系统，有 3 个节点。当泵 A 接受启动信号后，可能有成功或失败两种状态，将成功作为上分支，失败作为下分支。将阀门 B（或 C）的节点分别画在泵 A 的成功与失败状态分支上。再从阀门 B（或 C）的两个节点上分别画出两个分支。由于该系统是并联系统，当阀门 B（或 C）

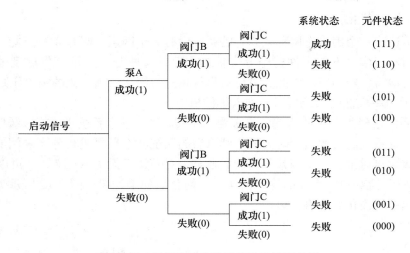

图 2-11 阀门串联的物料输送系统事件树

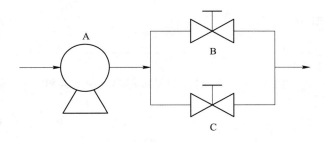

图 2-12 阀门并联的物料输送系统

失败时，备用阀门 C（或 B）可以开始工作，因此，阀门 C（或 B）的两种状态应联接在阀门 B（或 C）的失败状态的分支上，这样就建造出了阀门并联的物料输送系统的事件树，如图 2-13 所示。

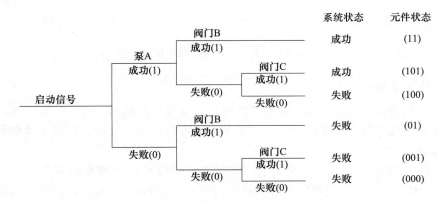

图 2-13 阀门并联的物料输送系统事件树

从图 2-13 中可以看出，当各因素状态组合为（11）和（101）时，系统处于正常运行，其余四种情况（100）、（01）、（001）和（000）均为系统失败状态。

B　事件树的简化

从原则上讲，一个因素有两种状态，若系统中有 n 个因素，则有 2^n 种可能结果。一个系统中包含因素较多，不仅事件树中分支很多，而且有些分支并没有发展到最后的功能时，事件的发展就已经结束。因此，可以对事件树进行简化，其简化的两项原则为：

（1）失败概率极低的系统可以不列入事件树中。

（2）当系统已经失败，从物理效果来看，在其后继的各个系统不可能减缓后果时或后继系统已因前置系统的失败而同时失败，则以后的系统就不必再进行分支。例如以上两例中，当泵失败时再讨论其后继因素阀门的成败与否对系统已无实际意义，故可以省略。

图 2-14 所示为对阀门串联的物料输送系统简化后的事件树，图 2-15 所示为对阀门并联的物料输送系统简化后的事件树。

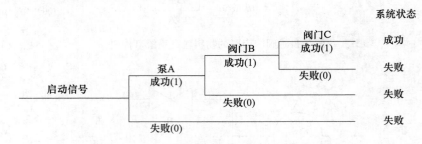

图 2-14　串联的物料输送系统简化后的事件树

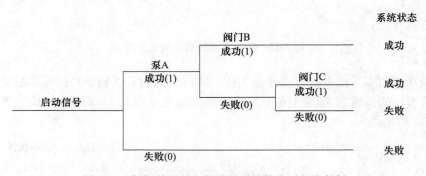

图 2-15　阀门并联的物料输送系统简化后的事件树

C　事件树分析的定量计算

事件树分析的定量计算就是计算事件树每个分支发生的概率。为了计算出这些分支的概率，首先必须确定每个因素的概率。如果各个因素的可靠度已知，根据事件树就可求得系统的可靠度。

例如图 2-14 串联系统，若已知泵 A、阀门 B 和阀门 C 的可靠度分别为 $P(A) = 0.95$、$P(B) = 0.9$、$P(C) = 0.9$，则串联系统成功的概率 $P(S)$ 为泵 A、阀门 B 和阀门 C 均处于成功状态时，3 个因素的积事件概率，即：

$$P(S) = P(A) \times P(B) \times P(C) = 0.7695$$

串联系统失败的概率，即不可靠度 $F(S)$ 为：

$$F(S) = 1 - P(S) = 0.2305$$

同理，可以计算出图 2-15 所示并联系统的概率。设各个因素的可靠度与上列相同，则并联系统成功的概率为：

$$P(S) = P(A) \times P(B) + P(A) \times [1 - P(B)] \times P(C) = 0.9405$$

并联系统失败的概率为：

$$F(S) = 1 - P(S) = 0.0595$$

将以上两例计算结果进行比较可以看出，阀门并联物料输送系统的可靠度比阀门串联时要大得多。

2.3.2.4 应用实例分析

【例 2-11】 地下矿山井下炮烟中毒窒息事故在矿井采用自然通风方式时发生的可能性较大。自然通风矿井依靠矿井进风口、出风口之间大气的自然压差形成的风量运动进行通风，其风速低、风量小，且风向随地表气候的变化而变化，系统不稳定。井下爆破产生的有毒有害气体和粉尘长时间滞留在工作面附近，加之未采用局扇或局扇安装方法不合理进行局部通风。因此，矿井进风量和回风量不足，会导致污风在采掘工作面附近循环，从而危害作业人员生命安全，严重时可能造成人员中毒窒息事故。此外，当井下可燃物着火时，由于没有足够的氧气供应，燃烧不充分，容易产生大量的 CO，也会发生中毒窒息事故。现采用事件树分析井下炮烟中毒窒息事故，如图 2-16 所示。

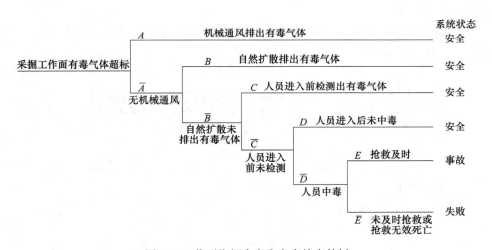

图 2-16 井下炮烟中毒窒息事故事件树

通过对井下炮烟中毒窒息事故进行分析，应用 ETA 方法进行剖析，可避免该类事故的发生，具体对策措施与建议有如下 5 条：

（1）矿井需建立完善的机械通风系统，采矿工作面形成贯穿风流通风，掘进工作面采用局部通风，将污风引入矿井回风系统。

（2）建立通风防尘机构，加强通风防尘管理，配备必要的测风、测尘仪器等仪表，定期对矿井和井下作业面进行检测。

（3）对废弃井巷、采空区进行密闭。设置必要的调风、调阻通风构筑物，确保井下采掘作业面的有效风量。

（4）采掘工作面爆破后，必须在有效通风 30min 后人员才能进入。

（5）作业人员应掌握自救互救技能，熟悉应急救援措施，做到防患于未然。

2.3.3　原因—后果分析

2.3.3.1　原因—后果分析的基本思路

A　概述

原因—后果分析（cause-consequence analysis，CCA），是一种将事故树分析和事件树分析结合在一起的分析方法。它用事故树作原因分析（cause analysis），用事件树作后果分析（consequence analysis），是一种演绎和归纳相结合的方法。

B　基本思路

以事件树的初始事件和被识别为失败的环节事件为顶上事件绘制事故树，利用事故树定量分析方法计算事件树的初始事件和环节事件的发生概率，进而计算事件树所归纳出的各种后果的出现概率，通过后果与概率的结合得出关于系统风险的评价。

2.3.3.2　应用实例分析

【例 2-12】　某工厂有一电机系统，应用 CCA 以"电机过热"为初始事件分析工厂所面临的风险。

其求解步骤如下：

（1）绘制原因—后果图。以"电机过热"为初始事件绘制事件树，如图 2-17 所示，图中的 5 种后果见表 2-13。

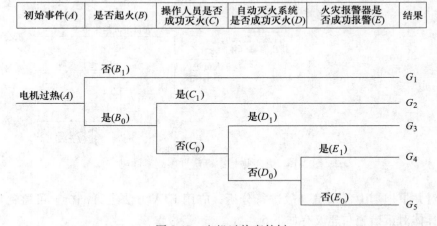

图 2-17　电机过热事件树

表 2-13　电机过热各种后果及损失

后果	说明	直接损失/美元	停工损失/美元	总损失/美元
G_1	停产 2h	10^3	2×10^3	3×10^3
G_2	停产 24h	1.5×10^4	2.4×10^4	3.9×10^4

续表 2-13

后果	说明	直接损失/美元	停工损失/美元	总损失/美元
G_3	停产 1 个月	10^6	7.44×10^5	1.744×10^6
G_4	无限期停产	10^7	10^7	2×10^7
G_5	无限期停产，伤亡 10 人	4×10^7	10^7	5×10^7

注：1. 直接损失是指直接烧坏或造成的财产损失。对 G_5 还包括伤亡抚恤费，每人 3×10^6 美元。

2. 停工损失是指每停工 1h 损失 1000 美元。无限期停产约损失 10^7 美元。

假设已知电机过热后起火的条件概率：$P(B_0/A) = 0.02$；不起火概率：$P(B_1/A) = 0.98$。除此之外，初始事件和其他环节事件的发生概率都需要通过 FTA 加以确定。以这些事件为顶上事件绘制事故树，并把这些事故树与事件树连接起来就得到原因—后果图，如图 2-18 所示。

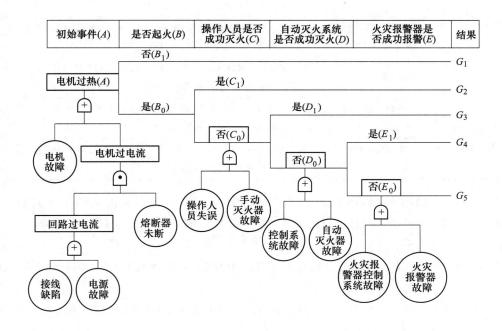

图 2-18 电机过热原因—后果图

（2）收集基础资料，计算后果事件的概率。收集事故树基本事件发生概率及相关数据，见表 2-14。根据表 2-14 中的数据，利用计算事故树顶事件发生概率的算法，可分别计算出事件树初始事件和环节事件的发生概率为：

$P(A) = 0.092$（6 个月）；$P(C_0) = 0.133$（365h）；

$P(D_0) = 0.044$（2190h）；$P(E_0) = 0.065$（1095h）。

则可计算得 5 种后果事件的出现概率分别为：

$P(G_1) = P(A)P(B_1/A) = 0.092\times 0.98 = 0.090$（6 个月）

表 2-14　基本事件发生概率及相关数据

事件树初始或环节事件	事故树基本事件	基本事件发生概率或设备故障率
电机过热（A）	电机故障（x_1）	电机故障率 $\lambda_1 = 1.43 \times 10^{-5}$/h（检修周期 $T_1 = 6$ 个月 = 4320h） 最大故障率 $P(x_1) = 1 - \exp(-\lambda_1 T_1) \approx \lambda_1 T_1 = 0.062$
	接线缺陷（x_2）	$P(x_2) = 0.19$
	电源故障（x_3）	电源故障率 $\lambda_3 = 2.44 \times 10^{-5}$/h（检修周期 $T_3 = 6$ 个月 = 4320h） 最大故障率 $P(x_3) \approx \lambda_3 T_3 = 0.105$
	熔断器未断（x_4）	熔断器故障率 $\lambda_4 = 1.62 \times 10^{-4}$/h（检修周期 $T_4 = 1$ 个月 = 720h） 最大故障率 $P(x_4) \approx \lambda_4 T_4 = 0.117$
操作人员手动灭火未成功（C_0）	操作人员手动灭火失误（x_5）	$P(x_5) = 0.1$
	手动灭火器故障（x_6）	手动灭火器故障率 $\lambda_6 = 10^{-4}$/h（检修周期 $T_6 = 365$h） 最大故障率 $P(x_6) \approx \lambda_6 T_6 = 0.037$
自动灭火系统灭火未成功（D_0）	自动灭火器控制系统故障（x_7）	自动灭火器控制系统故障率 $\lambda_7 = 10^{-5}$/h（检修周期 $T_7 = 2190$h） 最大故障率 $P(x_7) \approx \lambda_7 T_7 = 0.022$
	自动灭火器故障（x_8）	自动灭火器故障率 $\lambda_8 = 10^{-5}$/h（检修周期 $T_8 = 2190$h） 最大故障率 $P(x_8) \approx \lambda_8 T_8 = 0.022$
火灾报警系统报警未成功（E_0）	火灾报警器控制系统故障（x_9）	火灾报警器控制系统故障率 $\lambda_9 = 5 \times 10^{-5}$/h（检修周期 $T_9 = 1095$h） 最大故障率 $P(x_9) \approx \lambda_9 T_9 = 0.055$
	火灾报警器故障（x_{10}）	火灾报警器故障率 $\lambda_{10} = 10^{-5}$/h（检修周期 $T_{10} = 1095$h） 最大故障率 $P(x_{10}) \approx \lambda_{10} T_{10} = 0.011$

$$P(G_2) = P(A)P(B_0/A)P(C_1) = 0.092 \times 0.02 \times (1 - 0.133) = 0.0016(6 \text{个月})$$

$$P(G_3) = P(A)P(B_0/A)P(C_0)P(D_1) = 0.092 \times 0.02 \times 0.133 \times (1 - 0.044) = 2.3 \times 10^{-4}(6 \text{个月})$$

$$P(G_4) = P(A)P(B_0/A)P(C_0)P(D_0)P(E_1) = 0.092 \times 0.02 \times 0.133 \times 0.044 \times (1 - 0.065) = 10^{-5}(6 \text{个月})$$

$$P(G_5) = P(A)P(B_0/A)P(C_0)P(D_0)P(E_0) = 0.092 \times 0.02 \times 0.133 \times 0.044 \times 0.065 = 7 \times 10^{-7}/(6 \text{个月})$$

（3）计算风险概率。根据各种后果事件的出现概率和所造成的损失综合衡量电机过热所带来的风险。这里，可直接采用后果的出现概率与后果损失（美元）的乘积作为风险率。风险率计算结果见表 2-15。

表 2-15　各种后果的风险率

后果	风险率/美元（6 个月）	后果	风险率/美元（6 个月）
G_1	$0.090 \times 3 \times 10^3 = 270$	G_4	$10^{-5} \times 2 \times 10^7 = 200$
G_2	$0.0016 \times 3.9 \times 10^4 = 62.4$	G_5	$7.0 \times 10^{-7} \times 5 \times 10^7 = 35$
G_3	$2.3 \times 10^{-4} \times 1.744 \times 10^6 = 401$	累计	968 美元（每 6 个月）= 1936 美元/a

（4）评价。评价可采用法默风险评价图进行。该图以事故发生概率为纵坐标，以损失价值为横坐标，用一条曲线（等风险线，作为安全标准）将坐标平面分成左、右两部分，如图 2-19 所示。图 2-19 中，等风险线的右上方是高风险区，左下方是低风险区。

在风险评价图 2-19 中标出电机过热各种后果事件的风险坐标（损失值，概率），可以看出，如果以 300 美元（6 个月）作为安全标准，则除 G_3 以外其他后果的风险都是可以接受的。针对 G_3 应进一步采取措施降低其风险。

从整体考虑，如果以各种后果的风险率总和不超过 1000 美元（6 个月）作为安全标准的话，则也可认为该系统是安全的。

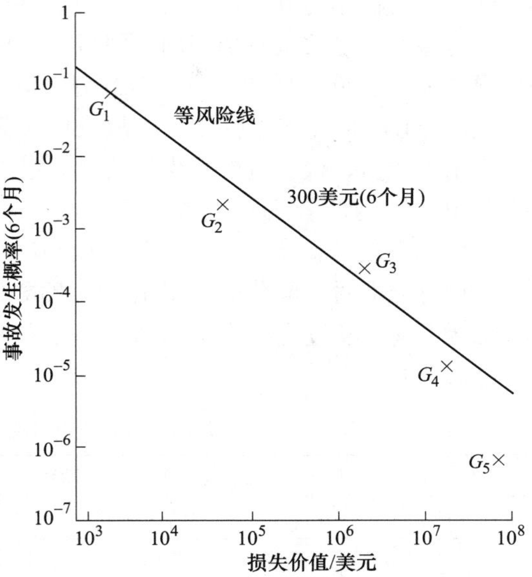

图 2-19　电机过热风险评价

2.3.4　作业条件危险性分析

2.3.4.1　作业条件危险性分析介绍

A　概述

美国人 K. J. 格雷厄姆（Keneth. J. Graham）和 G. F. 金尼（Gilbert. F. Kinney）研究了人们在具有潜在危险环境中作业的危险性，提出了以所评价的环境与某些作为参考环境的对比为基础，以作业条件的危险性为因变量（D），以事故或危险事件发生的可能性（L）、人员或设备暴露于潜在危险环境的频率（E）及危险严重程度（C）为自变量，确定了它们之间的函数式。根据实际经验他们给出了 3 个自变量的各种不同情况的分数值，采取对所评价的对象根据情况进行"打分"的办法，然后根据公式计算出其危险性分数值，再在按经验将危险性分数值划分的危险程度等级表或图上，查出其危险程度的一种评价方法。这是一种简单易行的评价作业条件危险性的方法。

B　方法介绍

对于一个具有潜在危险性的作业条件，K. J. 格雷厄姆和 G. F. 金尼认为，影响危险性的主要因素有 3 个：（1）发生事故或危险事件的可能性。（2）暴露于这种危险环境的情况。（3）事故一旦发生可能产生的后果。用公式来表示，则：

$$D = L \cdot E \cdot C$$

式中　D——作业条件的危险性；

　　　L——发生事故或危险事件的可能性；

　　　E——暴露于危险环境的频率；

　　　C——发生事故或危险事件的可能结果。

a　发生事故或危险事件的可能性

事故或危险事件发生的可能性与其实际发生的概率相关。若用概率来表示时，则绝对不可能发生的概率为 0，而必然发生的事件的概率为 1。但在考察一个系统的危险性时，绝对不可能发生事故是不确切的，即概率为 0 的情况不确切。所以，将实际上不可能发生的情况作为"打分"的参考点，定其分数值为 0.1。

此外，在实际生产条件中，事故或危险事件发生的可能性范围非常广泛，因此人为地将完全出乎意料、极少可能发生的情况规定为 1，能预料将来某个时候会发生事故的分值规定为 10。在这两者之间再根据可能性的大小相应地确定几个中间值，如将"不常见，但仍然可能"的分值定为 3，"相当可能发生"的分值规定为 6。同样，在 0.1~1 也插入了与某种可能性对应的分值。于是，将事故或危险事件发生可能性的分值从实际上不可能的事件为 0.1，经过完全意外有极少可能的分值 1，确定到完全会被预料到的分值 10 为止，见表 2-16。

表 2-16　事故或危险事件发生可能性的 L 分值

L 分值	事故或危险事件发生的可能性	L 分值	事故或危险事件发生的可能性
10[①]	完全会被预料到	0.5	可以设想，但很不可能
6	相当可能	0.2	极不可能
3	不经常，但有可能	0.1[①]	实际上不可能
1[①]	完全意外、极少可能		

①"打分"的参考点。

　b　暴露于危险环境的频率

众所周知，作业人员暴露于危险作业条件的次数越多、时间越长，则受到伤害的可能性也就越大。为此，K. J. 格雷厄姆和 G. F. 金尼规定了连续出现在潜在危险环境的暴露频率分值为 10，一年仅出现几次非常稀少的暴露频率分值为 1。以 10 和 1 为参考点，再在其区间根据在潜在危险作业条件中暴露情况进行划分，并对应地确定其分值。例如，每月暴露一次的分值定为 2，每周一次或偶然暴露的分值为 3。当然，根本不暴露的分值应为 0，但这种情况实际上是不存在的，是没有意义的，因此无须列出。关于暴露于潜在危险环境的分值见表 2-17。

表 2-17　人员、设备暴露于潜在危险环境的 E 分值

E 分值	出现于危险环境的频率	E 分值	出现于危险环境的频率
10[①]	连续暴露于潜在危险环境	2	每月暴露一次
6	逐日在工作时间内暴露	1[①]	每年几次出现在潜在危险环境
3	每周一次或偶然暴露	0.5	非常罕见地暴露

①"打分"的参考点。

　c　发生事故或危险事件的可能结果

造成事故或危险事件的人身伤害或物质损失可在很大范围内变化，就工伤事故而言，可从轻微伤害到许多人死亡，其范围非常宽广。因此，K. J. 格雷厄姆和 G. F. 金尼对需要救护的轻微伤害的可能结果，分值规定为 1，以此为一个基准点；而将造成许多人死亡的可能结果规定为分值 100，作为另一个参考点。在两个参考点 1~100，插入相应的中间值，列出表 2-18 所示可能结果的分值。

表 2-18 发生事故或危险事件可能结果的 C 分值

C 分值	可能结果	C 分值	可能结果
100①	大灾难，许多人死亡	7	严重，严重伤害
40	灾难，数人死亡	3	重大，致残
15	非常严重，一人死亡	1①	引人注目，需要救护

① "打分"的参考点。

d 危险性

确定了上述 3 个具有潜在危险性的作业条件的分值，并按公式进行计算，即可得危险性分值。据此，要确定其危险性程度时，则按下述标准进行评定。

由经验可知，危险性分值在 20 以下的环境属低危险性，一般可以被人们接受，这样的危险性比骑自行车通过拥挤的马路去上班之类的日常生活活动的危险性还要低；当危险性分值在 20~70 时，则需要加以注意；危险性分值在 70~160 的情况时，则有明显的危险，需要采取措施进行整改；同样，根据经验，危险性分值在 160~320 的作业条件属高度危险的作业条件，必须立即采取措施进行整改；危险性分值在 320 分以上时，则表示该作业条件极其危险，应该立即停止作业直到作业条件得到改善为止，详见表 2-19。

表 2-19 危险性 D（$D=L \cdot E \cdot C$）分值及等级

D 分值	危险程度	等级	D 分值	危险程度	等级
>320	极其危险，不能断续作业	I	20~70	可能危险，需要注意	IV
160~320	高度危险，需要立即整改	II	<20	稍有危险，或许可以接受	V
70~160	显著危险，需要整改	III			

C 优缺点及适用范围

作业条件危险性分析法评价人们在某种具有潜在危险的作业环境中进行作业的危险程度，该法简单易行，危险程度的级别划分比较清楚、醒目。但是，它主要是根据经验来确定 3 个因素的分数值及划定危险程度等级，因此具有一定的局限性。而且，它是一种作业的局部评价，故不能普遍适用。此外，在具体应用时，还可根据自己的经验、具体情况适当加以修正。

2.3.4.2 应用实例分析

【例 2-13】 某工厂冲床无红外线或光电等保护装置，而且既未设计使用安全模，也无钩、夹等辅助工具。因此，操作者在操作时可能会发生冲手事故，其危险程度评价如下：

（1）确定三种因素的分值。

1）事故发生的可能性。属"相当可能"发生的一类，故 L 分值为 6；

2）在危险环境中暴露分值。操作者每周、每天都在这样的条件下进行作业，故 E 分值取 6；

3）发生事故的可能结果。发生事故的可能结果处于致残、严重伤害之间，确定 C 分值为 3。

（2）按公式计算。

$$D=L \cdot E \cdot C=6 \times 6 \times 3 = 108$$

（3）根据危险性分值查表确定危险等级。根据危险性分值查表得在 70～160 一栏内，因此为"显著危险，需要整改"。

2.3.5　火灾、爆炸危险指数评价法

2.3.5.1　基本含义及分析目标

A　基本含义

美国陶氏（DOW）化学公司火灾、爆炸危险性指数评价法是以工艺过程中物料的火灾、爆炸潜在危险性为基础，结合工艺条件、物料量等因素求得火灾、爆炸指数，进而可求出经济损失的大小，以经济损失评价生产装置的安全性。评价中定量的依据是以往事故的统计资料、物质的潜在能量和现行安全措施的状况。

B　分析目的

火灾、爆炸危险指数评价法的分析目的有：（1）客观地量化潜在火灾、爆炸和反应性事故的预测损失。（2）确定可能引起事故发生或使事故扩大的设备（或单元）。（3）向管理部门通报潜在的火灾、爆炸危险性。（4）使工程技术人员了解各工艺部分可能造成的损失，并帮助确定减轻潜在事故严重性和总损失的有效而又经济的途径。

2.3.5.2　分析步骤

火灾、爆炸危险指数评价一般经过以下 8 个步骤，如图 2-20 所示。

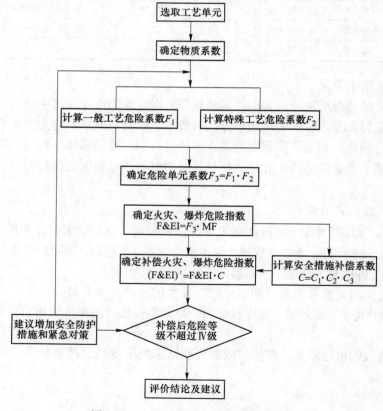

图 2-20　火灾、爆炸危险指数分析步骤

（1）选取工艺单元。工艺单元是指工艺装置的任一主要单元，仓库也可以作为一个工艺单元。多数工厂是由多个单元组成，但在计算火灾、爆炸指数时，只选择那些从损失预防角度来看对工艺有影响的工艺单元进行评价，这些单元称为恰当工艺单元，简称工艺单元。

选择工艺单元时可以从 6 个方面考虑：潜在化学能（物质系数）；工艺单元中危险物质的数量；资金密度（每平方米美元数）；操作压力和操作温度；导致火灾、爆炸事故的历史资料；对装置操作起关键作用的单元，如热氧化器。

一般情况下，以上考虑因素数值越大，该工艺单元越需要评价。

（2）确定物质系数（MF）。在火灾、爆炸指数的计算和其他危险性评价时，物质系数（MF）是最基础的数值，它是表述物质由燃烧或其他化学反应引起的火灾、爆炸中释放能量大小的内在特性。物质系数由美国消防协会规定的物质可燃性 N_f 和化学活性（或不稳定性）N_r 来确定，从常见物质物质系数确定表 2-20 中求取。

表 2-20　物质系数确定表

液体、气体的易燃性或可燃性	NFPA325M 或 49	反应性或不稳定性				
		$N_r = 0$	$N_r = 1$	$N_r = 2$	$N_r = 3$	$N_r = 4$
不燃物	$N_f = 0$	1	14	24	29	40
F.P. >93.3℃	$N_f = 1$	4	14	24	29	40
37.8℃≤F.P.≤93.3℃	$N_f = 2$	10	14	24	29	40
22.8℃≤F.P.≤37.8℃ 或 F.P. < 22.8℃ 并且 B.P.≥37.8℃	$N_f = 3$	16	16	24	29	40
F.P. < 22.8℃ 并且 B.P. >37.8℃	$N_f = 4$	21	21	24	29	40
可燃性粉尘或烟雾						
St-1（$K_a ≤ 200Pa·m/s$）		16	16	24	29	40
St-2（$K_a = 201 \sim 300Pa·m/s$）		21	21	24	29	40
St-3（$K_a > 300Pa·m/s$）		24	24	24	29	40
可燃性固体						
厚度大于 40mm 紧密的	$N_f = 1$	4	14	24	29	40
厚度小于 40mm 疏松的	$N_f = 2$	10	14			40
泡沫材料、纤维、粉状物等	$N_f = 3$	16	14	24	29	40

注：表中 F.P. 为闭杯闪点；B.P. 为标准温度和压力下的沸点。

表中 N_r 值可按下述原则确定：

$N_r = 0$，燃烧条件下仍能保持稳定的物质；

$N_r = 1$，加温加压条件下稳定性较差的物质；

$N_r = 2$，加温加压下易于发生剧烈化学反应变化的物质；

$N_r = 3$，本身能发生爆炸分解或爆炸反应，但需强引发源或引发前必须在密闭状态下加热的物质；

$N_r = 4$，在常温常压下自身易于引发爆炸分解或爆炸反应的物质。

（3）计算一般工艺危险系数（F_1）。一般工艺危险性是确定事故损害大小的主要因素，共包括 6 项内容，即放热反应、吸热反应、物料处理和输送、封闭单元或室内单元、通道、排放和泄漏。

一个评价单元不一定每项都包括，要根据具体情况选取恰当的系数，并将这些危险系数相加，得到单元一般工艺危险系数。

（4）计算特殊工艺危险系数（F_2）。特殊工艺危险性是影响事故发生概率的主要因素，共包括 12 项内容，即毒性物质、负压物质、在爆炸极限范围内或其附近的操作、粉尘爆炸、释放压力、低温、易燃和不稳定物质的数量、腐蚀、泄漏、明火设备、热油交换系统、转动设备。

每个评价单元不一定每项都要取值，有关各项按规定求取危险系数。

（5）确定工艺单元危险系数（F_3）。用一般工艺危险系数 F_1 和特殊工艺危险系数 F_2 相乘，求取工艺单元危险系数 F_3。

（6）计算火灾、爆炸指数（F&EI）。将工艺单元危险系数 F_3 与物质系数 MF 相乘，得出火灾、爆炸危险指数（F&EI），根据火灾、爆炸危险指数及危险等级表 2-21 确定单元的危险程度。

表 2-21　F&EI 及危险等级

F&EI	1~60	61~96	97~127	128~158	>159
危险等级	I	II	III	IV	V
危险度	最轻	较轻	中等	很大	非常大

（7）计算安全补偿系数。根据单元内配备的安全设施，选取各项系数，求出安全补偿系数；安全补偿系数的取值分别按《道氏（DOW）化学（第七版）》所建议的数值选取；没有采取安全措施时，上述安全补偿系数取 1.0。

（8）单元危险度最终评价。利用计算的安全补偿系数求取补偿火灾、爆炸危险指数，确定补偿后的单元危险程度。补偿火灾、爆炸危险指数（F&EI）′ 按下式计算：

$$(F\&EI)' = F\&EI \cdot C$$

式中　C——安全措施总补偿系数，$C = C_1 \cdot C_2 \cdot C_3$；

　　　C_1——工艺控制补偿系数；

　　　C_2——物质隔离补偿系数；

　　　C_3——防火措施补偿系数。

通过计算得到危险度最终评价，它使人们对火灾、爆炸的严重程度有一个相对认识。通过进一步分析还可以求得暴露面积区域内财产的更换价值、最大可能财产损失及对应的停产损失估算。

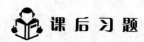 课后习题

一、选择题

1. _____ 指系统、设备或元件等在规定的条件下和规定的时间内完成其规定功能的能力。

　　A. 可靠度　　　　　　B. 危险性　　　　　　C. 可靠性　　　　　　D. 安全性

　2. 维修度是指系统发生故障后在规定的条件下和维修容许时间内完成维修的_____。

　　A. 时间　　　　　　B. 概率　　　　　　C. 效果　　　　　　D. 功能

　3. 事件树分析从给定的一个初始事件的事故原因开始，按_____事件向前发展中各个环节成功与失败的过程和结果。

　　A. 原因分析　　　　　　　　　　B. 地点分析

　　C. 顺序分析　　　　　　　　　　D. 结果分析

　4. 事件树分析法与事故树分析法采用_____逻辑分析方法。

　　A. 相似的　　　　　　B. 相同的　　　　　　C. 相反的　　　　　　D. 相关的

　5. 事件树分析是安全系统工程的重要分析方法之一，其理论基础是系统工程的决策论。事件树是从决策论中的_____演化而来的。

　　A. 决策树　　　　　　B. 流程图　　　　　　C. 可靠性图　　　　　　D. 图论

　6. 原因—后果分析是一种将_____和_____结合在一起的一种演绎和归纳相结合的方法。

　　A. 事故树分析　　事件树分析　　　　　B. 预先危险性分析　　事件树分析

　　C. 事故树分析　　可靠度分析　　　　　D. 预先危险性分析　　可靠度分析

　7. 原因—后果分析中评价可采用_____图进行。

　　A. 预评价　　　　　　B. 专项评价　　　　　　C. 现状评价　　　　　　D. 法默风险评价

　8.（多选）要提高产品或系统的维修度，需要考虑维修要素的有_____。

　　A. 维修性设计时，要做到产品发生故障时，易于发现或检查，且易于修理

　　B. 维修人员要有熟练的技能

　　C. 维修产品、系统没有任何条件要求

　　D. 维修产品、系统要优良

　9. 风险性指在一定时间内，造成人员伤亡和财务损失的可能性，其程度可用_____和_____的乘积来表示。

　　A. 发生概率　　损失大小　　　　　B. 发生时间　　损失大小

　　C. 发生概率　　功能大小　　　　　D. 发生时间　　功能大小

　10. 英国帝国化学工业公司（ICI）于1974年开发的系统安全分析方法的缩写是_____。

　　A. ETA　　　　　　B. FMEA　　　　　　C. PHA　　　　　　D. HAZOP

　11. 英国帝国化学公司的蒙德（Mond）法中用总指标 D 表示系统的危险程度，该指标一共划分为_____个等级。

　　A. 7　　　　　　B. 8　　　　　　C. 9　　　　　　D. 10

　12. _____是指对于可修复系统在规定的使用条件和时间内能够保持正常使用状态的概率。

　　A. 维修度　　　　　　B. 有效度　　　　　　C. 可靠度　　　　　　D. 不可靠度

　13.（多选）有两个相同的阀门 A、B 为并联工作，其可靠性分别为 R_A、R_B，按照事件树分析方法，这两个阀门总的可靠度为_____。

　　A. $R_A+(1-R_A)R_B$　　　　　　B. $R_A R_B$

　　C. R_A+R_B　　　　　　　　　　D. $R_B+(1-R_B)R_A$

二、填空题

1. 事件树分析法是一种从某一_____事件起，顺序分析各环节事件成功或失败的发展变化过程，并预测可能的_____事件的安全分析方法。

2. 作业条件危险性分析计算公式_____。

3. _____是通过风险值或接受的危险概率来定量评价安全性程度的。

4. 有 3 个元件 A、B、C 为串联工作，其可靠性分别为 R_A，R_B，R_C，根据事件树分析方法，由这 3 个元件构成的系统的可靠性为_____。

5. 事件树分析中在事件发展过程中出现的环节事件可能有两种情况，_____或者_____。

6. FTA 方法既可用作定性分析，又能进行_____。

7. 以两个或两个以上同功能的重复单元并行工作构成热储备系统（冗余系统）来提高系统的可靠度的方法，可称作_____。

三、简答题

1. 事件树分析步骤有哪些？

2. 什么是事件树分析？

3. 试举例 5~8 种常见系统安全分析方法？

4. 提高产品或系统的维修度，需考虑哪些维修要素？

5. 什么是火灾、爆炸危险指数评价法？

2.4　事故树分析

事故树分析（fault tree analysis，FTA）又称故障树分析或失效树分析，是从结果到原因找出与灾害事故有关的各种因素之间因果关系和逻辑关系的作图分析法。它是从要分析的特定事故或故障开始（顶上事件），层层分析其发生原因，直到找出事故的基本原因，即故障树的基本事件为止。图中各因果关系用不同的逻辑门连接起来，这样得到的图形像一棵倒置的树，所以给这种方法起了个形象的名字——事故树分析法。"树"的分析技术属于系统工程的图论范畴，是一个无圈（或无回路）的联通图。

从以上事故树分析的定义来看，事故树分析是从结果开始，寻求结果事件（顶上事件）发生的原因事件，是一种逆时序的分析方法，这与事件树分析相反。另外，事故树分析是一种演绎的逻辑分析方法，将结果演绎成构成这一结果的多种原因，再按逻辑关系构建，寻求防止结果发生的对策措施。

事故树分析能对各种系统的危险性进行辨识和评价，不仅能分析出发生事故的直接原因，而且能深入地揭示出发生事故的潜在原因。用它描述事故的因果关系直观、明了，思路清晰，逻辑性强，既可定性分析，又可定量分析。目前，Matlab 等计算工具都有用于 FTA 定量分析的子程序（模块），其功能非常强大，使用方便。事故树分析已成为系统安全分析中应用最广泛的方法之一。

2.4.1 事故树分析的特点

事故树分析具有以下 4 个特点：

（1）FTA 是一种图形演绎方法，是事故事件在一定条件下的逻辑推理方法。它可以围绕某特定的事故作层层深入的分析，因而在清晰的事故树图形下，表达了系统内各事件间的内在联系，并指出单元故障与系统事故之间的逻辑关系，便于找出系统的薄弱环节。

（2）FTA 具有很大的灵活性，不仅可以分析某些单元故障对系统的影响，还可以对导致系统事故的特殊原因如人为因素、环境影响进行分析。

（3）进行 FTA 的过程，是一个对系统更深入认识的过程，它要求分析人员把握系统内各要素间的内在联系，弄清各种潜在因素对事故发生影响的途径和程度，因而许多问题在分析的过程中就被发现和解决，从而提高系统的安全性。

（4）利用事故树模型可以定量计算复杂系统发生事故的概率，为改善和评价系统安全性提供定量依据。

然而，事故树分析也存在许多不足之处，主要是：FTA 需要花费大量的人力、物力和时间；FTA 的难度较大，建树过程复杂，需要经验丰富的技术人员参加，即使这样，也难免发生遗漏和错误；FTA 只考虑（0,1）状态的事件，而大部分系统存在局部正常、局部故障的状态，因而建立数学模型进行结构重要度分析时，会产生较大误差；FTA 虽然可以考虑人的因素，但人的失误很难量化。

事故树分析仍处在发展和完善中。目前，事故树分析在自动编制、多状态系统 FTA、相依事件的 FTA、FTA 的组合爆炸、数据库的建立及 FTA 技术的实际应用等方面尚待进一步分析研究，以求新的发展和突破。

2.4.2 事故树的构成

事故树的基本结构如图 2-21 所示。在事故树中，各事件之间的基本关系是因果逻辑关系，通常用逻辑门来表示。树中以逻辑门为中心，其上层事件是下层事件发生后所导致的结果，称为输出事件；下层事件是上层事件的原因，称为输入事件。

扫一扫看视频

事故树是由各种事件符号和逻辑门构成的，事故树所采用的符号包括事件符号、逻辑门符号和转移符号三大类。

2.4.2.1 事件及事件符号

在事故树分析中各种非正常状态或不正常情况皆称事故事件，各种完好状态或正常情况皆称成功事件，两者均简称为事件。事故树中的每个节点都表示一个事件。

A 结果事件

结果事件是由其他事件或事件组合所导致的事件，它总是位于某个逻辑门的输出端。结果事件用矩形符号表示，如图 2-22（a）所示。结果事件分为顶上事件和中间事件。

（1）顶上事件。顶上事件是事故树分析中所关心的结果事件，即所要分析的事故。位于事故树的顶端，一个事故树只有一个顶上事件，因而它只能是所讨论事故树中某个逻辑门的输出事件，而不能是任何逻辑门的输入事件。

（2）中间事件。中间事件是位于事故树顶上事件和基本事件之间的结果事件。它既是

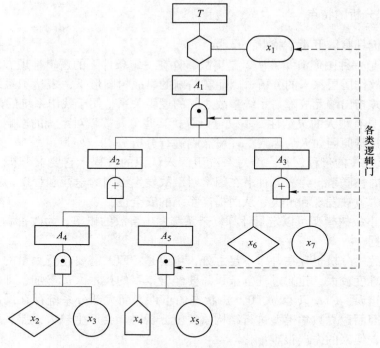

图 2-21　事故树的基本结构

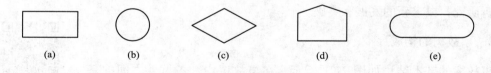

图 2-22　事件符号

（a）结果事件；（b）基本原因事件；（c）省略事件；（d）开关事件；（e）条件事件

某个逻辑门的输出事件，又是其他逻辑门的输入事件。

B　基本事件

基本事件是导致其他事件的原因事件，它只能是某个逻辑门的输入事件而不是输出事件。基本事件总是位于事故树的底部，因而又称为底事件。基本事件分为基本原因事件和省略事件。

（1）基本原因事件。它表示导致顶上事件发生的最基本的或不能再向下分析的原因或缺陷事件。基本原因事件用图 2-22（b）中的圆形符号表示。

（2）省略事件。它表示没有必要进一步向下分析或其原因不明确的原因事件。另外，省略事件还表示二次事件，即不是本系统的原因事件，而是来自系统之外的原因事件。省略事件用图 2-22（c）中的菱形符号表示。

C　特殊事件

特殊事件是指在事故树分析中需要表明其特殊性或引起注意的事件。特殊事件又分为开关事件和条件事件。

（1）开关事件。开关事件又称正常事件。它是在正常工作条件下必然发生或必然不发生的事件。开关事件用图 2-22（d）中房形符号表示。

（2）条件事件。条件事件是限制逻辑门开启的事件。条件事件用图 2-22（e）中的椭圆形符号表示。

2.4.2.2 逻辑门及其符号

逻辑门是连接各事件并表示其逻辑关系的符号，分为 4 个大类：

（1）与门。与门可以连接数个输入事件 E_1，E_2，…，E_n 和一个输出事件 E，表示仅当所有输入事件都发生时，输出事件 E 才发生的逻辑关系。与门符号如图 2-23（a）所示。

（2）或门。或门可以连接数个输入事件 E_1，E_2，…，E_n 和一个输出事件 E，表示至少一个输入事件发生时，输出事件 E 就发生。或门符号如图 2-23（b）所示。

（3）非门。非门表示输出事件是输入事件的对立事件。非门符号如图 2-23（c）所示。

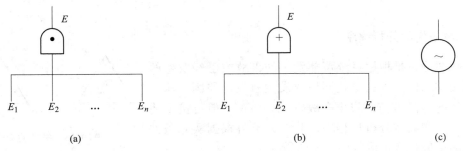

图 2-23 逻辑门符号

(a) 与门；(b) 或门；(c) 非门

（4）特殊门。特殊门有表决门、异或门、禁门、条件与门和条件或门。

1）表决门。表决门表示仅当 n 个输入事件中有 $m(m \leqslant n)$ 个或 m 个以上事件同时发生时，输出事件 E 才发生。表决门符号如图 2-24（a）所示。显然，或门和与门都是表决门的特例。或门是 $m=1$ 时的表决门；与门是 $m=n$ 时的表决门。

2）异或门。异或门表示仅当单个输入事件发生时，输出事件才发生。异或门符号如图 2-24（b）所示。

3）禁门。禁门表示仅当条件事件 A 发生时，输入事件的发生方导致输出事件 E 的发生。禁门符号如图 2-24（c）所示。

4）条件与门。条件与门表示输入事件不仅同时发生，而且还必须满足条件 A，才会有输出事件 E 发生。条件与门符号如图 2-24（d）所示。

5）条件或门。条件或门表示输入事件至少有一个发生，在满足条件 A 的情况下，输出事件 E 才发生。条件或门符号如图 2-24（e）所示。

2.4.2.3 转移符号

转移符号的作用是表示部分事故树图的转出和转入，当如图 2-25 所示。当事故树规模很大或整个事故树中多处包含有相同的部分树图时，为了简化整个树图，便可用转出符号（见图 2-25（a））和转入符号（见图 2-25（b））。

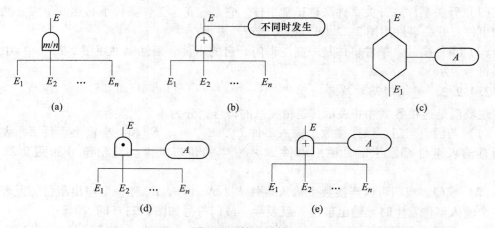

图 2-24　特殊门符号

（a）表决门；（b）异或门；（c）禁门；（d）条件与门；（e）条件或门

2.4.3　事故树的分析程序

　　事故树分析是根据系统可能发生的事故或已经发生的事故所提供的信息，去寻找同事故发生有关的原因，从而采取有效的防范措施，防止事故发生。FTA 一般可按下述步骤进行。在具体分析过程中，分析人员可根据实际条件或资料的掌握程度选取其中若干步骤。

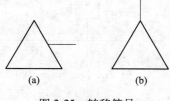

图 2-25　转移符号

（a）转出符号；（b）转入符号

　　2.4.3.1　准备阶段

　　准备阶段包括以下 3 项内容：

　　（1）确定所要分析的系统。在分析过程中，合理地处理好所要分析系统与外界环境及其边界条件，确定所要分析系统的范围，明确影响系统安全的主要因素。

　　（2）熟悉系统。这是事故树分析的基础和依据，对于确定要分析的系统进行深入的调查研究，收集系统的有关资料与数据，包括系统的结构、性能、工艺流程、运行条件、事故类型、维修情况、环境因素等。

　　（3）调查系统发生的事故。收集、调查所分析系统曾经发生过的事故和将来有可能发生的事故，同时还要收集、调查本单位与外单位、国内与国外同类系统曾发生的所有事故。

　　2.4.3.2　事故树的编制

　　事故树的编制包括如下内容：

　　（1）确定事故树的顶上事件。确定顶上事件是指确定所要分析的对象事件。根据事故调查报告分析其损失大小和事故频率，选择易于发生且后果严重的事故作为事故的顶上事件。

　　（2）调查事故事件。从人—机—环境和管理等方面调查与事故树顶上事件有关的所有事故原因。

　　（3）编制事故树。采用一些规定的符号，按照一定的逻辑关系，把事故树顶上事件与引起顶上事件的原因事件，绘制成反映事件之间因果关系的树形图。

2.4.3.3 事故树定性分析

事故树定性分析主要是按事故树结构，求事故树的最小割集或最小径集，以及基本事件的结构重要度，根据定性分析的结果，确定预防事故的安全保障措施。

2.4.3.4 事故树定量分析

事故树定量分析主要是根据引起事故发生的各基本事件的发生概率，计算事故树顶上事件发生的概率；计算各基本事件的概率重要度和临界重要度。根据定量分析的结果以及事故发生以后可能造成的危害，对系统进行风险分析，以确定安全投资方向。

2.4.3.5 事故树分析的结果总结与应用

必须及时对事故树分析的结果进行评价、总结，提出改进建议，整理、储存事故树定性和定量分析的全部资料与数据，并注重综合利用各种安全分析的资料，为系统安全性评价与安全性设计提供依据。

2.4.4 事故树的编制规则

事故树的编制过程是一个严密的逻辑推理过程，应遵循以下 4 条规则：

（1）确定顶上事件应优先考虑风险大的事故事件。能否正确选择顶上事件，直接关系到分析结果，是事故树分析的关键。在系统危险分析的结果中，不希望发生的事件远不止一个，每个不希望发生的事件都可以作为顶上事件。但是，应综合考虑事件的发生频率和后果严重程度，把风险高的事件优先作为分析的对象，即顶上事件。

（2）确定边界条件的规则。在确定了顶上事件之后，为了不致使事故树过于烦琐、庞大，应明确规定被分析系统与其他系统的界面，以及一些必要的合理的假设条件。

（3）循序渐进的规则。事故树分析是一种演绎的方法，在确定了顶上事件以后，要逐级展开。首先，分析顶上事件发生的直接原因，在这一级的逻辑门的全部输入事件已无遗漏地列出之后，再继续对这些输入事件的发生原因进行分析，直至列出引起顶上事件发生的全部基本事件为止。

（4）避免门与门直接相连的规则。在编制事故树时，任何一个逻辑门的输出都必须有一个结果事件，不允许不经过结果事件而将门与门直接相连。

2.4.5 事故树的数学描述

为了对事故树进行详细的分析，必须了解它的结构特性，在编制事故树模型后，还要利用布尔代数列出它的数学表达式。布尔代数是完成事故树分析的数学基础，它是集合论数学的组成部分，是一种逻辑运算方法，也称为逻辑代数。布尔代数特别适用于描述只能取两种对立状态的事物变化过程，这正适合于事故树分析的特点。

结构函数是描述系统状态的函数，它完全取决于元、部件的状态，通常假定任何时间，元、部件和系统只能取正常或故障两种状态，并且任何时刻系统的状态由元、部件状态唯一决定。现假定一个事故树系统由 n 个基本事件组成，可定义事件状态函数 $x = (x_1, x_2, \cdots, x_n)$，其中，$x_i$ 为第 i 个基本事件的状态变量。

$$x_i = \begin{cases} 1 & 表示事件\,i\,发生\,(i=1,2,\cdots,n) \\ 0 & 表示事件\,i\,不发生\,(i=1,2,\cdots,n) \end{cases}$$

顶上事件的状态就取决于各基本事件的状态，即 y 是 x 的函数：

$y=\Phi(x)$，或 $y=\Phi(x_1,x_2,\cdots,x_n)$；$\Phi(x)$ 称为事故树的结构函数。$y=1$ 表示顶上事件发生；$y=0$ 表示顶上事件不发生。

2.4.5.1　布尔代数的基本知识

在结构函数中，事件的逻辑加（逻辑或）运算和逻辑乘（逻辑与）运算，服从集合（布尔）代数的运算规则。为了便于运算，下面将有关集合、概率含义和运算规则分别列于表 2-22 和表 2-23 中。

表 2-22　集合与概率的含义对照

符　号	集　合	概　率
A	集合	事件
$\overline{A}$	A 的补集	A 的对立事件
$A \in B$	A 属于 B（或 B 包含 A）	事件 A 发生导致事件 B 发生
$A=B$	A 与 B 相等	事件 A 与事件 B 相同
$A \cup B\,(A+B)$	A 与 B 的并集	事件 A 与事件 B 至少有一个发生
$A \cap B\,(A \cdot B)$	A 与 B 的交集	事件 A 与事件 B 同时发生
$A-B$	A 与 B 的差集	事件 A 发生而事件 B 不发生
$A \cap B=\varnothing$	A 与 B 没有共同交集	事件 A 与事件 B 互不相容

表 2-23　集合代数的运算规则

运算律	并集（逻辑加）的关系式	交集（逻辑乘）的关系式
交换律	$A \cup B=B \cup A$	$A \cap B=B \cap A$
结合律	$A \cup (B \cup C)=(A \cup B) \cup C$	$A \cap (B \cap C)=(A \cap B) \cap C$
分配律	$A \cup (B \cap C)=(A \cup B) \cap (A \cup C)$	$A \cap (B \cup C)=(A \cap B) \cup (A \cap C)$
等幂律	$A \cup A=A$	$A \cap A=A$
吸收律	$A \cup (A \cap B)=A$	$A \cap (A \cup B)=A$
反演律	$\overline{A \cup B \cup \cdots \cup F}=\overline{A} \cap \overline{B} \cap \cdots \cap \overline{F}$	$\overline{A \cap B \cap \cdots \cap F}=\overline{A} \cup \overline{B} \cup \cdots \cup \overline{F}$
互补律	$A \cup \overline{A}=1$	$A \cap \overline{A}=0$
回归律	$\overline{\overline{A}}=A$	

A　集合代数的运算规则

在集合表达式中所采用的事件并（"∪"）和交（"∩"），表示事件之间的运算关系，它们相当于布尔代数算子 "∨"（或）和 "∧"（与），也相当于代数算式的 "+" 和 "×"。

B　布尔代数的基本性质

布尔代数又称为开关代数或逻辑代数。与普通代数相比有很多不同之处。在普通代数中，变量 x、y、…可以取任意的实数，运算符号很多，如+、−、×、÷等。而在布尔代数中，变量 x、y、…等只能取 1 和 0，而且它不是数值大小的概念，而是两个对立的概念，如"是"与"非"、"开"与"关"、"存在"与"不存在"等。如 $A=1$ 表示某事物存在，$\overline{A}$（读为 A 非）则表示某事物不存在。逻辑代数中的运算符号只有"+"与"·"两种，分别称为逻辑或及逻辑与。在基本运算方面，把布尔代数与普通代数作一个比较，见表 2-24。

表 2-24 布尔代数与普通代数运算比较

布尔代数	普通代数	运算规则	逻辑关系
$A+B=B+A$	$A+B=B+A$	交换律	逻辑或
$A+(B+C)=(A+B)+C$	$A+(B+C)=(A+B)+C$	结合律	
$A+0=A$	$A+0=A$	同一律	
$A+1=1$	$A+1=A+1$	0-1 律	
$A+A=A$	$A+A=2A$	等幂律	
$A \cdot B=B \cdot A$	$A \cdot B=B \cdot A$	交换律	逻辑与
$A(B \cdot C)=(A \cdot B)C$	$A(B \cdot C)=(A \cdot B)C$	结合律	
$A \cdot 1=A$	$A \cdot 1=A$	同一律	
$A \cdot 0=0$	$A \cdot 0=0$	0-1 律	
$A \cdot A=A$	$A \cdot A=A^2$	等幂律	
$A(B+C)=AB+AC$	$A(B+C)=AB+AC$	乘对加的分配律	逻辑或和逻辑与
$A+BC=(A+B)(A+C)$	$A+BC=A+BC$	加对乘的分配律	
$A+\overline{A}=1$ $A \cdot \overline{A}=0$		互补律	逻辑非
$\overline{\overline{A}}=A$		回归律	
$A+AB=A$ $A(A+B)=A$	$A+AB=A+AB$ $A(A+B)=A^2+AB$	吸收律	逻辑代数的两个基本定理
$\overline{A+B}=\overline{A} \cdot \overline{B}$ $\overline{AB}=\overline{A}+\overline{B}$		反演律	

C 布尔代数运算举例

【例 2-14】 $T = AB(A + C)$
$$= ABA + ABC$$
$$= AB$$

【例 2-15】 $T = (AC + B)(AB + BD + D)$
$$= ACAB + ACBD + ACD + BAB + BBD + BD$$
$$= ABC + ABCD + ACD + AB + BD + BD$$
$$= ABC + ACD + AB + BD$$
$$= AB + ACD + BD$$

2.4.5.2　概率论的基本知识

在事故树分析中，需要用到一些概率论的基本知识。例如，概率和与概率积的计算。为了给出概率和与概率积的计算公式，首先必须给出如下定义：

（1）相互独立事件。对于相互独立事件，一个事件发生与否不受其他事件发生与否的影响。假定 A、B、C、$\cdots$、N 个事件，其中每个事件发生与否都不受其他事件发生与否的影响，则称 A、B、C、$\cdots$、N 为独立事件。

（2）相互排斥事件。相互排斥事件即不能同时发生的事件。一个事件发生，其他事件必然不发生。它们之间互相排斥，互不相容。假定有 A、B、C、$\cdots$、N 个事件，A 发生时，B、C、$\cdots$、N 必然不发生；B 发生时，A、C、$\cdots$、N 事件必然不发生，则 A、B、C、$\cdots$、N 事件称为互斥事件。

（3）相容事件。对于相容事件，一个事件发生与否受其他事件的约束，即相容事件是在其他事件发生的条件下才发生的事件。设 A、B 两事件，B 事件只有在 A 事件发生的情况下才发生，反之亦然，则 A、B 事件称为相容事件。

在事故树分析中，遇到的基本事件大多数是独立事件。所以下面简单介绍 n 个独立事件的概率和与概率积的计算公式。

n 个独立事件的概率和的计算公式是：

$$P(A + B + C + \cdots + N) = 1 - [1 - P(A)][1 - P(B)][1 - P(C)]\cdots[1 - P(N)]$$

$$(2\text{-}14)$$

式中　　P——独立事件的概率。

n 个独立事件的概率积的计算公式是：

$$P(ABC\cdots N) = P(A)P(B)P(C)\cdots P(N) \tag{2-15}$$

2.4.5.3　事故树的布尔代数表达式

将事故树中连接各事件的逻辑门用相应的布尔代数运算表示，就得到了事故树的布尔代数表达式。通常，自上而下地将事故树逐渐展开后，便得到了布尔代数表达式。

【例 2-16】　某事故树结构如图 2-26 所示，求其布尔代数表达式及展开过程如下：

$$
\begin{aligned}
T = A_1 A_2 &= (x_1 + x_2)A_3 A_4 \\
&= (x_1 + x_2)(A_5 + A_6)(x_{10} + x_{11} + x_{12}) \\
&= (x_1 + x_2)(x_3 + x_4 + x_5 + x_6 + x_7 + x_8 + x_9)(x_{10} + x_{11} + x_{12})
\end{aligned}
$$

此式可以继续化简至若干个基本事件相乘后再相加的形式。布尔代数表达式是事故树的数学描述，对于给出的事故树可以写出其相应的布尔代数表达式；相反，给出布尔代数表达式可以绘出对应的事故树。

2.4.5.4　事故树的概率函数

事故树的概率函数是指事故树中由基本事件概率所组成的顶上事件概率的计算式。如果事故树中各基本事件是相互独立的，布尔代数表达式中各基本事件逻辑乘的概率应为：

$$P(T) = q_1 q_2 \cdots q_n = \prod_{i=1}^{n} q_i \tag{2-16}$$

各基本事件逻辑加的概率应为：

$$P(T) = 1 - (1 - q_1)(1 - q_2)\cdots(1 - q_n) = 1 - \prod_{i=1}^{n}(1 - q_i) \tag{2-17}$$

式中　q_i——第 i 个基本事件的发生概率；

　　$\prod$——数学运算符号，求概率积。

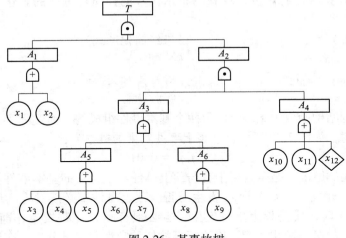

图 2-26　某事故树

2.4.6　事故树的简化

在事故树初稿编制完成之后，为了较准确地计算顶上事件发生的概率，需要对事故树进行仔细检查并利用布尔代数进行化简，消除多余事件，特别是在事故树的不同位置存在相同的基本事件时，必须利用布尔代数进行整理化简，然后才能进行定性和定量分析；否则，就会造成定性和定量分析的错误。

简化事故树的作用是：

（1）去掉不必要的基本事件。

（2）尽可能去掉重复的基本事件。

（3）作出所需要的等效事故树。

（4）为今后作定性和定量分析提供方便。

化简的方法就是反复运用布尔代数运算法则，其化简的程序是：

（1）根据事故树列出布尔代数式。

（2）代数式若有括号应先去括号将函数式展开。

（3）用布尔代数的基本性质进行简化。

（4）作出简化后的等效事故树。

【例 2-17】　图 2-27 所示为事故树示意图，设顶上事件为 T，中间事件为 A_i，基本事件为 x_1、x_2、x_3，若其基本事件的发生概率均为 0.1，即 $q_1 = q_2 = q_3 = 0.1$，求顶上事件的发生概率。

解：根据事故树的逻辑关系，可写出其布尔代数表达式如下：

$$T = A_1 A_2 = (x_1 + x_2) x_{13}$$

按独立事件概率和与积的计算公式，顶上事件的发生概率为：

$$Q_T = [1 - (1 - q_1)(1 - q_2)] q_1 q_3$$

$$= [1 - (1 - 0.1)(1 - 0.1)] \times 0.1 \times 0.1$$
$$= 0.0019$$

由于图中基本事件 x_1 有重复，现利用布尔代数的性质对上面的表达式进行整理、化简，则

$$T = A_1 A_2 = (x_1 + x_2)x_1 x_3 \qquad （未经简化形式）$$
$$= x_1 x_1 x_3 + x_2 x_1 x_3 \qquad （分配律）$$
$$= x_1 x_3 + x_1 x_2 x_3 \qquad （等幂律和交换律）$$
$$= x_1 x_3 \qquad （吸收律）$$

通过化简得到结构函数为 $x_1 x_3$，即由两个基本事件组成的、通过一个与门和顶上事件连接的等效事故树，如图 2-28 所示，其顶上事件发生的概率为：

$$Q_T = q_1 q_3 = 0.01$$

产生上述错误的原因，是事故树中有与顶上事件发生无关的基本事件。从化简结果可以看出，如果 x_1、x_3 发生，则不管 x_2 发生与否，顶上事件都必然发生。从原事故树亦可以看出，当 x_2 发生时，要使顶上事件发生，也必须有 x_1、x_3 都发生作前提条件，因此，x_2 是多余的事件。故必须简化才能正确进行事故树的定性和定量分析，在计算概率时，只能按其等效图进行计算。

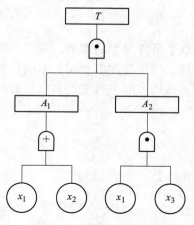

图 2-27　事故树示意图

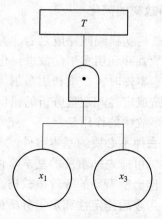

图 2-28　等效事故树

【例 2-18】　化简图 2-29 所示的事故树，并作出等效事故树图。

解：根据图 2-29，其结构函数为：

$$T = A_1 A_2$$
$$= (A_3 + x_1)(x_4 + A_4)$$
$$= (x_2 x_3 + x_1)(x_4 + A_5 x_1)$$
$$= (x_2 x_3 + x_1)[x_4 + (x_2 + x_4)x_1] \qquad （未经简化形式）$$
$$= (x_2 x_3 + x_1)(x_4 + x_2 x_1 + x_4 x_1) \qquad （分配律）$$
$$= x_2 x_3 x_4 + x_2 x_3 x_2 x_1 + x_2 x_3 x_4 x_1 + x_1 x_4 + x_1 x_2 x_1 + x_1 x_4 x_1$$
$$= x_1 x_2 x_2 x_3 + x_1 x_2 x_3 x_4 + x_1 x_2 x_1 + x_1 x_4 x_1 + x_2 x_3 x_4 + x_1 x_4 \qquad （交换律）$$
$$= x_1 x_2 x_3 + x_1 x_2 x_3 x_4 + x_1 x_2 + x_1 x_4 + x_2 x_3 x_4 \qquad （等幂律）$$
$$= x_1 x_2 + x_2 x_3 x_4 + x_1 x_4 \qquad （吸收律）$$

根据化简后的事故树结构式，作出其等效事故树，如图 2-30 所示。

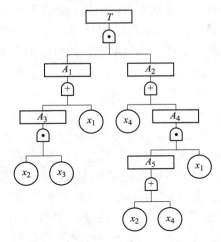

图 2-29　事故树

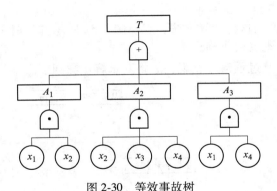

图 2-30　等效事故树

2.4.7　事故树的定性分析

事故树的定性分析是依据事故树的结构，对所有事件只有发生"1"或不发生"0"两种状态进行分析的方法。定性分析的目的是根据事故树的结构查明顶上事件发生的途径，确定顶上事件的发生模式、起因及影响程度，为改善系统安全提供可选择的措施。在进行事故树定性分析时，除编制事故树，找出导致顶上事件发生的全部事件外，还要求出事故树中基本事件的最小割集和最小径集，并求出各基本事件的结构重要度，了解其对顶上事件的影响程度。

2.4.7.1　最小割集及其求法

A　最小割集的概念

如果事故树中的全部基本事件都发生，则顶上事件必然发生。但是，在大多数情况下并不一定要所有基本事件都发生，顶上事件才能发生，而是只要某些基本事件同时发生就可以导致顶上事件的发生。这些同时发生就能够导致顶上事件发生的基本事件的集合称为割集。因此系统的割集也就是系统的故障模式。割集中的基本事件之间是逻辑"乘"（或

"与"）的关系。

如果在某个割集中任意除去一个基本事件，则该割集就不再是割集了（凡不包含其他割集的割集），这样的割集就称为最小割集，即导致顶上事件发生的最低限度的基本事件的集合。最小割集指明了哪些基本事件同时发生，就可以引起顶上事件发生的事故模式。

B　最小割集的求法

最常见的最小割集的求解方法有如下两种。

a　行列法

行列法又称下行法，是 1972 年由福塞尔（Fussel）提出的，所以又称福塞尔法。该算法的基本原理是从顶上事件开始，由上往下进行，"与门"仅增加割集的容量（割集内所包含的基本事件的个数），而不增加割集的数量；"或门"则增加割集的数量，而不增加割集的容量。每步均按照上述的原则，由上而下排列，依次把上一层的事件代换为下一层的事件。代换时，把"与门"连接的输入事件按行横向排列，把"或门"连接的输入事件按列纵向排列，这样逐层向下，直到所有逻辑门都置换成基本事件为止。得到的全部事件积的和，即布尔割集，再经过布尔代数进行化简，便得到所求的最小割集。

【例 2-19】　为了说明这种计算方法，现以图 2-31 所示的从脚手架上坠落伤亡事故事故树为例，采用行列法求其最小割集。

解： 为了使整个计算过程清晰直观，故将其求解步骤列于表 2-25 中。

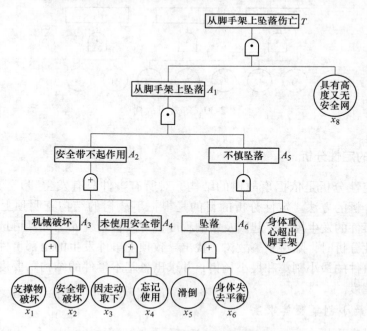

图 2-31　从脚手架上坠落伤亡事故树

于是，就得到 8 个最小割集 $\{x_1, x_5, x_7, x_8\}$，$\{x_2, x_5, x_7, x_8\}$，$\{x_3, x_5, x_7, x_8\}$，$\{x_4, x_5, x_7, x_8\}$，$\{x_1, x_6, x_7, x_8\}$，$\{x_2, x_6, x_7, x_8\}$，$\{x_3, x_6, x_7, x_8\}$，$\{x_4, x_6, x_7, x_8\}$。

表 2-25 用行列法求取最小割集与最小径集步骤

最小割集（事故树）	最小径集（成功树）

$$T$$
$$|$$
$$A_1 \, , \ x_8$$
$$|$$
$$A_2 \, , \ A_5 \, , \ x_8$$
$$|$$
$$A_3 \, , \ A_5 \, , \ x_8$$
$$A_4 \, , \ A_5 \, , \ x_8$$
$$|$$
$$A_3 \, , \ A_6 \, , \ x_7 \, , \ x_8$$
$$A_4 \, , \ A_6 \, , \ x_7 \, , \ x_8$$
$$|$$
$$x_1 \, , \ A_6 \, , \ x_7 \, , \ x_8$$
$$x_2 \, , \ A_6 \, , \ x_7 \, , \ x_8$$
$$x_3 \, , \ A_6 \, , \ x_7 \, , \ x_8$$
$$x_4 \, , \ A_6 \, , \ x_7 \, , \ x_8$$
$$|$$
$$x_1 \, , \ x_5 \, , \ x_7 \, , \ x_8$$
$$x_1 \, , \ x_6 \, , \ x_7 \, , \ x_8$$
$$x_2 \, , \ x_5 \, , \ x_7 \, , \ x_8$$
$$x_2 \, , \ x_6 \, , \ x_7 \, , \ x_8$$
$$x_3 \, , \ x_5 \, , \ x_7 \, , \ x_8$$
$$x_3 \, , \ x_6 \, , \ x_7 \, , \ x_8$$
$$x_4 \, , \ x_5 \, , \ x_7 \, , \ x_8$$
$$x_4 \, , \ x_6 \, , \ x_7 \, , \ x_8$$

最小径集（成功树）：
$$\overline{T}$$
$$|$$
$$\overline{A_1}$$
$$\overline{x_8}$$
$$|$$
$$\overline{A_2}$$
$$\overline{A_5}$$
$$\overline{x_8}$$
$$|$$
$$\overline{A_3} \ \ \overline{A_4}$$
$$\overline{A_6}$$
$$\overline{x_7}$$
$$\overline{x_8}$$
$$|$$
$$\overline{x_1} \, , \ \overline{x_2} \, , \ \overline{x_3} \, , \ \overline{x_4}$$
$$\overline{x_5} \, , \ \overline{x_6}$$
$$\overline{x_7}$$
$$\overline{x_8}$$

所以得到 8 个最小割集：

$$\{x_1 \, , \ x_5 \, , \ x_7 \, , \ x_8\}, \ \{x_1 \, , \ x_6 \, , \ x_7 \, , \ x_8\},$$
$$\{x_2 \, , \ x_5 \, , \ x_7 \, , \ x_8\}, \ \{x_2 \, , \ x_6 \, , \ x_7 \, , \ x_8\},$$
$$\{x_3 \, , \ x_5 \, , \ x_7 \, , \ x_8\}, \ \{x_3 \, , \ x_6 \, , \ x_7 \, , \ x_8\},$$
$$\{x_4 \, , \ x_5 \, , \ x_7 \, , \ x_8\}, \ \{x_4 \, , \ x_6 \, , \ x_7 \, , \ x_8\}$$

所以得到 4 个最小径集：

$$\{x_1 \, , \ x_2 \, , \ x_3 \, , \ x_4\}, \ \{x_5 \, , \ x_6\},$$
$$\{x_7\},$$
$$\{x_8\}$$

b 布尔代数化简法

根据布尔代数的性质，可把任何布尔函数化为析取和合取两种标准形式。析取标准形式为：

$$f = A_1 + A_2 + \cdots + A_n = \sum_{i=1}^{n} A_i \tag{2-18}$$

合取标准形式为：

$$f = B_1 B_2 \cdots B_n = \prod_{i=1}^{n} B_i \tag{2-19}$$

用布尔代数法求最小割集，通常分为 3 个步骤：

（1）列出事故树的布尔代数表达式，即从事故树的第一层输入事件开始，"或门"的输入事件用逻辑加表示，"与门"的输入事件用逻辑乘表示。一般从事故树的顶上事件开始，用下一层事件代替上一层事件，直到顶上事件被所有基本事件代替完为止。

（2）将布尔表达式化为析取标准式；布尔表达式整理后得到若干个交集的并集，每个交集均是一个割集。

（3）化析取标准式为最简析取标准式，利用布尔代数运算定律化简，就可以求出最小割集。

现仍以图 2-31 所示为例，用布尔代数法进行化简：

$$
\begin{aligned}
T &= A_1 x_8 \\
&= A_2 A_5 x_8 \\
&= (A_3 + A_4) A_6 x_7 x_8 \\
&= (x_1 + x_2 + x_3 + x_4)(x_5 + x_6) x_7 x_8 \\
&= (x_1 + x_2 + x_3 + x_4)(x_5 x_7 x_8 + x_6 x_7 x_8) \\
&= x_1 x_5 x_7 x_8 + x_2 x_5 x_7 x_8 + x_3 x_5 x_7 x_8 + x_4 x_5 x_7 x_8 + x_1 x_6 x_7 x_8 + x_2 x_6 x_7 x_8 + x_3 x_6 x_7 x_8 + x_4 x_6 x_7 x_8
\end{aligned}
$$

所得的 8 个最小割集 $\{x_1, x_5, x_7, x_8\}$, $\{x_2, x_5, x_7, x_8\}$, $\{x_3, x_5, x_7, x_8\}$, $\{x_4, x_5, x_7, x_8\}$, $\{x_1, x_6, x_7, x_8\}$, $\{x_2, x_6, x_7, x_8\}$, $\{x_3, x_6, x_7, x_8\}$, $\{x_4, x_6, x_7, x_8\}$ 与采用行列法的结果是相同的。总的来说，两种算法都可采用，而第二种算法较简单，运用较为广泛。

2.4.7.2　最小径集及其求法

A　最小径集的概念

如果事故树中的全部基本事件都不发生，则顶上事件必然不发生。但是，事故树中某些基本事件不同时发生，也可以使顶上事件不发生。这些不同时发生时可以使顶上事件不发生的基本事件的集合称为径集。因此系统的径集也代表了系统的正常模式。径集中的基本事件之间是逻辑"加"（或"或"）的关系。

如果在某个径集中任意除去一个基本事件则该径集就不再是径集了（凡不包含其他径集的径集），这样的径集就称为最小径集，即不能导致顶上事件发生的最低限度的基本事件的集合。最小径集指明了哪些基本事件不同时发生，就可以使顶上事件不发生的安全模式。

B　最小径集的求法

求最小径集是利用它与最小割集的对偶性，首先作出与事故树对偶的成功树，就是将原来事故树中的"或门"换成"与门"，"与门"换成"或门"，各类事件发生换成不发生，即将全部事件符号加上"′"，变成事件补的形式，这样便可得到与原事故树对偶的成功树。然后，利用前述求取最小割集的方法求出成功树的最小割集并经对偶变换后就得到事故树的最小径集。图 2-32 给出了事故树到成功树的两种常用转换方法。

为什么要像这样转换呢？因为，对于"与门"连接输入事件和输出事件的情况，只要

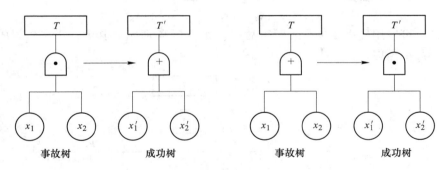

图 2-32　与事故树对偶的成功树的转换关系

有一个事件不发生，输出事件就可以不发生，故在成功树中换用"或门"连接输入事件和输出事件；而对于"或门"连接的输入事件和输出事件的情况，则必须所有输入事件均不发生时，输出事件才不发生，故在成功树中换用"与门"连接输入事件和输出事件。

【例 2-20】　图 2-33 所示为与图 2-31 的事故树对偶的成功树。用 T'、A_1'、A_2'、A_3'、A_4'、A_5'、A_6'、x_1'、x_2'、x_3'、x_4'、x_5'、x_6'、x_7'、x_8' 分别表示各事件 T、A_1、A_2、A_3、A_4、A_5、A_6、x_1、x_2、x_3、x_4、x_5、x_6、x_7、x_8 不发生。采用行列法求事故树的最小径集，其求解过程见表 2-25。

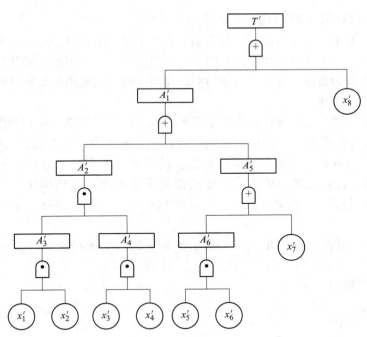

图 2-33　与图 2-31 所示事故树对偶的成功树

这样便得到成功树的 4 个最小割集，经过对偶变换后就是事故树的 4 个最小径集，其合取标准形式为：

$$T = (x_1 + x_2 + x_3 + x_4)(x_5 + x_6)x_7 x_8$$

每个逻辑和就是一个最小径集，则得到事故树的 4 个最小径集为：

$$\{x_1, x_2, x_3, x_4\}, \{x_5, x_6\}, \{x_7\}, \{x_8\}$$

同样，也可以用最小径集来表示事故树，如图 2-34 所示。其中，P_1、P_2、P_3、P_4 分别表示 4 个最小径集。

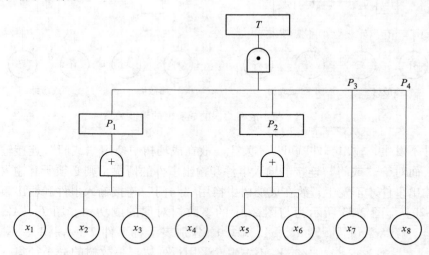

图 2-34　用最小径集表示图 2-31 的等效事故树

2.4.7.3　判别割（径）集数目的方法

从例题可以看出，同一事故树中最小割集和最小径集的数目往往是不相等的。就一个具体的系统而言，如果在事故树中的与门多、或门少时，则最小割集的数目较少，分析时从最小割集入手较为简便；反之，若或门多、与门少时，则最小径集数目较少，分析时从最小径集入手较为简便。

若遇到很复杂的系统，往往很难根据逻辑门的数目来判定割（径）集的数目。在求最小割集的行列法中曾指出，与门仅增加割集的容量（基本事件的个数），而不增加割集的数量，或门则增加割集的数量，而不增加割集的容量。根据这一原理，下面介绍一种用"加乘法"求割（径）集数目的方法。该法给每个基本事件赋值为 1，直接利用"加乘法"求割（径）集数目。但要注意，求割集数目和径集数目，要分别在事故树和成功树上进行。

【例 2-21】　如图 2-35 所示，首先根据事故树画出其成功树，再给各基本事件赋予"1"，然后根据输入事件与输出事件之间的逻辑门确定"加"或"乘"，若遇到或门就用"加"，遇到与门则用"乘"。

割集数目为：$A_1 = 1 + 1 + 1 = 3$

$A_2 = 1 + 1 + 1 = 3$

$T = 3 \times 3 \times 1 = 9$

径集数目为：$A_1' = 1 \times 1 \times 1 = 1$

$A_2' = 1 \times 1 \times 1 = 1$

$T' = 1 + 1 + 1 = 3$

从上例可看出，割集数目比径集数目多，此时用径集分析要比用割集分析简单。如果估算出某事故树的割、径集数目相差不多，则一般从分析割集入手较好。这是因为最小割

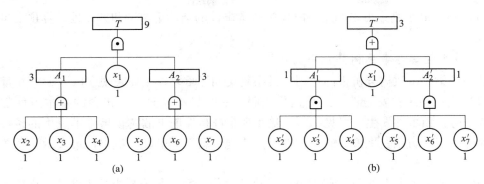

图 2-35　用"加乘法"求割（径）集数目
（a）事故树；（b）成功树

集的意义是导致事故发生的各种途径，得出的结果简明、直观。另外，在做定量分析时，用最小割集分析，还可采用较多的近似公式，而最小径集则不能。

必须注意，用上述方法得到的是割集、径集数目，不是最小割集、最小径集的数目，而是最小割集、最小径集的上限。只有当事故树中没有重复的基本事件时，得到的割集、径集的数目才是最小割集、最小径集数目。

2.4.7.4　最小割集和最小径集在事故树分析中的作用

A　最小割集在事故树分析中的作用

最小割集在事故树分析中起着非常重要的作用，归纳起来有 4 个方面：

（1）表示系统的危险性。最小割集的定义明确指出，每个最小割集都表示顶上事件发生的一种可能，事故树中有几个最小割集，顶上事件发生就有几种可能。从这个意义上讲，最小割集越多，说明系统的危险性越大。

（2）表示顶上事件发生的原因组合。事故树顶上事件发生，必然是某个最小割集中基本事件同时发生的结果。一旦发生事故，就可以方便地知道所有可能发生事故的途径，并可以逐步排除非本次事故的最小割集，而较快地查出本次事故的最小割集，它就是导致本次事故的基本事件的组合。显而易见，掌握了最小割集，对于掌握事故的发生规律，调查事故发生的原因有很大的帮助。

（3）为降低系统的危险性提出控制方向和预防措施。每个最小割集都代表了一种事故模式。由事故树的最小割集可以直观地判断哪种事故模式最危险、哪种次之、哪种可以忽略，以及如何采取措施使事故发生概率下降。

如某事故树有 3 个最小割集 $K_1 = \{x_1\}$，$K_2 = \{x_2, x_3\}$，$K_3 = \{x_2, x_4, x_5, x_6\}$。如果不考虑每个基本事件发生的概率，或者假定各基本事件发生的概率相等，则只含 1 个基本事件的最小割集比含有 2 个基本事件的最小割集容易发生；含有 2 个基本事件的最小割集比含有 4 个基本事件的最小割集容易发生。以此类推，少事件的最小割集比多事件的最小割集容易发生。假定各基本事件发生的概率相等，则 2 个基本事件组成的最小割集发生的概率比 1 个基本事件的最小割集发生的概率要小得多。而 5 个基本事件组成的最小割集发生的概率更小，相比之下甚至可以忽略。由此可见，为了降低系统的危险性，对含基本事件少的最小割集应优先考虑采取安全对策措施。

（4）利用最小割集可以判定事故树中基本事件的结构重要度和方便地计算顶上事件发生的概率。

B　最小径集在事故树分析中的作用

最小径集在事故树分析中的作用与最小割集同样重要，主要表现在以下 3 个方面：

（1）表示系统的安全性。最小径集表明，一个最小径集中所包含的基本事件都不发生，就可防止顶事件发生。可见，每个最小径集都是保证事故树顶事件不发生的条件，是采取预防措施，防止发生事故的一种途径。从这个意义上来说，最小径集表示了系统的安全性。

（2）依据最小径集可选取确保系统安全的最佳方案。每个最小径集都是防止顶上事件发生的一个方案，可以根据最小径集中所包含的基本事件个数的多少、技术上的难易程度、耗费的时间以及投入的资金数量，来选择最经济、最有效的控制事故方案。

（3）利用最小径集同样可以判定事故树中基本事件的结构重要度和计算顶上事件发生的概率。在事故树分析中，根据具体情况，有时应用最小径集更为方便。就某个系统而言，如果事故树中与门多，则其最小割集的数量就少，定性分析最好从最小割集入手。反之，如果事故树中或门多，则其最小径集的数量就少，此时定性分析最好从最小径集入手，从而可以使分析过程得到简化。

2.4.7.5　基本事件的结构重要度分析

一个基本事件对顶上事件发生的影响大小称为该基本事件的重要度。重要度分析在系统的事故预防、事故评价和安全性设计等方面有着重要的作用。事故树中各基本事件的发生对顶事件的发生有着不同程度的影响，这种影响主要取决于两个因素，即各基本事件的发生概率的大小，以及各基本事件在事故树模型结构中处于何种位置。为了明确最易导致顶上事件发生的事件，以便分出轻重缓急采取有效措施、控制事故的发生，必须对基本事件进行重要度分析。

不考虑各基本事件发生的难易程度，或假设各基本事件的发生概率相等，仅从事故树的结构上入手分析各基本事件对顶上事件的影响程度，称为结构重要度分析。结构重要度分析一般可以采用两种方法，一种是精确求出基本事件的结构重要度系数，另一种是用最小割集或最小径集进行结构重要度分析。

A　精确求出基本事件的结构重要度系数

在事故树分析中，每个事件都有两种状态，一种状态是发生，即 $x_i = 1$；另一种状态是不发生，即 $x_i = 0$。每个基本事件状态的不同组合，又构成了顶上事件的不同状态，即 $\Phi(x) = 1$ 或 $\Phi(x) = 0$。

当事故树中某个基本事件 x_i 的状态由 0 变成 1（$0_i \rightarrow 1_i$），其余基本事件的状态保持不变，则顶上事件的状态变化可能有以下 3 种情况：

（1）$\Phi(0_i, x) = 0 \rightarrow \Phi(1_i, x) = 0$，则 $\Phi(1_i, x) - \Phi(0_i, x) = 0$

（2）$\Phi(0_i, x) = 0 \rightarrow \Phi(1_i, x) = 1$，则 $\Phi(1_i, x) - \Phi(0_i, x) = 1$

（3）$\Phi(0_i, x) = 1 \rightarrow \Phi(1_i, x) = 1$，则 $\Phi(1_i, x) - \Phi(0_i, x) = 0$

其中，第一种情况和第三种情况都不能说明 x_i 的状态变化对顶上事件的发生起了什么作用，唯有第二种情况说明 x_i 的作用，即当基本事件 x_i 的状态由 0 变成 1，其余基本事件的状态保持不变，顶上事件的状态 $\Phi(0_i,x)=0$ 变为 $\Phi(1_i,x)=1$，也就说明，这个基本事件 x_i 的状态变化对顶上事件的发生与否起了作用。如果把所有这样的情况累加起来乘以一个系数 $1/2^{n-1}$，便可将其定义为结构重要度系数（n 为该事故树中基本事件的个数）。用公式表示，即

$$I_\Phi(i)=\frac{1}{2^{n-1}}\sum\left[\Phi(1_i,x)-\Phi(0_i,x)\right] \tag{2-20}$$

【例 2-22】 现以图 2-36 所示事故树为例，求出事故树中各基本事件的结构重要度系数。

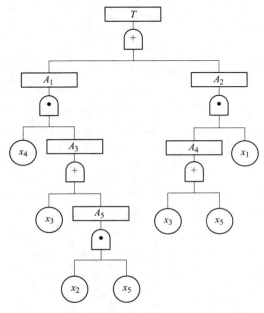

图 2-36 事故树

解：图 2-36 所示的事故树一共有 5 个基本事件，其互不相容的状态组合数为 $2^5=32$，为了全部列出 5 个基本事件两种状态的组合情况，并有规则地对照，采用了布尔真值表列出所有事件的状态组合和顶上事件的状态见表 2-26。

以基本事件 x_1 为例，从表 2-26 中可以看出，基本事件 x_1 发生（$x_1=1$），不管其他基本事件发生与否，顶上事件也发生（$\Phi(x)=1$）的组合共有 12 个，即编号 18、20、21、22、23、24、26、28、29、30、31、32。在这 12 个组合中当基本事件 x_1 的状态由发生变为不发生时（$x_1=0$），其顶上事件也不发生（$\Phi(x)=0$）的组合共有 7 个，即编号 18（10001）、20（10011）、21（10100）、22（10101）、26（11001）、29（11100）、30（11101）。也就是说，在这 12 个组合当中，有 5 个组合不随基本事件 x_1 的状态由发生变为不发生的变化而改变顶上事件的状态，即 $x_1=0$ 时顶上事件也发生，编号为 23、24、28、31、32 的 5 个组合就是这类情况。上面 7 个组合就是前面所介绍 3 种情况中第二种情况的个数。用 7 再乘以一个系数 $1/2^{5-1}=1/16$，就得出基本事件 x_1 的结构重要度系数 7/16，用公式表示为：

$$I_{\Phi}(1) = \frac{1}{2^{n-1}} \sum [\Phi(1_i, X) - \Phi(0_i, X)] = \frac{1}{2^{5-1}} \sum [12 - 5] = \frac{7}{16}$$

采用同样的方法，可以逐个求出基本事件 x_2、x_3、x_4、x_5 的结构重要度系数分别为：

$$I_{\Phi}(2) = \frac{1}{16}; I_{\Phi}(3) = \frac{7}{16}; I_{\Phi}(4) = \frac{5}{16}; I_{\Phi}(5) = \frac{5}{16}$$

因此，各基本事件结构重要度排序如下：

$$I_{\Phi}(1) = I_{\Phi}(3) > I_{\Phi}(4) = I_{\Phi}(5) > I_{\Phi}(2)$$

表 2-26　基本事件与顶上事件的状态值

编号	x_1	x_2	x_3	x_4	x_5	$\Phi(x)$	编号	x_1	x_2	x_3	x_4	x_5	$\Phi(x)$
1	0	0	0	0	0	0	17	1	0	0	0	0	0
2	0	0	0	0	1	0	18	1	0	0	0	1	1
3	0	0	0	1	0	0	19	1	0	0	1	0	0
4	0	0	0	1	1	0	20	1	0	0	1	1	1
5	0	0	1	0	0	0	21	1	0	1	0	0	0
6	0	0	1	0	1	0	22	1	0	1	0	1	1
7	0	0	1	1	0	0	23	1	0	1	1	0	1
8	0	0	1	1	1	1	24	1	0	1	1	1	1
9	0	1	0	0	0	0	25	1	1	0	0	0	0
10	0	1	0	0	1	0	26	1	1	0	0	1	1
11	0	1	0	1	0	0	27	1	1	0	1	0	0
12	0	1	0	1	1	1	28	1	1	0	1	1	1
13	0	1	1	0	0	0	29	1	1	1	0	0	0
14	0	1	1	0	1	1	30	1	1	1	0	1	1
15	0	1	1	1	0	1	31	1	1	1	1	0	1
16	0	1	1	1	1	1	32	1	1	1	1	1	1

综上所述，如果不考虑各基本事件的发生概率，仅从基本事件在事故树结构中所处的位置来分析，基本事件 x_1 和 x_3 最重要，其次是基本事件 x_4 和 x_5，而最不重要的是基本事件 x_2。

结构重要度分析属于定性分析，要排列出各基本事件的结构重要度顺序，不一定非要求出结构重要度系数，因而大可不必花费那么大的精力编排基本事件状态值和顶上事件状态值表。如果事故树结构很复杂，基本事件很多，列出的表就很庞大，基本事件状态值的组合很多（2^n 个），这就给求结构重要度系数带来了很大的困难。因此，一般采用最小割集或最小径集来排列各个基本事件的结构重要度顺序。这样比较简单，而往往可以达到相同的效果。

B　用最小割集或最小径集进行结构重要度分析

a　最小割集（或最小径集）排列法

这种直接排序方法的基本原则如下：

（1）看频率。当最小割集中的基本事件个数不相等时，基本事件个数少的最小割集中的基本事件比基本事件个数多的最小割集中的基本事件结构重要度大。

【例 2-23】 从脚手架上坠落伤亡事故树的最小径集为：$\{x_1, x_2, x_3, x_4\}$，$\{x_5, x_6\}$，$\{x_7\}$，$\{x_8\}$。从其结构情况来看，第三、第四两个最小径集都只有一个基本事件，故 x_7 和 x_8 的结构重要度最大；其次是 x_5、x_6，因为它们在两个基本事件的最小径集中；最不重要的是 x_1、x_2、x_3、x_4，因为它们所在的最小径集中基本事件个数最多。这样就可以很快排列出各基本事件的结构重要度顺序：

$$I_\Phi(7) = I_\Phi(8) > I_\Phi(5) = I_\Phi(6) > I_\Phi(1) = I_\Phi(2) = I_\Phi(3) = I_\Phi(4)$$

（2）看频数。当最小割集中基本事件的个数相等时，重复在各最小割集中出现的基本事件，比只在一个最小割集中出现的基本事件结构重要度大；重复次数多的比重复次数少的结构重要度大。

【例 2-24】 从脚手架上坠落伤亡事故树一共有 8 个最小割集：$\{x_1, x_5, x_7, x_8\}$，$\{x_2, x_5, x_7, x_8\}$，$\{x_3, x_5, x_7, x_8\}$，$\{x_4, x_5, x_7, x_8\}$，$\{x_1, x_6, x_7, x_8\}$，$\{x_2, x_6, x_7, x_8\}$，$\{x_3, x_6, x_7, x_8\}$，$\{x_4, x_6, x_7, x_8\}$。在这 8 个最小割集中，x_7 和 x_8 均分别出现过 8 次；x_5 和 x_6 均分别出现过 4 次；x_1、x_2、x_3、x_4 均分别出现过 2 次。这样，尽管 8 个最小割集的基本事件个数都相等（4 个），但由于各基本事件在其中出现的次数不同，因此结构重要度的大小也有所不同，其顺序为：

$$I_\Phi(7) = I_\Phi(8) > I_\Phi(5) = I_\Phi(6) > I_\Phi(1) = I_\Phi(2) = I_\Phi(3) = I_\Phi(4)$$

（3）既看频率又看频数。在基本事件个数少的最小割集中出现次数少的基本事件与基本事件个数多的最小割集中出现次数多的进行比较，一般前者大于后者。

【例 2-25】 某事故树的最小割集为：$\{x_1\}$，$\{x_2, x_3\}$，$\{x_2, x_4\}$，$\{x_2, x_5\}$，其结构重要度顺序为：

$$I_\Phi(1) > I_\Phi(2) > I_\Phi(3) = I_\Phi(4) = I_\Phi(5)$$

上述排序原则，用最小径集同样适用。其中第一个和第二个原则所列举的例子就是针对同一事故树的最小径集和最小割集分别进行的，可见其排序的结果是一致的。

b 简易算法

给每个最小割集都赋予值"1"，而最小割集中每个基本事件都平均得到相同的一份，然后将每个基本事件积累得分，按其得分的多少，排列出结构重要度的顺序。

【例 2-26】 某事故树的最小割集 $K_1 = \{x_5, x_6, x_7, x_8\}$，$K_2 = \{x_3, x_4\}$，$K_3 = \{x_1\}$，$K_4 = \{x_2\}$，试确定各基本事件的结构重要度顺序。

解： $x_5 = x_6 = x_7 = x_8 = 1/4$

$\quad\quad x_3 = x_4 = 1/2$

$\quad\quad x_1 = x_2 = 1$

故 $I_\Phi(1) = I_\Phi(2) > I_\Phi(3) = I_\Phi(4) > I_\Phi(5) = I_\Phi(6) = I_\Phi(7) = I_\Phi(8)$

c 利用 3 个近似公式进行结构重要度排序

公式一：
$$I_\Phi(i) = \frac{1}{N_k} \sum_{j=1}^{N_k} \frac{1}{n_j} (j \in K_j) \tag{2-21}$$

式中　$I_\Phi(i)$——第 i 个基本事件的结构重要度系数；

$\quad\quad N_k$——最小割集总数；

$\quad\quad K_j$——第 j 个最小割集；

n_j——最小割集 K_j 的基本事件个数。

公式二：
$$I_\Phi(i) = \sum_{x_i \in K_j} \frac{1}{2^{n_j - 1}} \qquad (2\text{-}22)$$

式中　$I_\Phi(i)$——第 i 个基本事件的结构重要度系数；

　　　n_j——最小割集 K_j 的基本事件个数。

公式三：
$$I_\Phi(i) = 1 - \prod_{x_i \in K_j}\left(1 - \frac{1}{2^{n_j - 1}}\right) \qquad (2\text{-}23)$$

式中　$I_\Phi(i)$——第 i 个基本事件的结构重要度系数；

　　　n_j——最小割集 K_j 的基本事件个数。

【例 2-27】　已知某事故树的最小割集 $K_1 = \{x_1, x_2, x_3\}$，$K_2 = \{x_1, x_2, x_4\}$，利用上述 3 个近似公式求 $I_\Phi(i)$。

解：（1）利用公式一（2-21）求解如下：

$$I_\Phi(1) = \frac{1}{2}\left[\frac{1}{3} + \frac{1}{3}\right] = \frac{1}{3}$$

同理可得：

$$I_\Phi(2) = \frac{1}{3},\ I_\Phi(3) = \frac{1}{6},\ I_\Phi(4) = \frac{1}{6}$$

则各基本事件结构重要度排序如下：

$$I_\Phi(1) = I_\Phi(2) > I_\Phi(3) = I_\Phi(4)$$

（2）利用公式二（2-22）求解如下：

$$I_\Phi(1) = \frac{1}{2^2} + \frac{1}{2^2} = \frac{1}{2}$$

同理可得：

$$I_\Phi(2) = \frac{1}{2},\ I_\Phi(3) = \frac{1}{4},\ I_\Phi(4) = \frac{1}{4}$$

故　　$I_\Phi(1) = I_\Phi(2) > I_\Phi(3) = I_\Phi(4)$

（3）利用公式三（2-23）求解如下：

$$I_\Phi(1) = 1 - \left(1 - \frac{1}{2^2}\right)\left(1 - \frac{1}{2^2}\right) = \frac{7}{16}$$

同理可得：

$$I_\Phi(2) = \frac{7}{16},\ I_\Phi(3) = \frac{1}{4},\ I_\Phi(4) = \frac{1}{4}$$

故　　$I_\Phi(1) = I_\Phi(2) > I_\Phi(3) = I_\Phi(4)$

则此例用 3 个不同的公式求出的结果是一致的。

【例 2-28】　已知某事故树的最小割集：$K_1 = \{x_1, x_2\}$，$K_2 = \{x_3, x_4, x_5\}$，$K_3 = \{x_3, x_4, x_6\}$，利用上述 3 个近似公式求 $I_\Phi(i)$。

解：（1）利用公式一（2-21）求解如下：

$$I_\Phi(1) = \frac{1}{3} \times \frac{1}{2} = \frac{1}{6}$$

同理可得：

$$I_\Phi(2) = \frac{1}{6}, I_\Phi(3) = \frac{2}{9}, I_\Phi(4) = \frac{2}{9}, I_\Phi(5) = \frac{1}{9}, I_\Phi(6) = \frac{1}{9}$$

则各基本事件结构重要度排序如下：

$$I_\Phi(3) = I_\Phi(4) > I_\Phi(1) = I_\Phi(2) > I_\Phi(5) = I_\Phi(6)$$

（2）利用公式二（2-22）求解如下：

$$I_\Phi(1) = \frac{1}{2}$$

同理可得：

$$I_\Phi(2) = \frac{1}{2}, I_\Phi(3) = \frac{1}{2}, I_\Phi(4) = \frac{1}{2}, I_\Phi(5) = \frac{1}{4}, I_\Phi(6) = \frac{1}{4}$$

故 $I_\Phi(1) = I_\Phi(2) = I_\Phi(3) = I_\Phi(4) > I_\Phi(5) = I_\Phi(6)$

（3）利用公式三（2-23）求解如下：

$$I_\Phi(1) = 1 - \left(1 - \frac{1}{2}\right) = \frac{1}{2}$$

同理可得：

$$I_\Phi(2) = \frac{1}{2}, I_\Phi(3) = \frac{7}{16}, I_\Phi(4) = \frac{7}{16}, I_\Phi(5) = \frac{1}{4}, I_\Phi(6) = \frac{1}{4}$$

故 $I_\Phi(1) = I_\Phi(2) > I_\Phi(3) = I_\Phi(4) > I_\Phi(5) = I_\Phi(6)$

则此例用 3 个不同的公式求出的结果不一致，就其准确性（精度）而言，用公式三求出的结果准确性最高。

通过上述两例的计算可见，利用近似公式对结构重要度进行求解排序时，可能会出现误差。因此，在选用公式时应仔细斟酌。一般来说，对于最小割集中的基本事件个数（n_j）相同时，利用 3 个公式均可得到准确的排序；若最小割集（最小径集）间的阶数差别较大时，公式二和公式三可以保证排列顺序的准确性；若最小割集（最小径集）间的阶数差别仅为 1 阶或 2 阶时，采用公式一和公式二就可能产生较大的误差。在上述 3 个近似计算公式中，公式三的精度最高。上述 3 个公式同样适用于最小径集。

分析结构重要度，排列出各个基本事件的结构重要度顺序后，可以从结构上了解各基本事件对顶上事件的发生影响程度如何，以便按重要度顺序采取有效的安全防范措施加以控制，也可以按此顺序编写安全检查表。

C 系统薄弱环节预测

对于最小割集来说，它与顶上事件之间用或门相连，显然最小割集的个数越少对系统越安全，越多系统就越危险。而每个最小割集中的基本事件与第二层事件采用与门连接，因此最小割集中的基本事件个数越多越有利，基本事件个数少的最小割集就是系统的薄弱环节。对于最小径集而言，恰好与最小割集相反，最小径集个数越多越安全，基本事件个数多的最小径集是系统的薄弱环节。

根据以上分析，可以采取以下 4 条途径来改善系统的安全性：

（1）减少最小割集的数量，首先应消除那些含基本事件个数最少的最小割集。

（2）增加最小割集中的基本事件个数，首先应给含基本事件个数少，又不能清除的最小割集增加基本事件。

（3）增加新的最小径集，也可以设法将原有含基本事件个数较多的最小径集划分成两个或多个最小径集。

（4）减少最小径集中的基本事件个数，首先应着眼于减少含基本事件个数多的最小径集。

总之，最小割集与最小径集在事故预测中的作用是不相同的，最小割集可以预示出系统发生事故的途径；而最小径集却可以提供控制顶上事件发生的最经济、最省事的方案。

另外，从事故树的结构上看，距离顶上事件越近的层次，其危险性越大。换一个角度来看，如果监测保护装置越靠近顶上事件，则能起到多层次的保护作用。

在逻辑门结构中，与门下面所连接的输入事件必须同时全部发生才能有输出，因此，它能起到控制作用。对于或门下面所连接的输入事件，只要其中有一个事件发生，就有输出，因此，或门相当于一个通道，不能起到控制作用。可见事故树中或门越多，危险性也就越大。

2.4.8　事故树的定量分析

首先，在给定基本事件发生概率的情况下，求出顶上事件的发生概率，这样就可以根据所得结果与预定的系统安全目标值进行比较和评价。如果计算值超出了目标值，就应当采取必要的系统安全防范措施，使其降至安全目标值以下。其次，计算每个基本事件对顶上事件发生概率的影响程度，以便更切合实际地确定各基本事件对预防事故发生的重要性，由此更清楚地认识到要改进系统应重点从何处开始着手。

2.4.8.1　基本事件的发生概率

进行定量分析，首先要知道系统各元件发生故障的频率或概率。基本事件发生概率主要包括物的故障系数和人的失误概率两个方面。由于要取得各基本事件发生概率值是非常困难的，需通过大量反复的试验、观测、分析和检验才能得到，而其准确性也受到环境和应用条件的影响。故从应用角度来看，频率比概率更实用，它可以从所积累的诸多统计资料中获取。需要指出的是若用频率代替概率，并不否认概率能更精确、更全面地反映事件出现可能性的大小，只是由于在目前条件下，取得概率比取得频率更为困难。故用频率代替概率，以概率的计算方法来计算频率。

研究基本事件的发生概率，是为了对事故树进行定量分析。通过定量分析，为各基本事件之间进行比较提供方便，为系统安全评价提供必要的数据，为选择最优安全方案及提出合理可行的安全对策措施提供依据。

要计算物的故障概率，首先必须取得物的故障率。所谓物的故障率，是指设备或系统的单元（部件或元件）工作时间的单位时间（或周期）的失效或故障的概率，它是单元平均故障间隔期 $\bar{T}$ 的倒数，若物的故障率为 λ，则有

$$\lambda = \frac{1}{\bar{T}} \tag{2-24}$$

$\bar{T}$ 一般由其生产厂家给出或通过实验室得出，它是元件从运行到故障发生时所经历的时间 t_i 的算术平均值，即

$$\bar{T} = \frac{\sum\limits_{i=1}^{n} t_i}{n} \tag{2-25}$$

式中，n 为所测元件的个数。若元件在实验室条件下测出的故障率为 λ_0，这也就是故障率数据库储存的数据。在实际应用时，还必须考虑比实验室条件更恶劣的现场因素，适当选择使用条件系数（严重系数）K 值。那么，实际使用的故障率为：

$$\lambda = K\lambda_0 \tag{2-26}$$

若使用现场为实验室，K 取 1.0；普通室，K 取 $1.1 \sim 10$；船舶，K 取 $10 \sim 18$；铁路车辆、牵引式公共汽车，K 取 $13 \sim 30$；火箭实验台，K 取 60；飞机，K 取 $80 \sim 150$；火箭，K 取 $400 \sim 1000$。

有了故障率，就可以计算元件的故障发生概率 q。对一般可修复系统，即系统故障修复后仍投入正常运行的系统，单元的故障发生概率为：

$$q = \frac{\lambda}{\lambda + \mu} \tag{2-27}$$

式中，μ 为可维修度，是反映单元维修难易程度的量度，是所需平均修复时间 τ（从发生故障到投入运行时的平均时间）的倒数，即 $\mu = \dfrac{1}{\tau}$，因为 $T \gg \tau$，故 $\lambda \ll \mu$，所以：

$$q = \frac{\lambda}{\lambda + \mu} \approx \frac{\lambda}{\mu} = \lambda\tau \tag{2-28}$$

因此，单元的故障发生率近似为单元故障率与单元平均修复时间的积。

对于一般不可修复系统，即使用一次就报废的系统，如水雷、导弹等系统，单元的故障发生概率为：

$$q = 1 - e^{-\lambda t} \tag{2-29}$$

式中，t 为元件的运行时间。如果把 $e^{-\lambda t}$ 按无穷级数展开，略去其后面的高阶无穷小，则

$$q \approx \lambda t \tag{2-30}$$

目前，许多工业发达的国家都建立起了故障率数据库，而且若干国家，如北美和西欧的某些国家已经联合建好了数据库，并采用计算机进行存储和检索，为系统安全和可靠性分析提供了良好的条件。从我国开展安全系统工程和可靠性工程的发展趋势来看，也应当建立起相应的数据库，以储存事故资料。但是，安全系统工程及事故树分析方法的应用并不是从建立故障率数据库才开始的，因此，当前所面临问题是在没有数据库的情况下来评价故障率，这就存在如何求取故障率的问题。

在目前情况下，可以通过系统长期的运行经验或若干系统平行的运行过程粗略地估计元件的平均故障间隔期，其倒数就是所观测对象的故障率。例如，某元件现场使用条件下的平均故障间隔期为 4000h，则其故障率为 $2.5 \times 10^{-4}/h$。若系统运行是周期性的，则可将周期化为小时。在事故树分析中，对于维修比较简单的单元，可近似地用故障率代替故障发生概率。

人的失误则是另一种基本事件，人的失误大致有 5 种情况：

（1）忘记做某项工作。

（2）做错了某项工作。

（3）采取了不应当采取的某项步骤。

（4）没有按规定完成某项工作。

（5）没有在预定时间内完成某项工作。

人的失误原因特别复杂，因此，要估算出人的失误概率是非常困难的，许多专家对此进行了大量的研究，但目前还没有找出较好地确定人的失误概率的方法。1961 年，斯温（Swain）和罗克（Rock）曾提出了"人的失误率预测法"（T-HERP），这是一种比较常见的方法，该方法的分析步骤为：

（1）调查被分析者的操作程序。

（2）把整个程序分解成各个操作步骤。

（3）把各个操作步骤分解成单个动作。

（4）根据经验或实验得出每个动作的可靠度。

（5）求出各个动作的可靠度之积。得到每个操作步骤的可靠度。如果各个动作中有相容事件，则按条件概率计算。

（6）求出各操作步骤的可靠度之积，得到整个程序的可靠度。

（7）求出整个程序的不可靠度（1－可靠度），便得到事故树分析所需要的人的失误概率。

人的失误概率受多种因素的影响，如作业的紧迫程度、单调性和不安全感；人的生理状况；教育及训练情况；以及社会影响和环境因素等。因此，仍然需要用修正系数 K 来修正人的失误概率。

R. L. 布朗宁经过大量的观测研究后认为人员在进行重复操作时，失误率为 $10^{-3} \sim 10^{-2}$，并推荐取 10^{-2}。

2.4.8.2 顶上事件的发生概率

事故树的定量分析，是在已知各基本事件的发生概率的前提条件下，定量地计算出在一定时间内发生事故的可能性大小。若各基本事件是独立事件时，就可以计算出顶上事件的发生概率。若计算出顶上事件的发生概率为 1，则可判断顶上事件发生的可能程度为"必然发生"；顶上事件的发生概率为 1×10^{-1}，则属"非常容易发生"；顶上事件的发生概率为 1×10^{-2}，则属"容易发生"；顶上事件的发生概率为 1×10^{-3}，则属"较常发生"；顶上事件的发生概率为 1×10^{-4}，则属"不易发生"；顶上事件的发生概率为 1×10^{-5}，则属"难以发生"；顶上事件的发生概率为 1×10^{-6}，则属"极难发生"；顶上事件的发生概率为 0，则属"不可能发生"。目前计算顶上事件发生概率的方法有多种，下面将介绍 5 种常见的方法。

A 状态枚举法

状态枚举法即根据顶上事件的状态为 $\Phi(x) = 1$ 的所有基本事件的状态组合，求各个基本事件状态（$x_i = 1$ 或 0）的概率积之和，用公式表达为：

$$P(T) = \sum_{p=1}^{2^n} \Phi_p(x) \prod_{i=1}^{n} q_i^{x_i} (1 - q_i)^{1-x_i} \tag{2-31}$$

式中 $P(T)$ ——顶上事件的发生概率函数；

p——基本事件的状态组合序号；

$\Phi_p(x)$——第 p 个组合的顶上事件状态值（1 或 0）；

q_i——第 i 个基本事件的发生概率；

x_i——第 i 个基本事件的状态值（1 或 0）。

【例 2-29】   以图 2-37 所示事故树为例，其中，各基本事件的发生概率均为 0.1，利用式（2-31）求顶上事件的发生概率。

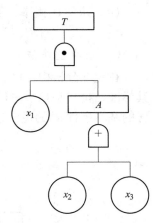

解：$P(T) = \sum_{p=1}^{2^n} \Phi_p(x) \prod_{i=1}^{n} q_i^{x_i} (1-q_i)^{1-x_i}$

$= 1 \times q_1^1 (1-q_1)^0 q_2^0 (1-q_2)^1 q_3^1 (1-q_3)^0 +$

$\quad 1 \times q_1^1 (1-q_1)^0 q_2^1 (1-q_2)^0 q_3^0 (1-q_3)^1 +$

$\quad 1 \times q_1^1 (1-q_1)^0 q_2^1 (1-q_2)^0 q_3^1 (1-q_3)^0$

$= q_1(1-q_2)q_3 + q_1 q_2 (1-q_3) + q_1 q_2 q_3$

$= 0.1 \times 0.9 \times 0.1 + 0.1 \times 0.1 \times 0.9 + 0.1 \times 0.1 \times 0.1$

$= 0.009 + 0.009 + 0.001$

$= 0.019$

这种计算方法具有较强的规律性，可用计算机编程进行计算。但当事故树的基本事件个数很多时，再采用这种算法即便是利用计算机计算也难以胜任。

图 2-37 【例 2-29】事故树

B　直接分步法

对给定的事故树，若已知其结构函数和各基本事件的发生概率，从原则上讲，应用容斥原理中的逻辑加与逻辑乘的概率计算公式（详见事故树的数学描述部分内容）便可求得顶上事件的发生概率。直接分步法适用于事故树规模不大，而且事故树中无重复事件时使用。它是从底部的逻辑门事件算起，逐次向上推移，一直算到顶上事件为止。

【**例 2-30**】　如图 2-38 所示的事故树，已知各基本事件的发生概率分别为：$q_1 = q_2 = 0.01$，$q_3 = q_4 = 0.02$，$q_5 = q_6 = 0.03$，$q_7 = q_8 = 0.04$，求顶上事件的发生概率。

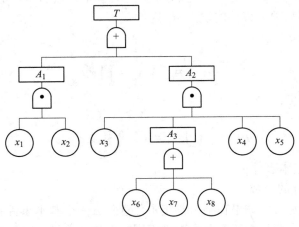

图 2-38 【例 2-30】事故树

解：（1）先求 A_3 的概率，因为是或门连接，故按式（2-17）求得：

$P(A_3) = 1 - (1-0.03)(1-0.04)(1-0.04) = 1 - 0.89395 = 0.10605$

（2）求 A_2 的概率，因为是与门连接，按式（2-16）求得：

$P(A_2) = 0.02 \times 0.10605 \times 0.02 \times 0.03 = 0.00000127$

（3）求 A_1 的概率，因为是与门连接，按式（2-16）求得：

$$P(A_1) = 0.01 \times 0.01 = 0.0001$$

（4）求 T 的概率，因为是或门连接，按式（2-17）求得：

$$P(T) = 1 - (1 - 0.0001)(1 - 0.00000127) = 0.001$$

C 最小割集法

在定性分析中，已给出了用最小割集表示的事故树的等效图，从图 2-39 中可以看出，其标准结构式是顶上事件 T 与最小割集 K_j 的逻辑连接为或门，而每个最小割集 K_j 与其所包含的基本事件 x_i 的逻辑连接为与门。分以下两种情况进行计算。

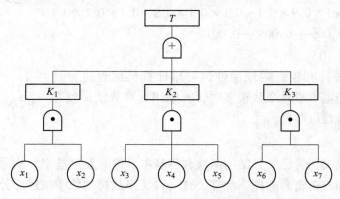

图 2-39 用最小割集表示的等效事故树

a 各最小割集中没有重复的基本事件

如果各最小割集中彼此没有重复的基本事件，则可以先求出各个最小割集的概率，即最小割集中所包含的基本事件的交（逻辑与）集的概率，然后求所有最小割集的并（逻辑或）集的概率，即得顶上事件的发生概率。

由于与门的结构函数为：

$$\Phi(x) = \bigcap_{i=1}^{n} x_i = \prod_{i=1}^{n} x_i \tag{2-32}$$

或门的结构函数为：

$$\Phi(x) = \bigcup_{i=1}^{n} x_i = 1 - \prod_{i=1}^{n} (1 - x_i) \tag{2-33}$$

式中 x_i——第 i 个基本事件；

  n——基本事件的个数。

根据最小割集的定义，如果在某个割集中任意除去一个基本事件就不再是割集。换句话说，也就是要求最小割集中所有基本事件都同时发生，该最小割集才存在，即

$$K_r = \bigcap_{i \in K_r} x_i \tag{2-34}$$

式中 K_r——第 r 个最小割集；

  x_i——第 r 个最小割集中的第 i 个基本事件。

在事故树中，一般有多个最小割集，只要存在一个最小割集，顶上事件就会发生，因此，事故树的结构函数可表示为：

$$\Phi(x) = \bigcap_{r=1}^{N_K} K_r = \bigcup_{r=1}^{N_K} \bigcap_{i \in K_r} x_i \qquad (2-35)$$

式中 N_K——事故树的最小割集总数。

因此，若各个最小割集中彼此没有重复的基本事件，则可按下式计算顶上事件的发生概率：

$$P(T) = \bigcup_{r=1}^{N_K} \prod_{x_i \in K_r} q_i \qquad (2-36)$$

式中 N_K——事故树的最小割集总数；

　　　 r——最小割集序数；

　　　 i——基本事件序数；

$x_i \in K_r$——第 i 个基本事件属于第 r 个最小割集；

　　　 q_i——第 i 个基本事件的发生概率。

【例 2-31】 设某事故树有 3 个最小割集，$K_1 = \{x_1, x_2\}$，$K_2 = \{x_3, x_4, x_5\}$，$K_3 = \{x_6, x_7\}$。各基本事件的发生概率分别为 q_1，q_2，q_3，…，q_7，求顶上事件的发生概率。

解：根据事故树的 3 个最小割集，可以作出用最小割集表示的等效事故树图，如图 2-39 所示。

3 个最小割集的概率，可由各个最小割集所包含的基本事件的逻辑与分别求出：

$$q_{K_1} = q_1 q_2, \quad q_{K_2} = q_3 q_4 q_5, \quad q_{K_3} = q_6 q_7$$

顶上事件的发生概率，即求所有最小割集的逻辑或，得：

$$P(T) = 1 - (1 - q_{K_1})(1 - q_{K_2})(1 - q_{K_3})$$
$$= 1 - (1 - q_1 q_2)(1 - q_3 q_4 q_5)(1 - q_6 q_7)$$

从结果可以看出，顶上事件的发生概率等于各个最小割集的概率积的和。

利用式（2-36）计算事故树顶上事件的发生概率，要求各最小割集中没有重复的基本事件，也就是各最小割集之间是完全不相交的。若事故树各最小割集中有重复的基本事件，则式（2-36）不成立。

b 各最小割集中有重复的基本事件

【例 2-32】 某事故树共有 3 个最小割集，分别为 $K_1 = \{x_1, x_2\}$，$K_2 = \{x_2, x_3, x_4\}$，$K_3 = \{x_2, x_5\}$。各基本事件的发生概率分别为 q_1，q_2，q_3，q_4，q_5，求顶上事件的发生概率。

解：该事故树的结构函数式为：

$$\Phi(x) = K_1 + K_2 + K_3 = x_1 x_2 + x_2 x_3 x_4 + x_2 x_5$$

顶上事件的发生概率则为：

$$P(T) = 1 - (1 - q_{K_1})(1 - q_{K_2})(1 - q_{K_3}) \quad （将其展开）$$
$$= (q_{K_1} + q_{K_2} + q_{K_3}) - (q_{K_1} q_{K_2} + q_{K_1} q_{K_3} + q_{K_2} q_{K_3}) + q_{K_1} q_{K_2} q_{K_3}$$

式中 $q_{K_1} q_{K_2}$——$K_1 K_2$ 交集的概率，即 $x_1 x_2 x_2 x_3 x_4$，根据布尔代数等幂律，有：

$$x_1 x_2 x_2 x_3 x_4 = x_1 x_2 x_3 x_4$$

故 　　　　　　　　　　　 $q_{K_1} q_{K_2} = q_1 q_2 q_3 q_4$

同理可得：

$$q_{K_1}q_{K_3} = q_1q_2q_5, \quad q_{K_2}q_{K_3} = q_2q_3q_4q_5, \quad q_{K_1}q_{K_2}q_{K_3} = q_1q_2q_3q_4q_5$$

所以顶上事件的发生概率为：

$$P(T) = (q_1q_2 + q_2q_3q_4 + q_2q_5) - (q_1q_2q_3q_4 + q_1q_2q_5 + q_2q_3q_4q_5) + q_1q_2q_3q_4q_5$$

通过上例进行分析，由此，若最小割集中有重复的基本事件时，必须将式（2-36）展开，用布尔代数消除每个概率积中的重复基本事件从而得到：

$$P(T) = \sum_{r=1}^{N_K} \prod_{x_i \in K_r} q_i - \sum_{1 \leqslant r < s \leqslant N_K} \prod_{x_i \in K_r \cup K_s} q_i + \cdots + (-1)^{N_K-1} \prod_{\substack{r=1 \\ x_i \in K_r}}^{N_K} q_i \tag{2-37}$$

式中　　　r, s——最小割集序数；

$\sum\limits_{r=1}^{N_K}$——求 N_K 项代数和；

$x_i \in K_r$——第 i 个基本事件属于第 r 个最小割集；

$\sum\limits_{1 \leqslant r < s \leqslant N_K} \prod\limits_{x_i \in K_r \cup K_s}$——表示属于任意两个不同最小割集的基本事件概率积的代数和；

$x_i \in K_r \cup K_s$——表示第 i 个基本事件或属于第 r 个最小割集，或属于第 s 个最小割集；

$1 \leqslant r < s \leqslant N_K$——任意两个最小割集的组合顺序。

D　最小径集法

在定性分析中，同样也给出了用最小径集表示的事故树的等效图。从图 2-40 中可以看出，其标准结构式是顶上事件 T 与最小径集 P_j 的逻辑连接为与门，而每个最小径集 P_j 与其所包含的基本事件 x_i 的逻辑连接为或门。同样分以下两种情况进行计算。

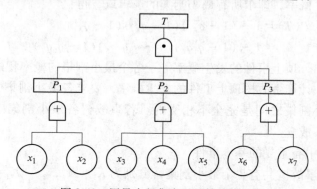

图 2-40　用最小径集表示的等效事故树

a　各最小径集中没有重复的基本事件

如果各最小径集中彼此没有重复的基本事件，则可以先求出各个最小径集的概率，即最小径集中所包含的基本事件的并（逻辑或）集的概率，然后求所有最小径集的交（逻辑与）集的概率，即得顶上事件的发生概率。故可按下式进行计算：

$$P(T) = \prod_{r=1}^{N_P} \bigcup_{x_i \in P_r} q_i = \prod_{r=1}^{N_P} \left[1 - \bigcap_{x_i \in P_r} (1 - q_i) \right] \tag{2-38}$$

式中　N_P——事故树的最小径集个数；

r——最小径集序数；

i——基本事件序数；

$x_i \in P_r$——第 i 个基本事件属于第 r 个最小径集；

q_i——第 i 个基本事件的发生概率。

【例 2-33】 假设某事故树有 3 个最小径集，分别为 $P_1 = \{x_1, x_2\}$，$P_2 = \{x_3, x_4, x_5\}$，$P_3 = \{x_6, x_7\}$。各基本事件的发生概率分别为 q_1，q_2，q_3，$\cdots$，q_7，求顶上事件的发生概率。

解：根据事故树的 3 个最小径集，作出用最小径集表示的等效图，如图 2-40 所示。

3 个最小径集的概率，可由各个最小径集所包含的基本事件的逻辑或分别求出：

$$q_{P_1} = 1 - (1 - q_1)(1 - q_2)$$

$$q_{P_2} = 1 - (1 - q_3)(1 - q_4)(1 - q_5)$$

$$q_{P_3} = 1 - (1 - q_6)(1 - q_7)$$

顶上事件的发生概率，求所有最小径集的逻辑与，即得：

$$P(T) = [1 - (1 - q_1)(1 - q_2)][1 - (1 - q_3)(1 - q_4)(1 - q_5)][1 - (1 - q_6)(1 - q_7)]$$

用式（2-38）计算事故树顶上事件的发生概率，要求各最小径集中没有重复的基本事件，也就是最小径集之间是完全不相交的。若事故树中各最小径集中有重复的基本事件，则式（2-38）不成立。

b 各最小径集中有重复的基本事件

如果事故树中各最小径集中彼此有重复的基本事件，则需要将式（2-38）展开，消去概率积中基本事件 x_i 不发生概率 $(1-q_i)$ 的重复基本事件，即得：

$$P(T) = 1 - \sum_{r=1}^{N_P} \prod_{x_i \in P_r} (1 - q_i) + \sum_{1 \le r < s \le N_P} \prod_{x_i \in P_r \cup P_s} (1 - q_i) - \cdots - (-1)^{N_P - 1} \prod_{\substack{r=1 \\ x_i \in P_r}}^{N_P} (1 - q_i)$$

$$(2-39)$$

【例 2-34】 假设某事故树共有 3 个最小径集，分别为 $P_1 = \{x_1, x_2\}$，$P_2 = \{x_2, x_3\}$，$P_3 = \{x_2, x_4\}$。各基本事件的发生概率分别为 q_1，q_2，q_3，q_4，求顶上事件的发生概率。

解：根据题意，可写出其结构函数式为：

$$\Phi(x) = P_1 P_2 P_3 = (x_1 + x_2)(x_2 + x_3)(x_2 + x_4)$$

顶上事件的发生概率则为：

$$P(T) = q_{P_1} q_{P_2} q_{P_3} = [1 - (1 - q_1)(1 - q_2)][1 - (1 - q_2)(1 - q_3)][1 - (1 - q_2)(1 - q_4)]$$

将上式进一步展开得：

$$\begin{aligned} P(T) = 1 &- (1 - q_1)(1 - q_2) - (1 - q_2)(1 - q_3) + (1 - q_1)(1 - q_2)(1 - q_2)(1 - q_3) \\ &- (1 - q_2)(1 - q_4) + (1 - q_1)(1 - q_2)(1 - q_2)(1 - q_4) + (1 - q_2)(1 - q_3) \\ &(1 - q_2)(1 - q_4) - (1 - q_1)(1 - q_2)(1 - q_2)(1 - q_3)(1 - q_2)(1 - q_4) \end{aligned}$$

根据等幂律有：

$$\overline{x_i} \cdot \overline{x_i} = \overline{x_i}$$

故

$$(1 - q_i)(1 - q_i) = (1 - q_i)$$

整理上式得：

$$P(T) = 1 - [(1 - q_1)(1 - q_2) + (1 - q_2)(1 - q_3) + (1 - q_2)(1 - q_4)] + [(1 - q_1)$$

$$(1 - q_2)(1 - q_3) + (1 - q_1)(1 - q_2)(1 - q_4) + (1 - q_2)(1 - q_3)(1 - q_4)] - $$
$$(1 - q_1)(1 - q_2)(1 - q_3)(1 - q_4)$$

E　近似计算法

在进行事故树分析时，往往会遇到很复杂、很庞大的事故树，有时一颗事故树会牵扯成百上千个基本事件，这时要精确求出顶上事件的发生概率，需要花费相当大的人力和物力。但在许多工程问题中，这种精确计算是不必要的，这是因为统计得到的基本数据往往是不很精确的。因此，需要找出一种简便方法，它既能保证必要的精确度，又能较为方便地算出结果。实际计算中多采用近似计算法。

近似计算法是利用最小割集计算顶上事件发生概率的公式得到的。一般情况下，可以假定所有基本事件都是统计独立的，因而每个最小割集也是统计独立的。下面介绍两种常用的近似计算法。

设某事故树的最小割集等效树如图 2-41 所示。

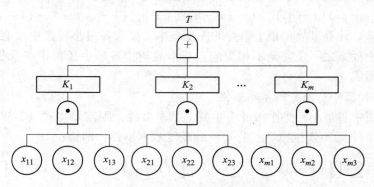

图 2-41　某事故树的最小割集等效树

顶上事件与最小割集的逻辑关系为：$T = K_1 + K_2 + \cdots + K_m$。顶上事件 T 发生的概率为 $P(T)$，最小割集 K_1，K_2，$\cdots$，K_m 的发生概率分别为 q_{K_1}，q_{K_2}，$\cdots$，q_{K_m}，由独立事件的概率和与概率积公式得：

$$P(T) = 1 - (1 - q_{K_1})(1 - q_{K_2})\cdots(1 - q_{K_m})$$
$$= (q_{K_1} + q_{K_2} + \cdots + q_{K_m}) - (q_{K_1}q_{K_2} + q_{K_1}q_{K_3} + \cdots + q_{K_{(m-1)}}q_{K_m}) + $$
$$(q_{K_1}q_{K_2}q_{K_3} + \cdots + q_{K_{(m-2)}}q_{K_{(m-1)}}q_{K_m}) - \cdots + (-1)^{m-1}q_{K_1}q_{K_2}\cdots q_{K_m}$$

事故树顶上事件的发生概率按式（2-37）计算收敛得非常快，（2^{N_K-1}）项的代数和中主要起作用的是首项与第二项，后面的一些项数值极小。只取第一个小括号中的项，将其余的二次项、三次项等全部都舍弃，则得顶上事件发生概率的近似公式，即首项近似公式：

$$P(T) = q_{K_1} + q_{K_2} + \cdots + q_{K_m}$$

这样，顶上事件的发生概率近似等于各最小割集发生概率之和。

a　首项近似法

利用最小割集计算顶上事件的发生概率公式（2-37），设：

$$\sum_{r=1}^{N_K} \prod_{x_i \in K_r} q_i = F_1$$

$$\sum_{1\leqslant r<s\leqslant N_K}\prod_{x_i\in K_r\cup K_s}q_i=F_i$$
$$\vdots$$
$$\sum_{r=1}^{N_K}\prod_{x_i\in K_r}q_i=F_N$$

则可将式（2-37）改写为：

$$P(T)=F_1-F_2+\cdots+(-1)^{N-1}F_N$$

逐次求出 F_1，F_2，$\cdots$，F_N 的值，当认为能够满足计算精度时就可以停止计算。通常 $F_1\geqslant F_2$，$F_2\geqslant F_3$，$\cdots$，在近似计算时往往求出 F_1 就能满足要求，即

$$P(T)\approx F_1=\sum_{r=1}^{N_K}\prod_{x_i\in K_r}q_i \qquad (2\text{-}40)$$

该式说明，顶上事件的发生概率近似等于所有最小割集发生概率的代数和。

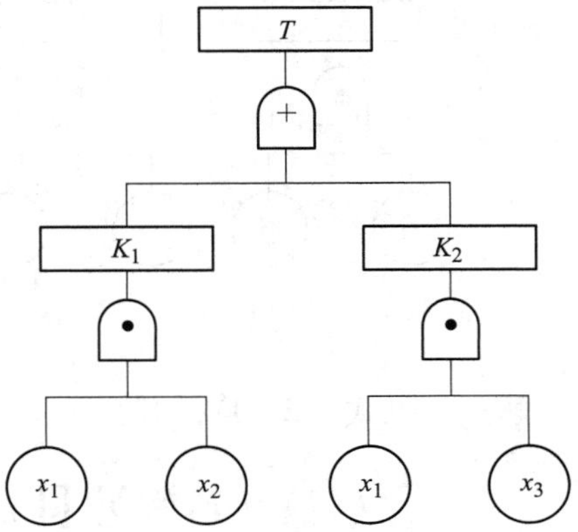

【例 2-35】 现仍以图 2-37 所示的简单事故树为例，其用最小割集表示的等效事故树如图 2-42 所示。图中基本事件 x_1，x_2，x_3 的发生概率均为 0.1，用近似公式计算顶上事件的发生概率。

解：$P(T)=q_{K_1}+q_{K_2}=q_1q_2+q_1q_3$
$\qquad =0.1\times0.1+0.1\times0.1=0.02$

直接用原事故树的结构函数求顶上事件的发生概率。

因为：$T=x_1(x_2+x_3)$

则

$P'(T)=q_1[1-(1-q_2)(1-q_3)]=0.1\times[1-(1-0.1)(1-0.1)]=0.019$

$P(T)$ 与 $P'(T)$ 相比仅相差 0.001。因此，在计算顶上事件的发生概率时，应按简化后的等效图进行计算才是正确的。

b 平均近似法

有时为了提高计算精度，取首项与第二项之半的差作为近似值，即

$$P(T)\approx F_1-\frac{1}{2}F_2 \qquad (2\text{-}41)$$

在利用式（2-37）计算顶上事件的发生概率过程中，可以得到一系列的判别式：

$$P(T)\leqslant F_1$$
$$P(T)\geqslant F_1-F_2$$
$$P(T)\leqslant F_1-F_2+F_3$$
$$\vdots$$

因此，F_1，F_1-F_2，$F_1-F_2+F_3$，$\cdots$顺序给出了顶上事件的发生概率的近似上限与下限。

$$F_1>P(T)>F_1-F_2$$
$$F_1-F_2+F_3>P(T)>F_1-F_2$$
$$\vdots$$

图 2-42 用最小割集表示的等效事故树

　　这样经过上下限的计算，便能得出较为精确的概率值。一般当基本事件的发生概率值 $q_1 < 0.01$ 时，采用 $P(T) \approx F_1 - F_2/2$ 就可以得到较为精确的近似概率值。

【例 2-36】　某事故树如图 2-43 所示，已知 $q_1 = q_2 = 0.2$，$q_3 = q_4 = 0.3$，$q_5 = 0.25$。其顶上事件的发生概率为 0.1332。试用式（2-40）和式（2-41）求该事故树顶上事件的发生概率的近似值。

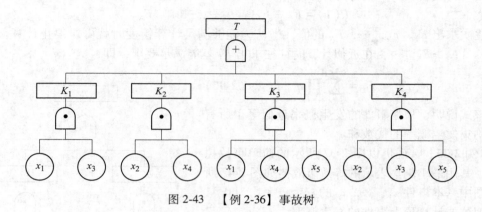

图 2-43　　【例 2-36】事故树

　　解： 根据式（2-40），有：

$$P(T) \approx F_1 = \sum_{r=1}^{N_K} \prod_{x_i \in K_r} q_i = q_1 q_3 + q_2 q_4 + q_1 q_4 q_5 + q_2 q_3 q_5 = 0.15$$

其相对误差为：

$$\varepsilon_1 = \frac{0.1332 - 0.15}{0.1332} = -12.6\%$$

根据式（2-41），有：

$$P(T) \approx F_1 - \frac{1}{2}F_2 = 0.15 - \frac{1}{2} \times 0.007425 = 0.1463$$

其相对误差为：

$$\varepsilon_2 = \frac{0.1332 - 0.1463}{0.1332} = -9.8\%$$

　　该事故树的基本事件故障率是相当高的，计算结果误差尚且不大，若将基本事件故障率降低以后，其相对误差会大大减小，一般能满足工程应用的要求。

2.4.8.3　概率重要度分析

　　基本事件的结构重要度分析只是按事故树的结构分析各基本事件对顶上事件的影响程度，所以，还应考虑各基本事件发生概率对顶上事件发生概率的影响，即对事故树进行概率重要度分析。

　　事故树的概率重要度分析是依靠各基本事件的概率重要系数大小进行定量分析。概率重要度分析，它表示第 i 个基本事件发生概率的变化引起顶上事件发生概率变化的程度。顶上事件发生概率函数是 n 个基本事件发生概率的多重线性函数，所以，对自变量 q_i 求一次偏导，即可得到该基本事件的概率重要度系数：

$$I_q(i) = \frac{\partial P(T)}{\partial q_i} \tag{2-42}$$

式中　$P(T)$——顶上事件的发生概率；

　　　　q_i——第 i 个基本事件的发生概率。

当利用式（2-42）求出各基本事件的概率重要度系数后，就可以确定降低哪个基本事件的发生概率能迅速有效地降低顶上事件的发生概率，可以通过下例看出。

【例 2-37】　假设某事故树的最小割集为 $k_1 = \{x_1, x_3\}$，$k_2 = \{x_1, x_5\}$，$k_3 = \{x_3, x_4\}$，$k_4 = \{x_2, x_4, x_5\}$。各基本事件的发生概率分别为：$q_1 = 0.01$，$q_2 = 0.02$，$q_3 = 0.03$，$q_4 = 0.04$，$q_5 = 0.05$，求各基本事件的概率重要度系数并排序。

解：顶上事件的发生概率可用近似计算法计算如下：

$$
\begin{aligned}
P(T) &= q_{K_1} + q_{K_2} + q_{K_3} + q_{K_4} \\
&= q_1 q_3 + q_1 q_5 + q_3 q_4 + q_2 q_4 q_5 \\
&= 0.01 \times 0.03 + 0.01 \times 0.05 + 0.03 \times 0.04 + 0.02 \times 0.04 \times 0.05 \\
&= 0.002
\end{aligned}
$$

则各基本事件的概率重要度系数分别为：

$$I_q(1) = \frac{\partial P(T)}{\partial q_1} = q_3 + q_5 = 0.08$$

$$I_q(2) = \frac{\partial P(T)}{\partial q_2} = q_4 q_5 = 0.002$$

$$I_q(3) = \frac{\partial P(T)}{\partial q_3} = q_1 + q_4 = 0.05$$

$$I_q(4) = \frac{\partial P(T)}{\partial q_4} = q_3 + q_2 q_5 = 0.031$$

$$I_q(5) = \frac{\partial P(T)}{\partial q_5} = q_1 + q_2 q_4 = 0.0108$$

这样就可以按概率重要度系数的大小排列出各基本事件的概率重要度顺序：$I_q(1) > I_q(3) > I_q(4) > I_q(5) > I_q(2)$。

这就是说，首先是减小基本事件 x_1 的发生概率能使顶上事件的发生概率迅速下降，它比按同样数值减小其他任何基本事件的发生概率都有效，其次是基本事件 x_3、x_4 和 x_5，最不敏感的是基本事件 x_2。

从概率重要度系数的算法可以看出这样的事实：一个基本事件的概率重要度如何，并不取决于它本身的概率值大小，而取决于它所在最小割集中其他基本事件的概率积的大小和它在各个最小割集中重复出现次数的多少。

2.4.8.4　临界重要度分析

基本事件的临界重要度或称关键重要度，当各基本事件的发生概率不相等时，一般情况下，改变概率大的基本事件比改变概率小的基本事件容易，但基本事件的概率重要度系数并未反映这一事实，因而它不能从本质上反映各基本事件在事故树中的重要程度。临界重要度分析，表示第 i 个基本事件发生概率的变化率引起顶上事件发生概率的变化的影响，即从敏感度和概率双重角度来衡量各基本事件的重要度标准。因此，它比概率重要度更合理，更具有实际意义。其定义式为：

$$I_c(i) = \frac{\partial P(T)}{\partial q_i} \bigg/ \frac{P(T)}{q_i} = \frac{q_i}{P(T)} I_q(i) \tag{2-43}$$

【例 2-38】　上例中已求得某事故树顶上事件的发生概率为 0.002，各基本事件的概率重要度系数分别为：$I_q(1) = 0.08$，$I_q(2) = 0.002$，$I_q(3) = 0.05$，$I_q(4) = 0.031$，$I_q(5) = 0.0108$，求各基本事件的临界重要度系数并排序。

解： 各基本事件的临界重要度系数分别为：

$$I_c(1) = \frac{q_1}{P(T)} I_q(1) = \frac{0.01}{0.002} \times 0.08 = 0.4$$

$$I_c(2) = \frac{q_2}{P(T)} I_q(2) = \frac{0.02}{0.002} \times 0.002 = 0.02$$

$$I_c(3) = \frac{q_3}{P(T)} I_q(3) = \frac{0.03}{0.002} \times 0.05 = 0.75$$

$$I_c(4) = \frac{q_4}{P(T)} I_q(4) = \frac{0.04}{0.002} \times 0.031 = 0.62$$

$$I_c(5) = \frac{q_5}{P(T)} I_q(5) = \frac{0.05}{0.002} \times 0.0108 = 0.27$$

这样就可以按临界重要度系数的大小排列出各基本事件的临界重要度顺序：$I_c(3) > I_c(4) > I_c(1) > I_c(5) > I_c(2)$。

与概率重要度相比，基本事件 x_1 的重要程度下降了，这是因为它的发生概率小。而基本事件 x_3 的重要程度上升了，这不仅是因为它的敏感度大，而且它本身的概率值也较大。

2.4.8.5　利用概率重要度求结构重要度

在求结构重要度时，基本事件的状态设为"0"和"1"两种状态，即发生概率为50%。因此，当假定所有基本事件的发生概率均为 1/2 时，基本事件的概率重要度系数就等于其结构重要度系数，即

$$I_\Phi(i) = I_q(i) \qquad (q_i = 1/2) \tag{2-44}$$

利用这一性质，就可以采用定量化的手段准确求出结构重要度系数。

【例 2-39】　利用式（2-44）求图 2-36 所示事故树中各基本事件的结构重要度系数。

解： 首先假设各基本事件的发生概率为 $q_1 = q_2 = q_3 = q_4 = q_5 = 1/2$，根据所给出事故树的结构列出其结构函数式并化简得：

$$\begin{aligned}
T &= A_1 + A_2 = x_4 A_3 + A_4 x_1 \\
&= x_4(x_3 + A_5) + (x_3 + x_5)x_1 \\
&= x_4(x_3 + x_2 x_5) + (x_3 + x_5)x_1 \\
&= x_1 x_3 + x_1 x_5 + x_3 x_4 + x_2 x_4 x_5
\end{aligned}$$

即该事故树的最小割集为 $\{x_1, x_3\}$，$\{x_1, x_5\}$，$\{x_3, x_4\}$，$\{x_2, x_4, x_5\}$。

则该事故树顶上事件的发生概率为：

$$P(T) = (q_1 q_3 + q_1 q_5 + q_3 q_4 + q_2 q_4 q_5) - (q_1 q_3 q_5 + q_1 q_3 q_4 + q_1 q_2 q_3 q_4 q_5 + q_1 q_3 q_4 q_5 +$$

$$q_1q_2q_4q_5 + q_2q_3q_4q_5) + (q_1q_3q_4q_5 + q_1q_2q_3q_4q_5 + q_1q_2q_3q_4q_5 + q_1q_2q_3q_4q_5) - q_1q_2q_3q_4q_5$$

$$= q_1q_3 + q_1q_5 + q_3q_4 + q_2q_4q_5 - q_1q_3q_5 - q_1q_3q_4 - q_1q_2q_4q_5 - q_2q_3q_4q_5 + q_1q_2q_3q_4q_5$$

得概率重要度系数为：

$$I_q(1) = \frac{\partial P(T)}{\partial q_1} = q_3 + q_5 - q_3q_5 - q_3q_4 - q_2q_4q_5 + q_2q_3q_4q_5 = 7/16$$

$$I_q(2) = \frac{\partial P(T)}{\partial q_2} = q_4q_5 - q_1q_4q_5 - q_3q_4q_5 + q_1q_3q_4q_5 = 1/16$$

$$I_q(3) = \frac{\partial P(T)}{\partial q_3} = q_1 + q_4 - q_1q_5 - q_1q_4 - q_2q_4q_5 + q_1q_2q_4q_5 = 7/16$$

$$I_q(4) = \frac{\partial P(T)}{\partial q_4} = q_3 + q_2q_5 - q_1q_3 - q_1q_2q_5 - q_2q_3q_5 + q_1q_2q_3q_5 = 5/16$$

$$I_q(5) = \frac{\partial P(T)}{\partial q_5} = q_1 + q_2q_4 - q_1q_3 - q_1q_2q_4 - q_2q_3q_4 + q_1q_2q_3q_4 = 5/16$$

于是得到结构重要度系数为：

$$I_\Phi(1) = I_\Phi(3) = \frac{7}{16} ; I_\Phi(2) = \frac{1}{16} ; I_\Phi(4) = I_\Phi(5) = \frac{5}{16}$$

在 3 种重要度系数中，结构重要度系数是从事故树结构上反映基本事件的重要程度，这给系统安全设计者选用部件可靠性及改进系统的结构提供了依据；概率重要度系数是反映基本事件发生概率的变化对顶上事件的发生概率影响的敏感度，为降低基本事件发生概率对顶上事件发生概率的贡献大小提供了依据；临界重要度系数则从敏感度和基本事件的发生概率的大小双重角度反映对顶上事件发生概率大小的影响，因此，临界重要度比概率重要度和结构重要度更能准确地反映基本事件对顶上事件的影响程度，为找出最佳的事故诊断和确定安全防范措施的顺序提供了依据。一般可以按这 3 种重要度系数安排采取安全对策措施的先后顺序，也可按 3 种重要度顺序分别编制相应的安全检查表，以达到既有重点又能全面检查的目的。在 3 种安全检查表中，只有通过临界重要度分析得到的安全检查表才能真正反映事故树的本质特征，也更具有实际意义。

目前，事故树定量分析主要用于以可靠性、安全性为基础的评价方法。随着安全系统工程和计算机技术的应用，以及数据库的建立，事故树的定量分析将会在其他领域得到更为广泛的应用。

2.4.9 应用实例分析

【例 2-40】 地下矿山巷道电机车运输事故的事故树分析。

A 概述

由于矿井运输工作涉及面广、范围大、战线长，加之设备、设施流动及变化快，同时，传统的矿山安全管理方式往往只重视采掘工作面，所以运输事故频繁发生。据原煤炭部的统计，矿井运输事故是煤矿三大事故之一，对于冶金有色矿山，运输事故也是发生频率较高的一类事故。在矿井运输伤亡事故中，又以电机车运输伤亡事故发生得最多。故采用事故树分析法分析电机车运输事故，以期找出事故发生的主要原因，并提出相应的安全防范措施。

B　电机车运输事故树分析

通过对导致电机车运输事故原因的调查分析，找出了影响事故发生的基本事件共
21 个。根据其发生的逻辑关系，建造图 2-44 所示的事故树。

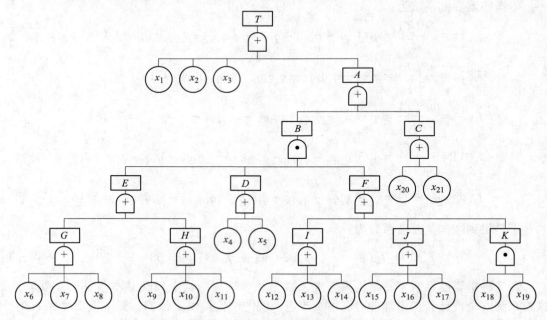

图 2-44　巷道电机车运输事故树

T—顶上事件；A—电机车撞人；B—行人避让失效伤害；C—行人违章伤害；D—在危险区行走；

E—行人避让不及时；F—机车失控；G—信号不起作用；H—周围环境影响；I—操作失效；J—视线不良；

K—制动失效；x_1—架线故障；x_2—电机车故障；x_3—卸载装置故障；x_4—在轨道上行走；

x_5—在非人行道侧行走；x_6—行人注意力不集中；x_7—司机未发信号；x_8—周围噪声太大；

x_9—无躲避硐室；x_{10}—设备材料堆积；x_{11}—巷道变形；x_{12}—无证驾驶；x_{13}—制动不及时；

x_{14}—超速行驶；x_{15}—顶车行驶；x_{16}—机车照明损坏；x_{17}—巷道中照度不足；

x_{18}—机械制动失效；x_{19}—人工制动失效；x_{20}—与机车抢道；x_{21}—扒跳车失足

（1）求解事故树的最小割集。由图 2-44 可得出该事故树的结构函数为：

$$T = x_1 + x_2 + x_3 + A = x_1 + x_2 + x_3 + x_{20} + x_{21} + DEF$$

$$= x_1 + x_2 + x_3 + x_{20} + x_{21} + (x_4 + x_5)(G + H)(I + J + K)$$

$$= x_1 + x_2 + x_3 + x_{20} + x_{21} + (x_4 + x_5)(x_6 + x_7 + x_8 + x_9 + x_{10} + x_{11})$$

$$(x_{12} + x_{13} + x_{14} + x_{15} + x_{16} + x_{17} + x_{18}x_{19})$$

将上式展开经逻辑化简后，采用加乘法计算共有 89 个最小割集。即

$$K_1 = \{x_1\}, \ K_2 = \{x_2\}, \ K_3 = \{x_3\}, \ \cdots, \ K_{89} = \{x_5, \ x_{11}, \ x_{18}, \ x_{19}\}$$

（2）求解事故树的最小径集。将事故树图 2-44 中的"或"门用"与"门代替，"与"
门用"或"门代替，基本事件用其对偶事件代替，可得到原事故树的对偶树，即成功树，
如图 2-45 所示。求成功树的最小割集，便是原事故树的最小径集。即

$$T' = x_1'x_2'x_3'A' = x_1'x_2'x_3'B'C' = x_1'x_2'x_3'(D' + E' + F')x_{20}'x_{21}'$$

$$= x_1' x_2' x_3' x_{20}' x_{21}' [x_4' x_5' + x_6' x_7' x_8' x_9' x_{10}' x_{11}' + x_{12}' x_{13}' x_{14}' x_{15}' x_{16}' x_{17}' (x_{18}' + x_{19}')]$$

将上式展开经逻辑化简后，共有 4 个最小割集。即原事故树共有 4 个最小径集。分别是：

$$P_1 = \{ x_1,\ x_2,\ x_3,\ x_4,\ x_5,\ x_{20},\ x_{21} \}$$
$$P_2 = \{ x_1,\ x_2,\ x_3,\ x_6,\ x_7,\ x_8,\ x_9,\ x_{10},\ x_{11},\ x_{20},\ x_{21} \}$$
$$P_3 = \{ x_1,\ x_2,\ x_3,\ x_{12},\ x_{13},\ x_{14},\ x_{15},\ x_{16},\ x_{17},\ x_{18},\ x_{20},\ x_{21} \}$$
$$P_4 = \{ x_1,\ x_2,\ x_3,\ x_{12},\ x_{13},\ x_{14},\ x_{15},\ x_{16},\ x_{17},\ x_{19},\ x_{20},\ x_{21} \}$$

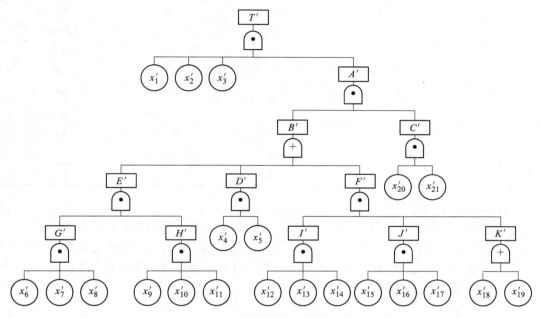

图 2-45　巷道电机车运输成功树

（3）顶上事件发生概率的计算。根据对有色冶金矿山的事故统计及有关资料，得出电机车运输事故树中各基本事件的发生概率，详见表 2-27。由于该事故树共有 89 个最小割集，而最小径集只有 4 个，故应从最小径集着手计算较为简便，根据式（2-39）得出电机车运输事故的发生概率为：$P(T) = 0.1287$。

表 2-27　基本事件发生概率及各种重要度计算结果

基本事件	发生概率	结构重要度	概率重要度	临界重要度
x_1	0.0104	1.00	0.8804455	0.0711409
x_2	0.0010	1.00	0.8721610	0.0067761
x_3	0.0204	1.00	0.8894333	0.1409702
x_4	0.1050	9.75	0.0021162	0.0017264
x_5	0.0001	9.75	0.0018942	0.0000015
x_6	0.0100	3.25	0.0029459	0.0002289
x_7	0.0500	3.25	0.0030699	0.0011926

续表 2-27

基本事件	发生概率	结构重要度	概率重要度	临界重要度
x_8	0.0010	3.25	0.0029194	0.0000227
x_9	0.0100	3.25	0.0029459	0.0002289
x_{10}	0.0010	3.25	0.0029194	0.0000227
x_{11}	0.0001	3.25	0.0029167	0.0000023
x_{12}	0.0050	3.00	0.0062988	0.0001447
x_{13}	0.0030	3.00	0.0052862	0.0001465
x_{14}	0.0100	3.00	0.0063306	0.0004918
x_{15}	0.0010	3.00	0.0062736	0.0000487
x_{16}	0.0050	3.00	0.0062988	0.0002447
x_{17}	0.0100	3.00	0.0063306	0.0004918
x_{18}	0.0613	1.50	0.0000759	0.0000361
x_{19}	0.0121	1.50	0.0003844	0.0000361
x_{20}	0.0001	1.00	0.8713760	0.0006770
x_{21}	0.0218	1.00	0.8974345	0.1520130

（4）3 种重要度系数的计算。

1）结构重要度系数。根据式（2-22）计算出各基本事件的结构重要度系数。

2）概率重要度系数。根据式（2-42）计算出各基本事件的概率重要度系数。

3）临界重要度系数。根据式（2-43）计算出各基本事件的临界重要度系数。

上述 3 种重要度系数计算结果均列于表 2-27 中。

C　综合结论

综合上述计算结果，得出以下结论：

（1）从最小割集和最小径集看，电机车运输事故树的最小割集有 89 个，最小径集有 4 个。每个最小割集为导致顶上事件发生的一条可能途径，每个最小径集为预防顶上事件发生的一条途径，因此，电机车运输事故发生的可能途径远多于控制其不发生的途径，而且最小割集的容量很小，而最小径集的容量又比较大，可见事故发生是比较容易的。但只要能采取 4 个最小径集方案中的任意一个，电机车运输伤人事故就可避免，第一个方案 $\{x_1, x_2, x_3, x_4, x_5, x_{20}, x_{21}\}$ 需要控制的因素最少，故其为最佳方案。

（2）从结构重要度分析可知：

1）在轨道上行走和在非人行道侧行走的结构重要度最大，说明这两个基本事件在事故树结构中所处的位置最重要。这两个基本事件均为人在危险区行走，而人在危险区行走是电机车伤人事故发生的必要条件之一。因此，要防止电机车伤人事故的发生，只要杜绝人在危险区行走即可。但人具有主观能动性，如果人行道一侧不容易行走，他们就会到危险区行走，所以，从根本上说，要杜绝人在危险区行走，只有改善大巷中人行道的状况，使人行道比较平坦、无积水、无堆积物、畅通无阻。同时，加强对井下工人的教育，双管齐下，而且侧重于改善人行道的状况，才能有效地控制电机车伤人事故的发生。

2）行人注意力不集中、司机未发信号、周围噪声太大、无躲避碉室、设备材料堆积和巷道变形这 6 个基本事件均能导致行人避让不及时而发生电机车伤人事故。其中，前 3 个基本事件使行人听不到信号，后 3 个基本事件将使行人虽然听到了信号，但无法避让。因此，要防止行人避让不及时而导致电机车伤人事故的发生，必须改善大巷的状况。在巷道狭窄或因变形而变得狭窄的区段合理建造躲避硐室。坚决避免在人行道上堆积材料，降低巷道噪声，同时加强对井下工人和司机的安全教育工作。

3）无证驾驶、制动不及时、超速行驶、顶车行驶、机车照明损坏和巷道中照度不足这 6 个基本事件均能导致机车失控，从而导致电机车伤人事故的发生。其中，前 3 个基本事件均为操作失控，无证驾驶危害甚大，很容易造成伤亡或非伤亡事故；制动不及时将使本可以避免的事故发生；超速行驶使机车制动距离加大，容易发生伤人事故或翻车、掉道等非伤亡事故。后 3 个基本事件导致司机视线不良，不能或不容易看清前方道路的状况，以致无法及时发出信号或采取措施。所以，必须坚决杜绝无证驾驶，加强对电机车司机岗位培训，使其能熟练开车；杜绝顶车行驶（调车处除外）；严禁机车带病运转，当机车照明损坏时应及时维修；改善巷道的照明状况，严格按照金属非金属矿山安全规程的规定布置照明设备，并且应及时更换损坏的照明设备。

4）结构重要度最小的是二水平架线故障、电机车故障、翻罐机故障、与机车抢道和扒跳车失足，但绝不能因此而忽视其重要性。必须加以重视，消除潜在的危险因素，以避免事故的发生。

（3）通过对电机车运输事故的发生概率计算可知，其发生事故的概率为 0.1287，属于容易发生事故的范畴。因此，必须采取有效措施来降低电机车运输事故的发生概率。

（4）从概率重要度来看，扒跳车失足、翻罐机故障、二水平架线故障、电机车故障和与机车抢道这 5 个基本事件的概率重要度远远大于其他基本事件的概率重要度。概率重要度反映的是顶上事件发生概率的变化率对基本事件发生概率变化的敏感程度，即降低概率重要度大的基本事件的发生概率更能有效地降低顶上事件的发生概率。所以，必须采取有效措施降低这 5 个基本事件的发生概率，才能有效地降低电机车运输事故的发生概率。

（5）从临界重要度来看，由于临界重要度综合反映了基本事件的结构重要度和概率重要度，所以其更能全面地反映问题。分析如下：

1）临界重要度最大的是扒跳车失足，而且其概率重要度也最大，降低该事件的发生概率最能有效地降低电机车运输事故发生的概率。因此，一方面，必须改善井下工人上下班时的乘车情况，严格按规程规定距离大于 1.5km 时，必须用人车运送工人上下班。井下工人的体力负荷比较大，下班时已显得比较疲惫，若无人车可乘，就可能出现扒矿车现象，从而导致扒跳车失足，发生伤人事故。另一方面，结合扒跳车发生的事故，加强对井下工人的安全教育，使其真正认识到扒跳车的危害，打消其存在的侥幸心理。

2）其次是翻罐机故障。翻罐机是电机车运输系统中重要的一个环节。所有的矿车必须经过翻罐机才能将矿卸入井底矿仓。所以翻罐机一旦发生故障，势必影响整个电机车运输系统。一方面翻罐机本身会发生故障，另一方面翻罐机附近容易发生矿车掉道事故。因此，一方面需要提高翻罐机的性能，加强对翻罐机的检修和维护，降低其本身发生故障的概率；另一方面应改进翻罐机与轨道的配合状况，减少矿车掉道事故的发生，提高运输系统的可靠性。

3）再次是二水平架线故障。架线一旦发生故障，将使整个电机车运输子系统处于瘫痪状态，而且二水平架线发生故障的概率为 0. 0104，比较容易发生故障。所以必须采取有效措施，查明故障的内在原因及潜在隐患，然后消除隐患，提高二水平架线的可靠度，从而有效地降低顶上事件的发生概率。其他基本事件的临界重要度远小于这 3 个基本事件的临界重要度，但也不能因此而忽视其他基本事件，只有在综合、全面采取措施降低基本事件发生概率的基础上，把这 3 个基本事件作为工作的重点，有的放矢，才能将电机车运输事故发生的可能性降至最低。

课后习题

一、选择题

1. 事故树是安全系统工程中的重要的分析工具之一，它是从_____到_____描绘事故发生的有向逻辑树。

    A. 结果 原因   B. 原因 结果   C. 初始 最终   D. 下 上

2. 事故树分析时要确定顶事件。所谓顶事件，是指事故树中唯一的、位于顶层的、只是逻辑门的_____的事件。

    A. 中间   B. 输入   C. 输出   D. 无关

3. 在应用事故树分析方法时，要将待分析的事故对象作为_____事件。

    A. 基本   B. 顶上   C. 中间   D. 特殊

4. 在事故树中，导致其他事故发生、只是某个逻辑门的输入事件而不是任何逻辑门的输出事件的事件，称为_____。

    A. 基本事件   B. 中间事件   C. 顶事件   D. 底事件

5. 在绘制事故树时，事件 B_1 和 B_2 同时发生才会引起事件 A 的发生；反之，有一个不发生，A 也不发生，则应使用_____表示三者的逻辑关系。

    A. 非门   B. 或门   C. 与或门   D. 与门

6. 在绘制事故树时，事件 B_1 和 B_2 中有一个发生，事件 A 就会发生，则应使用_____表示三者的逻辑关系。

    A. 非门   B. 或门   C. 与或门   D. 与门

7. 在事故树分析中，某些基本事件共同发生可导致顶事件发生，这些基本事件的集合，称为事故树的_____。

    A. 径集   B. 割集   C. 最小割集   D. 最小径集

8. 在事故树分析中，某些基本事件都不发生，则导致顶事件不发生，这些基本事件的集合，称为事故树的_____。

    A. 径集   B. 割集   C. 最小割集   D. 最小径集

9. 在事故树分析中，已知事故树的某个径集，在此径集中去掉任意一个基本事件后，就不再是径集（剩余的基本事件不发生不一定导致顶事件不发生），则被称为_____。

    A. 径集   B. 割集   C. 最小割集   D. 最小径集

10. 事故树属于树形图，它的根部表示_____；末梢表示_____；树枝为中间事件。

    A. 顶上事件 基本事件   B. 基本事件 中间事件

C. 基本事件　顶上事件　　　　　D. 中间事件　顶上事件

11. 在事故树的下列符号中，既可以表示顶事件，又可以表示中间事件的是_____。

  A. 矩形符号　　　　　　　　　　B. 圆形符号

  C. 菱形符号　　　　　　　　　　D. 屋形符号

12. （多选）下列符号中，可以表示事故树基本事件的符号有_____。

  A. 矩形符号　　　　　　　　　　B. 圆形符号

  C. 菱形符号　　　　　　　　　　D. 屋形符号

13. 某事故树的最小割集为：$K_1 = \{x_1, x_2\}$，$K_2 = \{x_3, x_4\}$，$K_3 = \{x_5, x_6\}$，如果 x_3、x_4 发生，其他事件不发生，则顶上事件_____；如果 x_4、x_5 发生，其他事件不发生，则顶上事件_____。

  A. 发生　不发生　　　　　　　　B. 不发生　发生

  C. 不一定　发生　　　　　　　　D. 可能发生　发生

14. 某事故树的最小径集为：$P_1 = \{x_1, x_2, x_4\}$，$P_2 = \{x_1, x_2, x_5\}$，$P_3 = \{x_1, x_3, x_6\}$，$P_4 = \{x_1, x_3, x_7\}$，则结构重要程度为_____。

  A. $I_\phi(1) > I_\phi(2) = I_\phi(3) > I_\phi(4) = I_\phi(5)$

  B. $I_\phi(1) > I_\phi(2) < I_\phi(3) > I_\phi(4) = I_\phi(5)$

  C. $I_\phi(1) > I_\phi(2) > I_\phi(3) < I_\phi(4) = I_\phi(5)$

  D. $I_\phi(3) > I_\phi(2) < I_\phi(1) > I_\phi(4) = I_\phi(5)$

二、填空题

1. 在事故树分析中，已知事故树的某个割集，在此割集中去掉任意一个基本事件后，就不再是割集（剩余的基本事件不会导致顶事件的发生），则这个割集被称为_____。

2. 在事故树中，位于基本事件和顶事件之间的结果事件称为_____事件，这种事件既是某个逻辑门的输出事件，又是别的逻辑门的输入事件。

3. 在事故树中，用于明确表示各个事件之间的逻辑连接关系的符号称为_____。

4. 事故树分析又称故障树分析或失效树分析，是从结果到原因找出与灾害事故有关的各种因素之间_____和_____的作图分析法。

5. 用布尔代数化简 $AB(A+1) = $ _____。

三、简答题

1. 什么是事故树分析？

2. 最小割集在事故树分析中的作用是什么？

3. 最小径集在事故树分析中的作用是什么？

4. 求顶上事件发生的概率常用的方法有哪些？

2.5　系统安全分析方法的选择

  在进行系统安全分析方法的选择时需要考虑系统所处的寿命阶段。例如，在系统的开发、设计初期，可以应用预先危险性分析方法，对系统中可能出现的安全问题作出概括分析；在系统运行阶段，可以应用危险性与可操作性研究、故障类型及影响分析等方法进行详细分析；也可应用事件树分析、事故树分析、系统可靠性分析、原因—后果分析等方法对系统的安全性作细致的定量分析。表 2-28 所示为系统寿命期间内各个阶段可供参考的系统安全分析方法。

表 2-28　系统安全分析方法适用情况

分析方法	开发研制	方案设计	样机	详细设计	建造投产	日常运行	改建扩建	事故调查	拆除
安全检查表		√	√	√	√	√	√		√
预先危险性分析	√	√	√	√			√		
危险性与可操作性研究分析			√	√		√	√	√	
故障类型及影响分析			√	√		√	√	√	
鱼刺图分析			√	√		√	√	√	
系统可靠性分析			√	√		√	√	√	
事件树分析			√	√		√	√	√	
事故树分析			√	√		√	√	√	
原因—后果分析			√	√		√	√	√	
火灾、爆炸危险指数评价法			√	√		√	√	√	

在进行系统安全分析方法选择时应根据实际情况并考虑如下几个问题。

2.5.1　分析的目的

系统安全分析方法的选择应该能够满足对分析的要求。系统安全分析的目的之一是辨识危险源，为此应当做到：查明系统中所有的危险源并列出清单；掌握危险源可能导致的事故，列出潜在事故隐患清单；列出降低危险性的安全对策措施和需要深入研究部位的清单；将所有危险源按危险大小进行排序；为定量的危险性评价提供数据。

在进行系统安全分析时，某些方法只能用于查明危险源，而大多数方法都可以用于列出潜在的事故隐患或确定降低危险性的措施，但能提供定量数据的方法并不多，应当根据实际需要确定分析方法。

2.5.2　资料的影响

关于资料收集的多少、详细程度、内容的新旧等，都会对选择系统安全分析方法有着至关重要的影响。一般来说，资料的获取与被分析的系统所处的阶段有直接关系。例如，在方案设计阶段，采用危险性与可操作性研究或故障类型及影响分析的方法就难以获取详细的资料。随着系统的发展，可获得的资料越来越多、越详细，这时就可考虑采用故障类型及影响分析的方法。

2.5.3　系统的特点

针对被分析系统的复杂程度和规模、工艺类型、工艺过程中的操作类型等因素来选择系统安全分析方法。对于复杂和规模大的系统，由于需要的工作量和时间较多，应先用较简捷的方法进行分析，然后根据危险性的大小，再采用适当的方法进行详细分析。对于某些特定的工艺过程或系统，应选择恰当的系统安全分析方法。例如，对于分析化工工艺过程可采用危险性与可操作性研究的方法及火灾、爆炸危险指数评价法；对于机械、电气系统可考虑采用故障类型及影响分析的方法。对于不同类型的操作过程，若事故的发生是由单一故障（或失误）引起的，则可以选择危险性与可操作性研究分析；若事故的发生是由许多危险源共同引起的，则可以选择事件树分析、事故树分析、鱼刺图分析、原因—后果分析等方法。因此，应该根据分析对象的类型，选择相应的分析方法。

2.5.4 系统的危险性

当系统的危险性较高时，通常采用预测性的方法，如危险性与可操作性研究、故障类型及影响分析、事件树分析、事故树分析等方法。当危险性较低时，一般采用经验的、不太详细的分析方法，如安全检查表法等。对危险性的认识，与系统无事故运行时间、严重事故发生次数及系统变化情况等有关。此外，在选择系统安全分析方法时还与分析者所掌握的知识和经验、完成期限、经费状况以及分析者和管理者的喜好等因素有关。

课后习题

一、选择题

1. 以下不属于定性安全分析的是＿＿＿＿＿＿。
   A. 安全检查表分析　　　　　　　　B. 预先危险性分析
   C. 故障类型及影响分析　　　　　　D. 事件树分析

2. 在系统的开发、设计初期，可以应用＿＿＿＿＿＿＿方法，对系统中可能出现的安全问题作出概括分析。
   A. 安全检查表分析　　　　　　　　B. 预先危险性分析
   C. 故障类型及影响分析　　　　　　D. 事件树分析

3. 系统安全分析方法适用拆除工程分析的是＿＿＿＿＿＿。
   A. 安全检查表分析　　　　　　　　B. 预先危险性分析
   C. 故障类型及影响分析　　　　　　D. 事件树分析

4. 定量安全分析方法有＿＿＿＿＿＿。
   A. 系统可靠性分析　　　　　　　　B. 事故树分析
   C. 安全检查表分析　　　　　　　　D. 原因—后果分析

5. 若事故的发生是由单一故障引起的可选择＿＿＿＿＿＿方法。
   A. 危险性与可操作性研究　　　　　B. 事件树
   C. 事故树　　　　　　　　　　　　D. 鱼刺图

二、填空题

1. 常用的预测性的方法包括＿＿＿＿＿、＿＿＿＿＿、事件树分析、事故树分析。
2. 影响系统安全分析方法的因素：＿＿＿＿＿、＿＿＿＿＿、内容的新旧。

──────── 本 章 小 结 ────────

　　本章主要介绍了安全检查表分析、预先危险性分析、故障类型及影响分析、危险性与可操作性研究分析、鱼刺图分析、系统可靠性分析、事件树分析、事故树分析、原因—后果分析和火灾、爆炸危险指数评价法等共 10 种常用的系统安全分析方法。前 5 种主要用于定性安全分析，后 5 种主要用于定量安全分析。实际应用中可将各种分析方法有机地结合起来，首先通过简单的定性分析确定出分析的重点，再有针对性地对系统风险或危害后果较严重的事件进行定量分析。

复习思考题

2-1　系统安全分析的含义、目的和任务是什么，它的内容有哪些，怎样对其进行分类？

2-2　安全检查表的功能和特点有哪些，如何编制安全检查表？试根据有关法律、法规和规程等编制露天矿山或地下矿山企业安全现状综合检查表。

2-3　预先危险性分析的步骤有哪些？试对某地下矿矿井通风系统进行预先危险性分析。

2-4　简述故障类型及影响分析的程序。试对某地下矿井下防排水系统进行故障类型及影响分析。

2-5　危险性与可操作性研究分析的基本步骤有哪些？

2-6　简述鱼刺图分析的步骤。试对竖井提升伤亡事故进行鱼刺图分析。

2-7　什么是系统的可靠性、可靠度、维修度、有效度，可靠度、维修度和有效度之间有什么关系，提高系统有效度的途径有哪些？

2-8　事件树分析的原理及程序是什么？

2-9　设地下矿山提升系统控制室操作人员的任务由 4 项子任务 A、B、C、D 组成，每个子任务都有可能成功或失败，其操作顺序是：先操作 A，其次是 B，再次是 C，最后操作 D。在这种情况下，没有成功地完成的子任务是可能发生的唯一差错，而且一个任务的完成与否完全不影响其他 3 个任务的完成。已知各子任务成功的概率均为 0.99，试建造该事件树，并求出系统成功与失败的概率。

2-10　设某贮罐贮有可燃物质，因贮罐泄漏而引起火灾。假设火灾事故过程为：有可燃物质泄漏、火源、着火、报警器、灭火和人员脱离。如果可燃物质泄漏后没有火源，则系统安全，记为 P；如果可燃物质泄漏后遇到火源，此时系统状态的确定原则为：若人员脱离失败，则系统失败，记为 F，否则均视为系统事故，记为 R。设所有环节事件的成功概率均为 0.90，试以"有可燃物质泄漏"为初始事件建造事件树分析图，并分别计算系统安全、系统事故以及系统失败的概率。

2-11　某地下矿山一斜井提升系统，为防止跑车事故的发生，在矿车下端安装了阻车叉，并在斜井内安装了人工启动的捞车器。当提升钢丝绳断裂时，需看连接装置是否生效，若其正常，需考虑阻车叉情况，阻车叉正常时将插入轨道枕木下以防止矿车下滑，否则需人工启动捞车器；当连接装置失效时，由人员启动捞车器拦住矿车。设钢丝绳断裂概率为 10^{-4}，连接装置断裂概率为 10^{-6}，阻车叉失效概率为 10^{-3}，人员操作捞车器失误概率为 10^{-2}，捞车器失效概率为 10^{-3}。试建造斜井提升启动后因钢丝绳断裂而引起跑车事故的事件树，并计算各种系统状态发生的概率。

2-12　事故树的分析程序是什么？

2-13　求图 2-46 所示事故树的最小割集和最小径集，分别用最小割集和最小径集来表示其等效图，并进行基本事件的结构重要度分析。

2-14　试用状态枚举法和直接分步法分别计算图 2-47 所示的事故树顶上事件的发生概率。设各基本事件

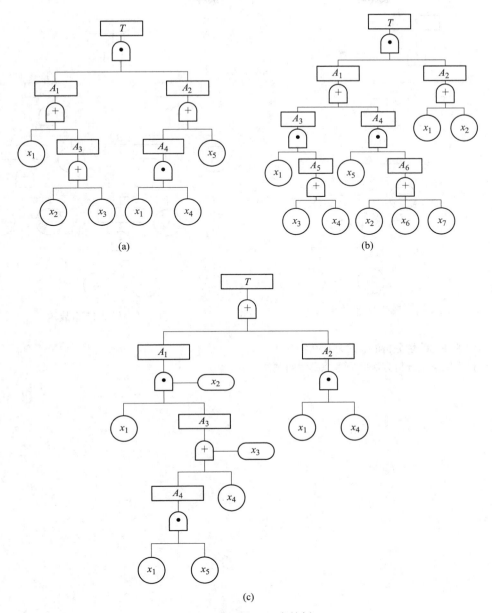

图 2-46 题 2-13 事故树

的发生概率分别为：$q_1 = 0.05$；$q_2 = 0.04$；$q_3 = 0.03$；$q_4 = 0.02$。

2-15 如图 2-48 所示的事故树，试用最小割集法和最小径集法分别计算顶上事件的发生概率，并对各基本事件进行概率重要度和临界重要度分析。设各基本事件的发生概率分别为：$q_1 = 0.01$，$q_2 = 0.04$，$q_3 = 0.03$，$q_4 = 0.05$，$q_5 = 0.02$。

2-16 设某事故树有 4 个最小割集，$K_1 = \{x_1, x_2\}$，$K_2 = \{x_2, x_3, x_4\}$，$K_3 = \{x_4, x_5\}$，$K_4 = \{x_3, x_5, x_6\}$。各基本事件的发生概率分别为：$q_1 = 0.05$，$q_2 = 0.03$，$q_3 = 0.01$，$q_4 = 0.06$，$q_5 = 0.04$，$q_6 = 0.02$。试用近似计算法求顶上事件的发生概率（要求精确到 10^{-6}）。

2-17 原因—后果分析的分析程序是什么？

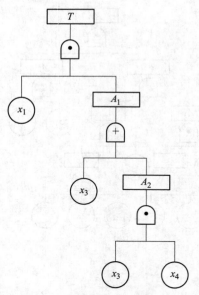

图 2-47　题 2-14 事故树

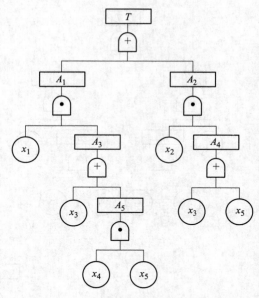

图 2-48　题 2-15 事故树

2-18　作业条件危险性分析的思路是什么？

2-19　选择系统安全分析方法时应考虑哪些问题？

3 伤亡事故统计分析与调查处理

事故具有普遍性、随机性、必然性、因果相关性、突变性、潜伏性、危害性、可预防性等基本特性。事故原因分为事故的直接原因和间接原因。事故统计分析是运用数理统计来研究事故发生规律的一种方法，是安全管理工作的重要内容之一。事故调查处理是科学分析事故原因，总结事故发生的教训和规律，以避免类似事故的再次发生。

本章讲述伤亡事故统计分析与调查处理，包括伤亡事故的基本知识、伤亡事故统计分析的原理及方法和伤亡事故调查处理3个学习模块。其中，伤亡事故的基本知识和伤亡事故统计分析的原理及方法是本章的重点学习内容，本章的难点是事故原因分析及伤亡事故调查处理。

3.1 伤亡事故的基本知识

扫一扫看视频

3.1.1 有关概念

3.1.1.1 事故

对于事故，人们从不同的角度出发对其会有不同的理解。在《辞海》中给事故下的定义是"意外的变故或灾祸"。作为安全科学研究对象的事故，主要是指那些可能会带来人员伤亡、财产损失或环境破坏的事故。于是，可以对事故作如下的定义：事故是指人们在生产、生活活动过程中，突然发生的与人的意志相反的情况，迫使其有目的的活动暂时或永久地终止，可能造成人员伤亡、财产损失或环境破坏的意外事件。

根据事故的定义，事故具有如下4个特点：

（1）事故是一种发生在人类生产、生活活动中的特殊事件，人类的任何生产、生活活动过程中都可能发生事故。因此，人们若想把活动按自己的意图进行下去，就必须努力采取措施来防止事故的发生。

（2）事故是一种突然发生的、出乎人们意料的意外事件。事故发生的原因非常复杂，往往是由许多偶然因素引起的，因而事故的发生具有随机性质。事故发生之前，人们无法准确地预测在什么时间、什么地点、发生什么样的事故。由于事故发生的随机性，使得认识事故、探索事故发生的规律以及预防事故发生成为一个难题。

（3）事故是一种迫使在进行着的生产、生活活动暂时或永久终止的事件。事故中断、终止活动的进行，必然给人们的生产、生活带来某种形式的影响。因此，事故是一种违背人们意志的、人们不希望发生的事件。

（4）事故除了影响人们的生产、生活活动顺利进行，往往还可能造成人员伤亡、财物损失或环境破坏等后果。

事故在职业安全卫生管理体系上的定义是指造成人员死亡、伤害、职业相关病症、财产损失或其他损失的不期望事件。

3.1.1.2　伤亡事故

伤亡事故是指在企业生产经营活动中发生的，与企业管理、工作环境、劳动条件、生产设备等有关的，违反劳动者意愿的人身伤害。

3.1.1.3　未遂事故

未遂事故是指未发生健康损害、人身伤亡、重大财产损失与环境破坏的事故。

未遂事故是指有可能造成严重后果，但由于其偶然因素，实际上没有造成严重后果的事件。未遂事故的发生原因及其发生、发展过程，与某个特定的会造成严重后果的事故是完全相同的，只是由于某个偶然因素的阻挠，没有造成严重后果。

3.1.1.4　二次事故

二次事故是指在原有的医疗事故、矿山安全事故、交通事故等事故的基础上，由自然不可抗力、救援方的疏忽或当事人的错误操作引起的事故。

二次事故可以说是造成重大损失的根源，绝大多数重、特大事故主要是由事故引发了二次事故造成的。如某企业厂房发生火灾后，数百名职工在清理火灾现场时，由于厂房在经受火灾后其强度大大降低而坍塌，因此导致数十人丧生。若正确地认识了二次事故的危害性，完全可以采取相应的技术和管理措施，如设置报警装置、逃生设备、防毒面具等或经过适当的分析和评价后才允许职工进入现场，这样便可避免上述二次事故的发生，使损失降至最低。

3.1.1.5　工伤事故

在生产区域内发生的和生产有关的伤亡事故，称为工伤事故。

3.1.1.6　物质事故

若在事故发生的过程中，物质遭到了破坏，使其需要进行修理或永久报废，则该事故称为物质事故。物质的破坏包括：建筑物、设备等的损失，机械器具、工具等的损失，原材料、半成品的损失，防护用品等的损失，动力、燃料等的损失，其他方面物质的损失。

3.1.1.7　危险源

危险源是指可能造成人员伤害、职业相关病症、财产损失、作业环境破坏或其组合的根源或状态，即事故的原因。这种"根源或状态"来自人、物、环境和管理4个方面，"危险源"就是人的不安全行为、物的不安全状态、作业环境的缺陷和安全卫生管理的缺陷。

3.1.1.8　事故隐患

事故隐患是指风险程度达到使事故很可能发生的危险源。事故隐患一定是危险源，但不一定是重大危险源。（重大）危险源则不一定是事故隐患。

3.1.1.9　风险

风险是指特定危害性事件发生的可能性与后果的结合。

3.1.2　事故分类

3.1.2.1　按事故发生领域或行业分类

按照事故发生的领域或行业，可将事故分为9类，即工矿企业事故、火灾事故、道路交通事故、铁路运输事故、水上交通事故、航空飞行事故、农业机械事故、渔业船舶事故及其他事故。

3.1.2.2 按事故后果分类

依据《生产安全事故报告和调查处理条例》，根据生产安全事故（以下简称事故）造成的人员伤亡或者直接经济损失，事故一般分为以下等级：

（1）特别重大事故，是指造成 30 人以上死亡，或者 100 人以上重伤（包括急性工业中毒，下同），或者 1 亿元以上直接经济损失的事故。

（2）重大事故，是指造成 10 人以上 30 人以下死亡，或者 50 人以上 100 人以下重伤，或者 5000 万元以上 1 亿元以下直接经济损失的事故。

（3）较大事故，是指造成 3 人以上 10 人以下死亡，或者 10 人以上 50 人以下重伤，或者 1000 万元以上 5000 万元以下直接经济损失的事故。

（4）一般事故，是指造成 3 人以下死亡，或者 10 人以下重伤，或者 1000 万元以下直接经济损失的事故。

上述 4 个等级中所称的"以上"包括本数，所称的"以下"不包括本数。

3.1.2.3 按《企业职工伤亡事故分类》标准分类

《企业职工伤亡事故分类》（GB 6441—1986）对企业职工伤亡事故，也就是现在所说的工矿商贸企业伤亡事故的分类，作出了具体的规定，主要有以下两种分类方法。

A 按事故类别分类

按事故类别分类有物体打击、车辆伤害、机械伤害、起重伤害、触电、淹溺、灼烫、火灾、高处坠落、坍塌、冒顶片帮、透水、放炮、火药爆炸、瓦斯爆炸、锅炉爆炸、容器爆炸、其他爆炸、中毒和窒息及其他伤害共 20 类。对其进行详解如下：

（1）物体打击，指失控物体的惯性力造成的人身伤害事故。如落物、滚石、锤击、碎裂、崩块、砸伤等造成的伤害，不包括爆炸、主体机械设备、车辆、起重机械、坍塌等引发的物体打击。

（2）车辆伤害，指本企业机动车辆引起的机械伤害事故。如机动车辆在行驶中的挤、压、撞车或倾覆等事故，在行驶中上下车、搭乘矿车或放飞车所引起的事故，以及车辆运输脱钩、跑车事故。

（3）机械伤害，指机械设备与工具引起的绞、碾、碰、割、戳、切等伤害。如工件或刀具飞出伤人，切屑伤人，手或身体被卷入，手或其他部位被刀具碰伤，被转动的机构缠压等。常见伤害人体的机械设备有皮带运输机、球磨机、行车、卷扬机、干燥车、气锤、车床、辊筒机、混砂机、螺旋输送机、泵、压模机、灌肠机、破碎机、推焦机、榨油机、硫化机、卸车机、离心机、搅拌机、轮碾机、制毡撒料机、滚筒筛等。但属于车辆、起重设备的情况除外。

（4）起重伤害，指从事起重作业时引起的机械伤害事故。包括各种起重作业引起的机械伤害，但不包括触电，检修时制动失灵引起的伤害，上下驾驶室时引起的坠落式跌倒。

起重伤害事故是指在进行各种起重作业（包括吊运、安装、检修、试验）中发生的重物（包括吊具、吊重或吊臂）坠落、夹挤、物体打击、起重机倾翻、触电等事故。

起重伤害事故形式有：

1）重物坠落。吊具或吊装容器损坏、物件捆绑不牢、挂钩不当、电磁吸盘突然失电、起升机构的零件（特别是制动器失灵，钢丝绳断裂）等都会引发重物坠落。处于高位置的物体具有势能，当坠落时，势能迅速转化为动能，上吨重的吊载意外坠落，或起重机的金属结构件破坏、坠落，都可能造成严重后果。

2）起重机失稳倾翻。起重机失稳有两种类型：一是由于操作不当（如超载、臂架变幅或旋转过快等）、支腿未找平或地基沉陷等原因使倾翻力矩增大，导致起重机倾翻；二是由于坡度或风载荷作用，使起重机沿路面或轨道滑动，导致脱轨翻倒。

3）挤压。起重机轨道两侧缺乏良好的安全通道或与建筑结构之间缺少足够的安全距离，使运行或回转的金属结构机体对人员造成夹挤伤害；运行机构的操作失误或制动器失灵引起溜车，造成碾压伤害等。

4）高处跌落。人员在离地面大于 2m 的高度进行起重机的安装、拆卸、检查、维修或操作等作业时，从高处跌落造成的伤害。

5）触电。起重机在输电线附近作业时，其任何组成部分或吊物与高压带电体距离过近，感应带电或触碰带电物体，都可以引发触电伤害。

6）其他伤害。其他伤害是指人体与运动零部件接触引起的绞、碾、戳等伤害；液压起重机的液压元件破坏造成高压液体的喷射伤害；飞出物件的打击伤害；装卸高温液体金属、易燃易爆、有毒、腐蚀等危险品，由于坠落或包装捆绑不牢破损引起的伤害等。

（5）触电。指电流流经人体，造成生理伤害的事故。适用于触电、雷击伤害。如人体接触带电的设备金属外壳或裸露的临时线，手持漏电的电动手工工具；起重设备误触高压线或感应带电；雷击伤害；触电坠落等事故。

（6）淹溺。指因大量水经口、鼻进入肺内，造成呼吸道阻塞，发生急性缺氧而窒息死亡的事故。适用于船舶、排筏、设施在航行、停泊、作业时发生的落水事故。

（7）灼烫。指强酸、强碱溅到身体引起的灼伤，或因火焰引起的烧伤，高温物体引起的烫伤，放射线引起的皮肤损伤等事故，适用于烧伤、烫伤、化学灼伤、放射性皮肤损伤等伤害。不包括电烧伤以及火灾事故引起的烧伤。

（8）火灾。指造成人身伤亡的企业火灾事故。不适用于非企业原因造成的火灾，比如，居民火灾蔓延到企业。此类事故属于消防部门统计的事故。

（9）高处坠落，指出于危险重力势能差引起的伤害事故。适用于脚手架、平台、陡壁施工等高于地面的坠落，也适用于山地面踏空失足坠入洞、坑、沟、升降口、漏斗等情况。但排除以其他类别为诱发条件的坠落。如高处作业时，因触电失足坠落应定为触电事故，不能按高处坠落划分。

（10）坍塌。指建筑物、构筑物、堆置物等倒塌以及土石塌方引起的事故。适用于因设计或施工不合理而造成的倒塌，以及土方、岩石发生的塌陷事故。如建筑物倒塌，脚手架倒塌，挖掘沟、坑、洞时土石的塌方等情况。不适用于矿山冒顶片帮事故，或因爆炸、爆破引起的坍塌事故。

（11）冒顶片帮。指矿井工作面、巷道侧壁由于支护不当、压力过大造成的坍塌，称为片帮；顶板垮落为冒顶。两者常同时发生，简称冒顶片帮。适用于矿山、地下开采、掘进及其他坑道作业发生的坍塌事故。

（12）透水。指矿山、地下开采或其他坑道作业时，意外水源带来的伤亡事故。适用于井巷与含水岩层、地下含水带、溶洞或与被淹巷道、地面水域相通时，涌水成灾的事故。不适用于地面水害事故。

（13）放炮。指施工时，放炮作业造成的伤亡事故。适用于各种爆破作业。如采石、采矿、采煤、开山、修路、拆除建筑物等工程进行的放炮作业引起的伤亡事故。

（14）火药爆炸。指火药与炸药在生产、运输、贮藏的过程中发生的爆炸事故。适用于火药与炸药生产在配料、运输、贮藏、加工过程中，由于振动、明火、摩擦、静电作用，或因炸药的热分解作为，贮藏时间过长或因存药过多发生的化学性爆炸事故，以及熔炼金属时，废料处理不净，残存火药或炸药引起的爆炸事故。

（15）瓦斯爆炸。是指可燃性气体瓦斯、煤尘与空气混合形成了达到燃烧极限的混合物，接触火源时，引起的化学性爆炸事故。主要适用于煤矿，同时也适用于空气不流通，瓦斯、煤尘积聚的场合。

（16）锅炉爆炸，指锅炉发生的物理性爆炸事故。适用于使用工作压力大于 0.07MPa、以水为介质的蒸汽锅炉（以下简称锅炉），但不适用于铁路机车、船舶上的锅炉以及列车电站和船舶电站的锅炉。

（17）容器爆炸。压力容器（简称容器）是指比较容易发生事故，且事故危害性较大的承受压力载荷的密闭装置。容器爆炸是压力容器破裂引起的气体爆炸，即物理性爆炸，包括容器内盛装的可燃性液化气在容器破裂后，立即蒸发，与周围的空气混合形成爆炸性气体混合物，遇到火源时产生的化学爆炸，也称容器的二次爆炸。

（18）其他爆炸。凡不属于上述爆炸的事故均列为其他爆炸事故，如：

1）可燃性气体如煤气、乙炔等与空气混合形成的爆炸；

2）可燃蒸气与空气混合形成的爆炸性气体混合物（如汽油挥发气）引起的爆炸；

3）可燃性粉尘以及可燃性纤维与空气混合形成的爆炸性气体混合物引起的爆炸；

4）间接形成的可燃气体与空气相混合，或者可燃蒸气与空气相混合（如可燃固体、自燃物品，当其受热、水、氧化剂的作用迅速反应，分解出可燃气体或蒸气与空气混合形成爆炸性气体）遇火源爆炸的事故。

炉膛爆炸，钢水包、亚麻粉尘的爆炸，都属于上述爆炸，亦均属于其他爆炸。

（19）中毒和窒息，指人接触有毒物质，如误吃有毒食物或呼吸有毒气体引起的人体急性中毒事故，或在废弃的坑道、暗井、涵洞、地下管道等不通风的地方工作，因为氧气缺乏，有时会发生突然晕倒，甚至死亡的窒息事故。两种现象合为一体，称为中毒和窒息事故。不适用于病理变化导致的中毒和窒息的事故，也不适用于慢性中毒的职业病导致的死亡。

（20）其他伤害。凡不属于上述伤害的事故均称为其他伤害，如扭伤、跌伤、冻伤、野兽咬伤、钉子扎伤等。

B 按伤害程度分类

按伤害程度分类有轻伤、重伤及死亡 3 类：

（1）轻伤，指损失工作日为 1 个工作日以上（含 1 个工作日），105 个工作日以下的失能伤害。

（2）重伤，指损失工作日为 105 工作日以上（含 105 个工作日），6000 个工作日以下的失能伤害。

（3）死亡，指损失工作日为6000工作日以上（含6000工作日）的失能伤害。

3.1.3　事故的构成要素

事故发生的原因不尽相同，各式各样，但通过对大量事故的剖析，可知每个特定事故，都是由一些基本要素所构成的，即人、物、环境和管理四要素。

国标《生产过程危险和有害因素分类与代码》（GB/T 13861—2009）按可能导致生产过程中危险和有害因素的性质进行分类。生产过程危险和有害因素共分为四大类，分别是人的因素、物的因素、环境因素和管理因素：

（1）人的因素：在生产活动中，来自人员或人为性质的危险和有害因素。

（2）物的因素：机械、设备、设施、材料等方面存在的危险和有害因素。

（3）环境因素：生产作业环境中的危险和有害因素。

（4）管理因素：管理和管理责任缺失所导致的危险和有害因素。

3.1.3.1　人

事故构成要素中的人指工作环境的操作工、管理人员及其他的在场人员。人是生产活动的主体，但同时又是激发事故的主要因素：

（1）人可能作出不安全行动。

（2）人会造成物的不安全状态。

（3）人会造成管理上的缺陷。

（4）人会形成事故隐患并触发隐患。

因此，可以说大多数事故都是由人为因素所致的。例如，人不按照规定的方法操作，不采取安全措施，使安全防护装置失效，制造危险状态，不安全放置，误操作等。

依据GB/T 13861—2022，人的因素有心理生理性危险有害因素和行为性危险有害因素。

A　心理生理性危险有害因素

心理生理性危险有害因素包括：

（1）负荷超限：包括体力负荷超限（指引起疲劳、劳损、伤害的负荷超限）、听力负荷超限、视力负荷超限及其他负荷超限。

（2）健康状况异常。

（3）从事禁忌作业。

（4）心理异常：包括情绪异常、冒险心理、过度紧张及其他心理异常。

（5）辨识功能缺陷：包括感知延迟、辨识错误及其他辨识功能缺陷。

B　行为性危险有害因素

行为性危险有害因素包括：

（1）指挥错误：包括指挥失误（包括生产过程中各级管理人员的指挥）、违章指挥及其他指挥错误。

（2）操作错误：包括误操作、违章操作及其他操作错误。

（3）监护失误。

（4）其他行为性危险有害因素。

人与人之间存在着各种差异，所以发生事故的倾向性又有所不同，人不同于机器，机器只需供给一定的能量，就会按照一定的指令进行运动。而人是有思维能力、有自由意志，并受环境、物质及自身因素的影响，所以在生产过程中，人的安全可靠性比机器差得多。

3.1.3.2 物

事故构成要素中的物指发生事故时所涉及的物质，它包括生产过程中的原料、燃料、动力、产品、设备、工具及其他非生产性的物质。物质本身的固有属性及其他潜在的破坏能力构成了不安全因素，是诱发事故的物质基础。

物的不安全因素，是随着生产过程中物质条件的存在而存在，随生产方式、工艺条件的变化而变化的，如设备的设计不良、防护不良、维修不良等。

依据 GB/T 13861—2022，物的因素有物理性危险有害因素、化学性危险有害因素及生物性危险有害因素。

A 物理性危险有害因素

物理性危险有害因素有：

（1）设备、设施、工具、附件缺陷：包括强度不够，刚度不够，稳定性差（抗倾覆、抗位移能力不够，包括重心过高、底座不稳定、支承不正确等），密封不良（指密封件、密封介质、设备附件、加工精度、装配工艺等缺陷以及磨损、变形、气蚀等造成的密封不良），耐腐蚀性差，应力集中，外形缺陷（指设备、设施表面的尖角利棱和不应有的凹凸部分），外露运动件（指人员易触及的运动件），操纵器缺陷（指结构、尺寸、形状、位置、操纵力不合理及操纵器失灵、损坏等），制动器缺陷，控制器缺陷，以及其他设备、设施、工具附件缺陷。

（2）防护缺陷：包括无防护，防护装置、设施缺陷（指防护装置、设施本身安全性、可靠性差，包括防护装置、设施、防护用品损坏、失效、失灵等），防护不当（指防护装置、设施和防护用品不符合要求，使用不当，不包括防护距离不够），支承不当（包括矿井、建筑施工支护不符合要求），防护距离不够（指设备布置、机械、电气、防火、防爆等安全距离不够和卫生防护距离不够等），以及其他防护缺陷。

（3）电伤害：包括带电部位裸露、漏电、静电和杂散电流、电火花及其他电伤害。

（4）噪声：包括机械性噪声、电磁性噪声、流体动力性噪声及其他噪声。

（5）振动危害：包括机械性振动、电磁性振动、流体动力性振动及其他振动。

（6）电离辐射：包括 X 射线、γ 射线、α 粒子、β 粒子、中子、质子及高能电子束等。

（7）非电离辐射：包括紫外辐射、激光辐射、微波辐射、超高频辐射、高频电磁场及工频电场。

（8）运动物伤害：包括抛射物，飞溅物，坠落物，反弹物，土、岩滑动，料堆（垛）滑动，气流卷动及其他运动物伤害。

（9）明火。

（10）高温物质：包括高温气体、高温液体、高温固体及其他高温物质。

（11）低温物质：包括低温气体、低温液体、低温固体及其他低温物质。

（12）信号缺陷：包括无信号设施（指应设信号设施处无信号，如无紧急撤离信号等），信号选用不当，信号位置不当，信号不清（指信号量不足，如响度、亮度、对比度、信号维持时间不够等），信号显示不准（包括信号显示错误、显示滞后或超前等），以及其他信号缺陷。

（13）标志缺陷：包括无标志、标志不清晰、标志不规范、标志选用不当、标志位置缺陷及其他标志缺陷。

（14）有害光照：包括直射光、反射光、眩光及频闪效应等。

（15）其他物理性危险有害因素。

B　化学性危险有害因素

化学性危险有害因素包括：

（1）爆炸品。

（2）压缩气体和液化气体。

（3）易燃液体。

（4）易燃固体、自燃物品和遇湿易燃物品。

（5）氧化剂和有机过氧化物。

（6）有毒物品。

（7）放射性物品。

（8）腐蚀品。

（9）粉尘与气溶胶。

（10）其他化学性危险有害因素。

C　生物性危险有害因素

生物性危险有害因素包括：

（1）致病微生物：包括细菌、病毒、真菌及其他致病微生物。

（2）传染病媒介物。

（3）致害动物。

（4）致害植物。

（5）其他生物性危险有害因素。

在生产过程中，仅仅依靠操作人员的技能、注意力是不能安全达到安全操作目的的。因此，应采取安全装置来提高机械设备的可靠性。

3.1.3.3　环境

任何一个事故的发生都与环境有关，环境包括社会环境、自然环境和生产环境，它决定着人的因素和物的因素。如作业环境的缺陷可能导致人的不安全行为和物的不安全状态的产生。

依据 GB/T 13861—2022，环境因素有室内作业环境不良、室外作业场地环境不良、地下（含水下）作业环境不良，以及其他作业环境不良。

A　室内作业环境不良

（1）室内地面湿滑：指室内地面、通道、楼梯被任何液体、熔融物质润湿，结冰或有其他易滑物。

（2）室内作业场所狭窄。

（3）室内作业场所杂乱。

（4）室内地面不平。

（5）室内楼梯缺陷：包括楼梯、阶梯、电动梯和活动梯架，以及这些设施的扶手、扶栏和护栏、护网等。

（6）地面、墙和天花板上的开口缺陷：包括电梯井、修车坑、门窗开口、检修孔、孔洞及排水沟等。

（7）房屋基础下沉。

（8）室内安全通道缺陷：包括无安全通道、安全通道狭窄及不畅等。

（9）房屋安全出口缺陷：包括无安全出口及设置不合理等。

（10）采光不良：指照度不足或过强、烟尘弥漫影响照明等。

（11）作业场所空气不良：指自然通风差、无强制通风、风量不足或气流过大、缺氧、有害气体超限等。

（12）室内温度、湿度、气压不适。

（13）室内给水、排水不良。

（14）室内涌水。

（15）其他室内作业场所环境不良。

B 室外作业场地环境不良

（1）恶劣气候与环境：包括风、极端的温度、雷电、大雾、冰雹、暴雨雪、洪水、浪涌、泥石流、地震及海啸等。

（2）作业场地和交通设施湿滑：包括铺好的地面区域阶梯、通道、道路、小路等被任何液体、熔融物质润湿，冰雪覆盖或有其他易滑物。

（3）作业场地狭窄。

（4）作业场地杂乱。

（5）作业场地不平：包括不平坦的地面和路面，有铺设的、未铺设的、草地、小鹅卵石或碎石的地面和路面。

（6）巷道狭窄、有暗礁或险滩。

（7）脚手架、阶梯或活动梯架缺陷：包括这些设施的扶手、扶栏和护栏、护网等。

（8）地面开口缺陷：包括升降梯井、修车坑、水沟、水渠等。

（9）建筑物和其他结构缺陷：包括建筑中或拆毁中的墙壁、桥梁、建筑物，筒仓、固定式粮仓、固定的槽罐和容器，屋顶、塔楼等。

（10）门和围栏缺陷：包括大门、栅栏、畜栏和铁丝网等。

（11）作业场地基础下沉。

（12）作业场地安全通道缺陷：包括无安全通道，安全通道狭窄、不畅等。

（13）作业场地安全出口缺陷：包括无安全出口、设置不合理等。

（14）作业场地光照不良：指光照不足或过强、烟尘弥漫影响光照等。

（15）作业场地空气不良：指作业场地通风差或气流过大、作业场地缺氧、有害气体超限等。

（16）作业场地温度、湿度、气压不适。

（17）作业场地涌水。

（18）其他室外作业场地环境不良。

C　地下（含水下）作业环境不良

（1）隧道/矿井顶面缺陷。

（2）隧道/矿井正面或侧壁缺陷。

（3）隧道/矿井地面缺陷。

（4）地下作业面空气不良：包括通风差或气流过大、缺氧、有害气体超限。

（5）地下火。

（6）冲击地压：指井巷（采场）周围的岩体（如煤体）等在外载作用下产生的变形能，当力学平衡状态受到破坏时，瞬间释放，将岩体、气体、液体急剧、猛烈抛（喷）出造成严重破坏的井下动力现象。

（7）地下水。

（8）水下作业供氧不足。

（9）其他地下（水下）作业环境不良。

D　其他作业环境不良

（1）强迫体位：指生产设备、设施的设计或作业位置不符合人类工效学要求而易引起作业人员疲劳、劳损或事故的一种作业体位。

（2）综合性作业环境不良：指不能分清两种以上作业致害环境因素主次的情况。

（3）以上未包括的其他作业环境不良。

3.1.3.4　管理

事故的发生，从表面上看都是由人、物及环境的不安全条件所造成，但深入分析，其根源仍然是管理上的缺陷。这里所指的管理如安全生产保障、危险评价与控制、培训与指导、人员管理与工作安排、安全生产规章制度与操作规程等。

依据 GB/T 13861—2022，管理因素如下：

（1）职业安全卫生组织机构不健全，包括组织机构的设置和人员配备。

（2）职业安全卫生责任制未落实。

（3）职业安全卫生管理规章制度不完善。

1）建设项目"三同时"制度未落实；

2）操作规程不规范；

3）事故应急预案及响应缺陷；

4）培训制度不完善；

5）其他职业安全卫生管理规章制度不健全。

（4）职业安全卫生投入不足。

（5）职业健康管理不完善。

（6）其他管理因素缺陷。

3.1.4　事故发生的过程

3.1.4.1　多米诺模型

大多数事故的发生都是与人有关，都是由人的不安全行为所致。伤亡事故发生的过程可用多米诺模型来阐述，如图 3-1 所示。

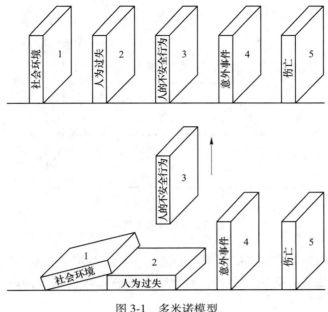

图 3-1　多米诺模型

一种可以防止的伤亡事故的发生，是一连串事件在一定顺序下发生的结果。按因果顺序，伤亡事故的 5 个因素为：

（1）社会环境与管理缺陷促成。

（2）人为过失，进而造成。

（3）人的不安全行为形成。

（4）意外事件，并由此而产生。

（5）伤亡（包括未遂事件）。

在时间的推移过程中，五因素的因果关系依次发生。如果在意外事件之前排除了人的不安全行为，即使（1）（2）因素发生，也不会形成事故。社会环境和管理缺陷可能形成生产中的事故隐患，由于人为原因的触发就可能形成事故。因此，事故的发生主要是人的不安全行为和物的不安全状态两大因素共同作用的结果。在意外事件发生之前，去掉前面任意一个因素，则伤害就不会发生。所以安全管理工作的中心是防止人为的不安全行为，消除机械的或物质的危害。

3.1.4.2　海因里希法则

海因里希法则又称海因里希安全法则、海因里希事故法则或海因法则，是 1931 年美国著名安全工程师海因里希（Herbert William Heinrich）从统计许多灾害提出的 "300：29：1 法则"。意为：若一个企业有 330 起隐患或违章，必然要发生 29 起轻伤或故障，另外还有一起重伤、死亡或重大事故。这一法则完全可以运用到工矿企业的安全生产管理中，即在一起重大的事故背后，必有 29 件轻度的事故，还有 300 个潜在的隐患。海因里希法则如图 3-2 所示。

当时，海因里希统计了 55 万起机械事故，其中死亡、重伤事故 1666 起，轻伤 48334 起，其余则为无伤害事故。从而得出一个重要结论，即在机械事故中，死亡与重伤、轻伤

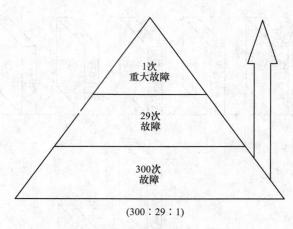

（300：29：1）

图 3-2　海因里希法则

和无伤害事故的比例为 1：29：300，国际上把这一法则叫事故法则。该法则说明，在机械生产过程中，每发生 330 次意外事件，有 300 次未造成人员伤害，29 次造成人员轻伤，1 次导致重伤或死亡。

对于不同的生产过程，不同类型的事故，上述比例关系不一定完全相同，但这个统计规律说明了在进行同一项活动中，无数次意外事件，必然导致重大伤亡事故的发生。事故的发生及能否导致人员的伤亡都是随机事件，在时间及空间上可能只是瞬间与毫厘之差，但它在无伤害事故中存在着一定的概率。必须重视所有的无伤害事故，才有利于预防重大事故。要防止重大事故的发生，必须减少和消除无伤害事故，重视事故的苗头和未遂事故，否则终会酿成大祸。

例如，某机械工程师企图用手把皮带挂到正在旋转的皮带轮上，因其未使用拨皮带的杆，且站在摇晃的梯板上，又穿了一件宽大长袖的工作服，结果被皮带轮绞入碾死。事故调查结果表明，他这种上皮带的方法使用已有数年之久。查阅其四年病志（急救上药记录），发现他有 33 次手臂擦伤后的治疗处理记录。他手下工人均佩服他手段高明，每每能逢凶化吉，结果还是因漠视规则而导致死亡。这一事例表明，重伤和死亡事故虽有偶然性，但是不安全因素或动作在事故发生之前已暴露过许多次，如果在事故发生之前，抓住时机，及时消除不安全因素，则许多重大伤亡事故是完全可以避免的。

3.1.5　事故的后果及特征

3.1.5.1　事故产生的后果
事故产生的后果有如下 4 种：

（1）人身受到伤害，物质（包括设备）也有损失。

（2）只有人受到伤害，而物质没有遭受任何损失。

（3）物质遭受损失，而人没有受到伤害。

（4）人和物几乎都没有受到伤害和遭受损失。

事故的发生有偶然性，即使同一类情况，仅仅由于一些偶然因素，也会得到完全不同的结果。但统计资料表明，第四种情况的事故一般约占事故总数的 90%，属于首位，其次是第二种情况。说明在未遂事故中潜伏重大事故的隐患。所以，应注意从生产领域中排除各种不安全因素和隐患，才能防止事故发生，做到安全生产。

3.1.5.2 事故的特征

积极去认识事故的后果有利于克服同类事故的重复出现。通过对事故的认识可看出工伤事故具有如下特征：

（1）事故的因果性。一个现象是另一个现象的根据，这一现象和其他现象有着直接或间接的联系，构成了直接原因和间接原因。一般直接原因比较容易掌握，还必须进一步分析其间接原因，有利于防止同类事故重演。

（2）事故的偶然性、必然性和规律性。事故发生包含着偶然因素，所以事故的偶然性是客观存在的。由于客观上存在着不安全因素，出现事故是必然的，但何时出现，以何种形式出现就带有偶然性。根据伯努里大数定律，通过对大量事故的调查统计，仍可找出一定的规律性，使事故消除在萌芽状态，这就是预防为主的方法。

（3）事故的潜在性、突发性。事故的潜在性是人或物先天具有的危险性，这是造成事故的基础原因，但是人们往往事先难以察觉到，从而麻痹大意，随着时间的流逝和一定条件的具备，这种潜在的危险性就显现为事故发生的现象，所以事故的出现往往具有突发性。如果能够掌握事故潜在性的某些规律，对其有充分的认识，就能发现隐患并加以排除，这就是防患于未然。

3.1.5.3 事故发展阶段

事故发展有如下 3 个阶段：

（1）孕育阶段。孕育阶段的特点是事故的危险性看不到，都存在于静止状态之中，只有当人或物触发了这种危险性才显现出来。

（2）成长阶段。人或物的不安全因素，再加上管理上的失误就导致事故发展到了成长阶段。

（3）发生阶段。发展到成长阶段，再加上一些机会因素，事故就必然发生，造成不可挽回的结果。

事故的 3 个发展阶段是相互联系、依次发生的。

 课 后 习 题

一、选择题

1. 事故是指人们在生产、生活活动过程中，突然发生的与人的意志相反的情况，迫使其有目的的活动暂时或永久地终止，可能造成人员伤亡、财产损失或环境破坏的_____事件。

    A. 意外   B. 预见   C. 实事   D. 必然

2. 企业在生产经营活动中发生的，与企业管理、工作环境、劳动条件、生产设备等有关的，违反劳动者意愿的人身伤害的意外事件称为_____。

    A. 伤亡事故   B. 二次事故   C. 未遂事故   D. 偶然事故

3. 危险源是指可能造成人员伤害、职业相关病症、财产损失、作业环境破坏或其组

合的根源或状态，即事故的_____。

    A. 性质　　　　　　B. 本质　　　　　　C. 原因　　　　　　D. 条件

  4. 在原有的医疗事故、矿山安全事故、交通事故等事故的基础上，由自然不可抗力、救援方的疏忽或当事人的错误操作引起的事故是_____。

    A. 伤亡事故　　　B. 二次事故　　　C. 未遂事故　　　D. 偶然事故

  5.（多选）下列属于事故特征的是_____。

    A. 事故的因果性　　　　　　　　　B. 事故的偶然性、必然性和规律性

    C. 事故的潜在性、突发性　　　　　D. 事故的流动性、分散性

  6.（多选）事故的构成要素包括_____。

    A. 人的因素　　　B. 物的因素　　　C. 环境因素　　　D. 管理因素

  7. 既是生产活动的主体，又是激发事故的主要因素的是_____。

    A. 人为因素　　　B. 物的因素　　　C. 环境因素　　　D. 管理因素

  8. 某企业一施工工地的一员工在进行对起重机进行机械检修时，因意外触电而造成高处坠落，从而造成一伤亡事故。按《企业职工伤亡事故分类》标准分类，该事故类别属于_____。

    A. 高空坠落　　　B. 起重伤害　　　C. 触电　　　　　D. 其他伤害

  9.（多选）事故发展的 3 个阶段_____。

    A. 孕育阶段　　　B. 成长阶段　　　C. 枯萎阶段　　　D. 发生阶段

  10. 企业在生产过程中发生的事故，未发生健康损害、人身伤亡、重大财产损失与环境破坏的事故称为_____。

    A. 生产事故　　　B. 工作事故　　　C. 未遂事故　　　D. 偶然事故

  11. 海因里希在机械事故中，关于死亡与重伤、轻伤和无伤害事故的比例为_____。

    A. 1∶10∶100　　B. 1∶30∶100　　C. 1∶30∶300　　D. 1∶29∶300

  12.（多选）行为性危险有害因素包括_____。

    A. 指挥错误　　　B. 操作错误　　　C. 监护失误　　　D. 环境影响

  13. 多米诺模型中，最后一块骨牌所代表的是_____。

    A. 人为过失　　　B. 意外事件　　　C. 伤亡　　　　　D. 事故

二、填空题

  1. 事故具有_____、偶然性、_____、规律性、_____、突发性等基本特征。

  2. 起重伤害事故的形式包括重物坠落、_____、挤压、高处跌落、_____、其他伤害。

  3.《企业职工伤亡事故分类》（GB 6441—1986）对企业职工伤亡事故，也就是现在所说的工矿商贸企业伤亡事故的分类，作出了具体的规定，主要有_____和_____两种分类方法。

三、简答题

  1. 事故一般分为几个等级，分别由哪几个标准区分？

  2. 事故产生的后果有哪几种？

3.2 伤亡事故统计分析的原理及方法

扫一扫看视频

3.2.1 伤亡事故统计分析的基本原理

3.2.1.1 伤亡事故统计分析的意义

伤亡事故统计分析是死亡事故综合分析的主要内容。它是以系统地收集与伤亡事故有关的大量资料和数据为基础，应用数理统计的原理和方法，对大量重复现象的数字特征进行分析和推断，从宏观上探索伤亡事故发生原因及规律的过程，以推动安全工作的不断前进和完善。通过伤亡事故的综合分析，可以了解一个企业、部门在某一时期的安全状况，掌握伤亡事故发生、发展的规律和趋势，探求伤亡事故发生的原因和有关的影响因素，从而为有效地采取预防事故措施提供依据，为宏观事故预测及安全决策提供依据。

事故统计分析的目的包括 3 个方面：

（1）进行企业外的对比分析。依据伤亡事故的主要统计指标进行部门与部门之间、企业与企业之间、企业与本行业平均指标之间的对比。

（2）对企业、部门的不同时期的伤亡事故发生情况进行对比，用于评价企业安全状况是否有所改善。

（3）发现企业事故预防工作存在的主要问题，研究事故发生原因，以便采取措施防止事故发生。

3.2.1.2 工矿企业伤亡事故的统计指标

工矿企业类伤亡事故统计指标体系包括煤矿企业伤亡事故统计指标、金属和非金属矿企业（非煤矿山企业）伤亡事故统计指标、工商企业（非矿山企业）伤亡事故统计指标、建筑业伤亡事故统计指标、危险化学品伤亡事故统计指标和烟花爆竹伤亡事故统计指标。这 6 类统计指标均包含伤亡事故起数、死亡事故起数、死亡人数、重伤人数、轻伤人数、直接经济损失、损失工作日、重大事故起数、重大事故死亡人数、特大事故起数、特大事故死亡人数、特别重大事故起数、特别重大事故死亡人数、千人死亡率、千人重伤率、百万工时死亡率、百万工时伤害率、重大事故率、特大事故率。另外，煤矿企业伤亡事故统计指标还包含百万吨死亡率。部分事故统计指标的意义与计算方法如下：

（1）千人死亡率。一定时期内，平均每千名从业人员中因伤亡事故而死亡的人数。

$$千人死亡率 = (死亡人数/从业人员数) \times 10^3$$

（2）千人重伤率。一定时期内，平均每千名从业人员中因伤亡事故而重伤的人数。

$$千人重伤率 = (重伤人数/从业人员数) \times 10^3$$

（3）百万工时死亡率。一定时期内，平均每百万工时因事故而死亡的人数。

$$百万工时死亡率 = (死亡人数/实际总工时) \times 10^6$$

（4）百万工时伤害率。一定时期内，平均每百万工时因事故而受到伤害的人数。

$$百万工时伤害率 = (伤害人数/实际总工时) \times 10^6$$

（5）百万吨死亡率。一定时期内，平均每生产百万吨产量时因事故而死亡的人数。

$$百万吨死亡率 = (死亡人数/实际产量) \times 10^6$$

（6）重大事故率。一定时期内，重大事故占总事故的比率。

$$重大事故率=(重大事故起数/事故总起数)\times100\%$$

（7）特大事故率。一定时期内，特大事故占总事故的比率。

$$特大事故率=(特大事故起数/事故总起数)\times100\%$$

3.2.1.3　伤亡事故发生规律分析

伤亡事故统计分析可以宏观地研究伤亡事故发生规律。人们可从造成大量伤亡事故的诸多因素中找出带有普遍性的原因，为进一步的分析研究和采取预防措施提供依据。

A　事故伤害统计分析

在伤亡事故统计分析中，选择统计分类项目是非常重要的。我国事故统计的分类项目，除事故类别、人的不安全行为和物的不安全状态外，还有受伤部位、受伤性质、起因物、致害物和伤害方式5项。

（1）受伤部位：指人体受伤的部位。一般按颅脑、面颌部、眼部、鼻、耳、口、颈部、胸部、腹部、腰部、脊柱、上肢、腕及手、下肢等统计受伤部位。

（2）受伤性质：是从医学角度给予具体创伤的特定名称。一般按电伤、挫伤、轧伤、压伤、倒塌压埋伤、辐射损伤、割伤、擦伤、刺伤、骨折、化学性灼伤、撕脱伤、扭伤、切断伤、冻伤、烧伤、烫伤、中暑、冲击伤、生物致伤、多伤害、中毒等统计受伤性质。

（3）起因物：是导致事故发生的物体、物质。包括锅炉、压力容器、电气设备、起重机械、泵或发动机、企业车辆、船舶、动力传送机构、放射性物质及设备、非动力手工工具、电动手工工具、其他机械、建筑物及构筑物、化学品、煤、石油制品、水、可燃性气体、金属矿物、非金属矿物、粉尘、木材、梯、工作面、环境、动物、其他。

（4）致害物：指直接引起伤害及中毒的物体或物质。包括煤、石油产品、木材、水、放射性物质、电气设备、梯、空气、工作面、矿石、黏土、砂、石、锅炉、压力容器、大气压力、化学品、机械、金属件、起重机械、噪声、蒸汽、非动力手工工具、电动手工工具、动物、企业车辆、船舶。

（5）伤害方式：指致害物与人体发生接触的方式。包括碰撞、撞击、坠落、跌倒、坍塌、淹溺、灼烫、大灾、辐射、爆炸、中毒、触电、接触、掩埋、倾覆。

B　事故原因分析

a　事故原因分析的内容和步骤

事故原因分为事故的直接原因和间接原因。在分析事故时，应从直接原因入手，逐步深入间接原因，从而掌握事故的全部原因，再分清主次，进行责任分析。为了分析事故原因，必须了解事故原因分析内容：

（1）在事故发生之前存在什么样的不正常状态。

（2）不正常的状态是在哪里发生的。

（3）在何时首先注意到不正常的状态。

（4）不正常状态是如何发生的。

（5）事故为什么会发生。

（6）事件发生的可能顺序及可能的原因（直接原因、间接原因）。

（7）分析可选择的事件发生顺序。

在进行事故调查原因分析时，通常按照以下步骤进行分析：

（1）整理和阅读调查材料。

（2）分析伤害方式：包括受伤部位、受伤性质、起因物、致害物、伤害方式、人的不安全行为和物的不安全状态。

（3）确定事故的直接原因：直接原因主要从能量源和危险物质两个方面来考虑。

（4）确定事故的间接原因。

b　事故的直接原因

所谓事故的直接原因，即直接导致事故发生的原因，又称一次原因。大多数学者认为，事故的直接原因只有两个，即人的不安全行为和物的不安全状态。少数学者（如美国的皮特森）则认为事故的直接原因为管理失误和物的不安全状态。本书采纳大多数学者的观点，但后者的观点也说明了管理在安全工作中的重要地位。为统计方便，我国国家标准《企业职工伤亡事故分类》（GB 6441—1986）对人的不安全行为和物的不安全状态作了详细分类。

（1）人的不安全行为方面的原因。

1）操作错误、忽视安全、忽视警告。包括：未经许可开动、关停、移动机器；开动、关停机器时未给信号；开关未锁紧，造成意外转动、通电或泄漏等；忘记关闭设备；忽视警告标志、警告信号；操作错误（指按钮、阀门、扳手、把柄等的操作）；奔跑作业；供料或送料速度过快；机器超速运转；违章驾驶机动车。

2）造成安全装置失效。包括：拆除了安全装置；安全装置堵塞、失去了作用；因调整的错误造成安全装置失效等。

3）使用不安全设备。包括：临时使用不牢固的设施；使用无安全装置的设备等。

4）手代替工具操作。包括：用手代替手动工具；用手清除切屑；不用夹具固定，手持工件进行加工。

5）物体（指成品、半成品、材料、工具、切屑和生产用品等）存放不当。

6）冒险进入危险场所。包括：冒险进入涵洞；接近漏料处（无安全设施）；采伐、集材、运材、装车时未离开危险区；未经安全监察人员允许进入油罐或井中；未做好准备工作就开始作业；冒进信号；调车场超速上下车；易燃易爆场所有明火；私自搭乘矿车；在绞车道行走。

7）攀、坐不安全位置，如平台护栏、汽车挡板、吊车吊钩等。

8）在起吊物下作业、停留。

9）机器运转时加油、修理、检查、调整、焊接、清扫等。

10）有分散注意力的行为。

11）在必须使用个人防护用品用具的作业或场合中，忽视其使用。包括：未戴护目镜或面罩；未戴防护手套；未穿安全鞋；未戴安全帽、呼吸帽；未佩戴呼吸护具；未佩戴安全带；未戴工作帽等。

12）不安全装束。包括：在有旋转零部件的设备旁作业时穿肥大服装；操纵带有旋转零部件的设备时戴手套等。

13）对易燃易爆危险品处理错误。据美国有关方面统计，某年全国休工 8d 以上的事故中，有 96% 的事故与人的不安全行为有关，有 91% 的事故与物的不安全状态有关。日本全国某年休工 4d 以上的事故中，有 94.5% 的事故与人的不安全行为有关，有 83.5% 的事故与物的不安全状态有关。

这些数字表明，大多数事故既与人的不安全行为有关，也与物的不安全状态有关。也就是说，只要控制好其中之一，即人的不安全行为或物的不安全状态中有一个不发生，或者使两者不同时发生，就能避免大多数事故的发生，减少不必要的损失。这对事故的预防与控制是非常重要的，因为控制两者和控制两者之一的代价是完全不一样的。

（2）物的不安全状态方面的原因。

1）防护、保险、信号等装置缺乏或有缺陷。包括：无防护。具体包括：无防护罩；无安全保险装置；无报警装置；无安全标志；无护栏或护栏损坏；（电气）未接地；绝缘不良；局部通风机无消音系统，噪声大；危房内作业；未安装防止"跑车"的挡车器或挡车栏或其他。防护不当：具体包括：防护罩未在适应位置；防护装置调整不当；坑道掘进、隧道开凿支承不当；防爆装置不当；采伐、集材作业安全距离不够；爆破作业隐蔽所有缺陷；电气装置带电部分裸露等。

2）设备、设施、工具附件有缺陷。包括：设计不当，结构不符合安全要求。具体包括：通道门遮挡视线；制动装置有欠缺；安全间距不够；拦车网有欠缺；工件有锋利毛刺、毛边；设施上有锋利倒棱或其他。强度不够，包括：力学强度不够；绝缘强度不够；起吊重物的绳索不符合安全要求；其他。设备在非正常状态下运行。包括：设备带"病"运转；超负荷运转；其他。维修、调整不良。包括：设备失修；地面不平；保养不当、设备失灵等。

3）个人防护用品、用具缺少或有缺陷。个人防护用品、用具包括防护服、手套、护目镜及面罩、呼吸器官护具、听力护具、安全带、安全帽、安全鞋等。个人防护用品、用具缺少，指无个人防护用品、用具；缺陷指所用防护用品、用具不符合安全要求。

4）生产（施工）场地环境不良。包括：照明光线不良：照明亮度不足；作业场地烟尘弥漫，视线不清；光线过强。通风不良：无通风；通风系统效率低；风流短路；停电、停风时进行爆破作业；瓦斯排放未达到安全浓度就进行爆破；瓦斯超限或其他。作业场所狭窄。作业场所杂乱。包括：工具、制品、材料堆放不安全；采伐时未开安全道；迎门树、坐殿树、搭挂树未作处理等。交通线路的配置不安全。操作工序设计或配置不安全。地面滑。地面有油或其他液体；冰雪覆盖；地面有其他易滑物。储存方法不安全。环境温度、湿度不当。

c　事故的间接原因

事故的间接原因，是指使事故的直接原因得以产生和存在的原因。事故的间接原因主要有 7 种：技术上和设计上有缺陷，教育培训不够，身体的原因，精神的原因，管理上有缺陷，学校教育的原因和社会历史原因。其中，前五种又称二次原因，后两种又称基础原因。

（1）技术上和设计上有缺陷。技术上和设计上有缺陷是指从安全的角度来分析，在设计上和技术上存在的与事故发生原因有关的缺陷。包括工业构件、建筑物、机械设备、仪器仪表、工艺过程、控制方法、维修检查等在设计、施工和材料使用中存在的缺陷。

这类缺陷主要表现在：在设计上因设计错误或考虑不周造成的失误；在技术上因安装、施工、制造、使用、维修、检查等达不到要求而留下的事故隐患。

（2）教育培训不够。教育培训不够是指形式上对职工进行了安全生产知识的教育和培训，但是在组织管理、方法、时间、效果、广度、深度等方面还存在一定差距，职工对党和国家的安全生产方针、政策、法规和制度不了解，对安全生产技术知识和劳动纪律没有完全掌握，对各种设备、设施的工作原理和安全防范措施等没有学懂弄通，对本岗位的安全操作方法、安全防护方法、安全生产特点等一知半解，应付不了日常操作中遇到的各种安全问题，对安全操作规程等不重视，不能真正按规章制度操作，以致不能防止事故的发生。

（3）身体的原因。身体的原因包括身体有缺陷。如眩晕、头痛、癫痫、高血压等疾病，近视、耳聋、色盲等残疾，身体过度疲劳、酒醉、药物的作用等。

（4）精神的原因。精神的原因包括怠慢、反抗、不满等不良态度，烦躁、紧张、恐惧、心不在焉等精神状态，偏狭、固执等性格缺陷等。此外，兴奋、过度积极等精神状态也有可能产生不安全行为。

（5）管理上有缺陷。管理上有缺陷，包括劳动组织不合理，企业主要领导人对安全生产的责任心不强，作业标准不明确，缺乏检查保养制度，人事配备不完善，对现场工作缺乏检查或指导错误，没有健全的操作规程，没有或不认真实施事故防范措施等。

企业劳动组织不合理，既影响企业内部的劳动分工协作，影响劳动者的生产积极性，而且直接影响企业的生产安全。劳动组织不合理主要包括以下 10 点：

1）劳动分工不明确，任务分派不具体。

2）作业岗位之间不协调，各生产环节之间缺乏统一配合。

3）人员安排不科学，造成有的岗位、工种人浮于事，有的则超负荷劳动。

4）生产作业现场指挥不当或指挥信号不明确，造成指挥失误。

5）劳动定员、定额不合理，工作量与职工的劳动能力不相适应。

6）劳动时间或作业班制不合理，致使工人连续加班加点，得不到充分休息。

7）指派不具备岗位技能或作业条件的职工从事该岗位工作。

8）工作场地或作业秩序混乱。

9）规章制度不健全，不落实，企业管理不严格，职工劳动纪律松弛。

10）其他。

对现场工作缺乏检查包括检查的数量和质量两个方面。一方面是指没有进行检查或检查的次数太少，间隔时间太长；另一方面是指对某一特定的设备、设施、场所等，虽已进行了检查，但查得不细、不深，未能发现问题，因而未能避免事故发生。

指导错误是指对生产的组织管理、工艺技术等的指挥决策和对事故抢救的指挥考虑不周，处理措施不当，发出不正确的指令，未能避免事故发生或未能控制事故的蔓延。

事故统计数据表明，85%左右的事故都与管理因素有关。因此，管理因素是事故发生乃至造成严重损失的最主要原因。

（6）学校教育的原因。学校教育的原因是指各级教育组织中的安全教育不完全、不彻底等。学校，无论是小学、初中、高中还是大学，在对学生进行文化教育的同时，也担负着提高学生全面素质，培养符合社会需要的人才的重任。素质中当然包括安全素质。而且学校老师的思想、观点对学生的影响甚至终生都难以消除。

人的安全素质高低与受教育的程度有一定的联系，但并非像其他素质那样明显。2001

年，上海某船厂发生的吊车倒塌死亡 36 人的恶性事故，受害者中有 9 人为某著名高校教师。大学的实验室也经常因安全素质不高引发各类伤害事故，有一位著名加拿大核物理学家为阻止可能发生的核事故奋不顾身，用手控制住了两块即将碰撞进而产生毁灭性核反应的核原料，最后因受到超量辐射而身亡。这些惨痛的故事告诉我们，尽管实验装置的设计，实验过程的管理与控制人员都是世界级高水平的科学家，一旦忽视了安全，也难避免意外的发生。无论是搞工艺、搞产品、搞设计、搞企业管理，还是搞行政管理、搞监督保证，承担主要任务的大多是受过高等教育者，他们安全素质的高低，与产品的质量、生产过程的安全保证、整个社会的相对稳定都息息相关。

（7）社会历史原因。社会历史原因包括有关安全法规或行政管理机构不完善，人们的安全意识不够等。一个国家，一个民族，一个社会，无不在其长期发展的过程中给人们打下深深的烙印，形成各种传统的观念或模式，安全意识只是其中的一个组成部分。法律意识，受教育水平，民族传统，风俗习惯等都会对人们造成影响，有积极的也有消极的。近年来，我国国民法律意识的不断提高，事故受损后索赔案例的迅速增加，索赔金额的攀升，都是整个社会对人们的影响所致。

3.2.1.4　伤亡事故分析应注意的问题

事故的发生是一种随机现象。按照伯努利大数定律，只有样本容量足够大时，随机现象出现的频率才趋于稳定。样本容量越小，即观测的数据量越少，随机波动越大，统计结果的可靠性越差。据国外的经验，在观测量低于 20 万工时的场合，统计所得的伤亡事故频率将有明显的波动，往往很难作出正确的判断；在观测量达到 100 万工时的场合，才可以得到比较稳定的结果。在应用统计分析的方法研究伤亡事故发生规律或利用伤亡事故统计指标评价企业的安全状况时，为了获得可靠的统计结果，应该设法增加样本容量。可以从两个方面采取措施。

A　延长观测期间

对于职工人数较少的单位，可以通过适当增加观测期间来扩大样本容量。例如，采用千人负伤率作为统计指标时，如果以月为单位统计的话，得到的统计结果波动性很大；如果以年为单位统计，则得到的统计结果比较稳定。某企业 3 年间伤亡事故统计数据如图 3-3 所示，把统计期间由月改为年，降低了随机波动性。

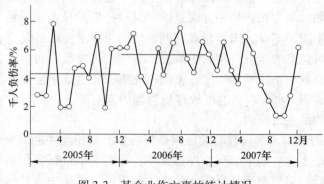

图 3-3　某企业伤亡事故统计情况

对于大多数生产单位来说，在 1 个月的统计时期内伤亡事故数都很低，以致难以对本单位的安全情况作出确切的判断，因此可延长观测期间至 1 年甚至更长。

B　扩大统计范围

事故的发生具有随机性，事故发生后有无伤害和伤害的严重程度也具有随机性。根据海因里希法则，越严重的伤害出现的概率越小。因此，统计范围越小，即仅统计其伤害严重度达到一定程度的事故，则统计结果的随机波动性越大。例如，某企业连续 3 年发生伤亡事故，死亡人数分别为 20 人、15 人、10 人。表面上看，3 年中死亡人数从 20 人减少到 10 人，恰好减少了一半，但是考虑到置信度为 95% 的置信区间，可以认为死亡人数的减少可能是随机因素造成的，不能说明企业的实际安全状况发生了变化，死亡人数与置信区间见表 3-1。

表 3-1　死亡人数与置信区间

第一年		第二年		第三年	
死亡 20 人	置信区间	死亡 15 人	置信区间	死亡 10 人	置信区间
	（13~29）		（9~23）		（5~17）
第一年与第二年死亡人数差 5 个			第二年与第三年死亡人数差 5 人		

一些国家建议把因工休息不到一个工作日的事故也包括在统计范围之内。因为一次事故可能没有形成人员的伤亡或只受微伤，但是很难断言同类原因就不能造成重伤或死亡事故。

有学者开始对人的不安全行为和物的不安全状态进行调查，并提出了相应的统计指标。但这些仍处于研究阶段。

3.2.2　伤亡事故统计分析的方法

常用的 6 类事故统计分析方法有综合分析法、分组分析法、算数平均法、相对指标比较法、事故统计图表分析法、数理统计分析法。

3.2.2.1　综合分析法

综合分析法将大量的事故资料进行总结分类，将汇总整理的资料及有关数值，形成书面分析材料或填入统计表或绘制统计图，使大量的零星资料系统化、条理化、科学化。从各种变化的影响中找出事故发生的规律性。

3.2.2.2　分组分析法

分组分析法按伤亡事故的有关特征进行分类汇总，研究事故发生的有关情况。如按事故发生企业的经济类型、事故发生单位所在行业、事故发生原因、事故类别、事故发生所在地区，事故发生时间、伤害部位等进行分组统计伤亡事故数据。

3.2.2.3　算数平均法

例如，2001 年 1~12 月全国工矿企业死亡人数分别是 488 人、752 人、1123 人、1259 人、1321 人、1021 人、1404 人、1176 人、1024 人、952 人、989 人、1046 人，则

$$平均每月死亡人数 = \frac{\sum\limits_{n=1}^{N} n}{N} = \frac{12555}{12} = 1046（人）$$

3.2.2.4　相对指标比较法

如各省之间、各企业之间由于企业规模、职工人数等不同，很难比较，但采用相对指

标，如千人死亡率、百万吨死亡率等指标则可以互相比较，并在一定程度上说明安全生产的情况。

3.2.2.5　事故统计图表分析法

事故统计图表分析法是利用收集到的事故数据，通过整理，作成各种统计图表，科学地、集中地、明确地反映问题。它具有形象、直观等特点，使人一目了然。它可以直观地反映事故发生频率的趋势，便于进行事故分析控制。常用的事故统计图表分析法如下所述。

A　趋势图

图 3-4 所示为某企业根据千人负伤率所作出的在某一年度内的事故趋势。

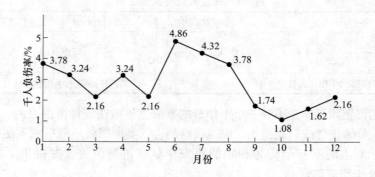

图 3-4　事故趋势

趋势图又称动态图或折线图，它用不间断的折线来表示各统计指标的数值大小和变化，可以直观地展示伤亡事故的发生趋势，且适合于表现事故发生与时间之间的关系，是按时间顺序对事故发生情况进行的统计分析。它按照时间顺序对比不同时期的伤亡事故统计指标，展示伤亡事故发生趋势和评价某一个时期内企业的安全状况。或选某一个地区、单位或部门的事故情况，按照时间的顺序绘图，它能直观地反映事故的变化情况，也便于部门之间的对比。

事故趋势图的横坐标是时间，可根据所需统计的时间间隔来确定，纵坐标可以是以下各项指标：

（1）工伤事故规模的指标。如工伤事故次数、工伤事故总人次数、事故损失总工作天数。

（2）工伤事故普遍程度的指标。如千人负伤率、万吨钢死亡率、千人工伤损失日数等。

（3）事故严重程度的指标。如平均每次事故的伤亡人数、平均每个工伤人数的损失等。

B　柱状图

以柱状图形来表示各统计指标的数值大小，能够直观地反映不同分类项目所造成的伤亡事故指标大小的比较。由于它绘制容易、清晰醒目，所以应用得十分广泛。图 3-5 所示为某单位人员伤害部位分布的柱状图。

C 饼图

即比例图，可以形象地反映不同分类项目所占的百分比。图 3-6 所示为根据 2007 年我国（香港、澳门和台湾未统计在内）非煤矿山事故死亡人数按地区分布所作出的饼图。

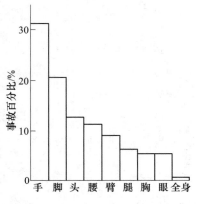

图 3-5 伤害部位分布柱状图

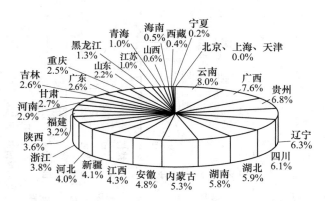

图 3-6 2007 年我国（香港、澳门和台湾未统计在内）非煤矿山事故死亡人数按地区分布饼图

D 事故分布图

事故分布图是按事故统计资料，将事故发生的部位，以图的形式明显地标出。包括：

（1）事故平面分布图：将每起事故的发生地点在作业平面图上标出，以便了解在工厂内什么地方事故发生的密度大，需要重点进行安全管理。

（2）事故在人体上的分布图：根据事故资料按人体受伤部位作分类，计算出各部位受伤的百分数，然后画出人体图，将百分数标注在图上，从而决定防护措施。

E 排列图

排列图又称主次图，是柱状图与折线图的结合，柱状图用来表示属于某项目各分类的频次，绘制排列图时，把统计指标（通常是事故频数、伤亡人数、伤亡事故频率等）数值最大的因素排列在柱状图的最左端，然后按统计指标数值的大小依次向右排列。而折线点则表示各分类的累积相对频次。排列图可以直观地显示出属于各分类的频数的大小及其占累积总数的百分比。如图 3-7 所示，按事故类型为分析目标，它是找出安全工作中主要问题的一种有效图表方法，使安全工作有目的、有步骤地进行，采取措施，解决问题。

按下列步骤作主次图：

（1）确定所要分析的目标。事故类型、事故分布地点、事故发生原因、事故发生地点等均可作为分析目标，将目标适当分组、列为横坐标。图 3-7 所示为以事故类型为目标的排列图。

（2）统计事故数。收集所需要的数据，并计算出各组的绝对值及所占的百分数。

表 3-2 所示为某炼钢厂炼钢车间 1999~2003 年所发生的 248 人（次）工伤事故中的事故类型统计。

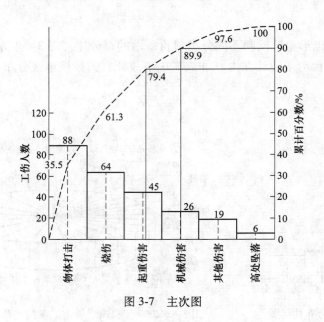

图 3-7　主次图

表 3-2　事故类型统计

工伤事故类型	工伤人数	累计数	相对百分数/%	累计百分数/%
物体打击	88	88	35.5	35.5
烧伤	64	152	25.8	61.3
起重伤害	45	197	18.1	79.4
机械伤害	26	223	10.5	89.9
其他伤害	19	242	7.7	97.6
高处坠落	6	248	2.4	100

　　（3）绘图：根据表 3-2 统计数据，作图 3-7。左边纵坐标为工伤人数的绝对值，右边纵坐标为工伤事故的累计百分数，横坐标是工伤事故类型。根据各类事故统计数绝对值的大小、从左至右按大小以长方形顺次排列。在以累计百分数为准，按右边纵坐标，从左至右画一条累计百分数的曲线。

　　（4）分析：通常把累计百分数分成三等。0～80%为主要因素；80%～90%为次要因素，90%～100%为一般因素。从图 3-7 可以明确地看出，该车间伤亡事故的主要因素有物体打击、烧伤及起重伤害，是事故预防工作的重点；次要因素有机械伤害；一般因素有其他伤害及高处坠落。

3.2.2.6　数理统计分析法

　　数理统计分析法是伤亡事故统计分析的重要分析方法之一，它表示事故的发生具有其偶然性，但在偶然之中，存在着一定的统计规律。事故的数理统计分析方法就是应用数理统计的方法研究事故发生的规律。

　　A　事故发生次数概率的预测

　　事故的发生是一个随机事件，但是在考察安全状态时只有两种可能性，一种是事故发生，另一种是事故不发生，若事故发生的概率为 p，不发生的概率为 q，则 $p+q=1$。若需要考查的对象是多个人、多种同样设备的安全问题，则可以看成多次重复独立试验。

【**例 3-1**】 投掷一枚硬币 4 次，求国徽面向上 1 次、2 次、3 次、4 次和全不会出现的概率。以 A 表示国徽面向上，A' 表示国徽面未向上。国徽面向上的概率为 p，非国徽面向上的概率为 q。其变化情况见表 3-3。

表 3-3 投掷硬币出现的情况及其概率

投掷硬币 4 次出现的情况				出现该情况的概率
A	A	A	A	P^4q^0
A	A	A	A'	P^3q^1
A	A	A'	A	P^3q^1
A	A	A'	A'	P^2q^2
A	A'	A	A	P^3q^1
A	A'	A	A'	P^2q^2
A	A'	A'	A	P^2q^2
A	A'	A'	A'	P^1q^3
A'	A	A	A	P^3q^1
A'	A	A	A'	P^2q^2
A'	A	A'	A	P^2q^2
A'	A	A'	A'	P^1q^3
A'	A'	A	A	P^2q^2
A'	A'	A	A'	P^1q^3
A'	A'	A'	A	P^1q^3
A'	A'	A'	A'	P^0q^4

从表 3-3 中可知，出现的情况有 16 种，可以归纳出 A 出现 4 次、3 次、2 次、1 次、0 次的状态的概率计算，见表 3-4。

表 3-4 投掷硬币概率计算

$A^kA'^{(n-k)}$	出现次数	P^kq^{n-k}	概率
$A^4A'^0$	$1=C_4^4$	P^4q^0	$1×P^4q^0$
$A^3A'^1$	$4=C_4^3$	P^3q^1	$4×P^3q^1$
$A^2A'^2$	$6=C_4^2$	P^2q^2	$6×P^2q^2$
$A^1A'^3$	$4=C_4^1$	P^1q^3	$4×P^1q^3$
$A^0A'^4$	$1=C_4^0$	P^0q^4	$1×P^0q^4$

注：$C_n^r = \dfrac{n!}{(n-r)!r!}$。

从表 3-4 可以看出一个普遍规律：设单次试验中某事件 A 发生的概率为 p，将此试验重复进行 n 次，求 A 发生 K 次的概率（$K=1, 2, 3, \cdots, n$）。

$$P(K) = C_n^Kp^Kq^{n-K} \tag{3-1}$$

这是一个二项分布的概率计算公式。

根据这一概念，若知道某单位在一定时期的事故率，则可以推算出事故发生的概率。

【例 3-2】　某矿因工伤亡的统计资料表明，每年工伤千人伤亡率为 10，若工段有 20 人，计算该工段在本年度内伤亡 2 人的概率。

解：$n = 20$，$k = 2$，每人伤亡的概率 $p = 10/1000 = 0.01$，则不伤亡的概率为：

$q = 1 - p = 1 - 0.01 = 0.99$，代入式（3-1）得：

$$P(2) = C_{20}^2 \times 0.01^2 \times 0.99^{20-2} = 0.01586$$

注意：当 n 很大时，计算起来非常困难，若 n 很大，p 很小，可按泊松分布计算：

$$P(K) = \frac{\lambda^K}{K!} e^{-\lambda} \tag{3-2}$$

式中，$\lambda = np$。

【例 3-3】　某省冶金系统有 20 万人，长期的统计表明每年的千人死亡率为 0.12，若在安全技术及管理上没有改进措施，则计算年度死亡人数为 10 人以内的概率。

解：由于 $n = 20$ 万人，很大，每人发生死亡的概率为：

$P = 0.12/1000 = 0.00012$，很小。

可用泊松分布计算其概率。

$\lambda = n \times p = 200000 \times 0.00012 = 24$

在安全技术及管理上没有采取措施的情况下，年度死亡人数在 10 人以内的概率为：

$P(0) + P(1) + P(2) + P(3) + P(4) + P(5) + P(6) + P(7) + P(8) + P(9) + P(10)$

$$= \sum_{k=0}^{10} \frac{\lambda^K}{K!} e^{-\lambda} = \left(\frac{24^0}{0!} + \frac{24^1}{1!} + \frac{24^2}{2!} + \frac{24^3}{3!} + \frac{24^4}{4!} + \frac{24^5}{5!} + \frac{24^6}{6!} + \frac{24^7}{7!} + \frac{24^8}{8!} + \frac{24^9}{9!} + \frac{24^{10}}{10!} \right) \times e^{-24}$$

$= (1 + 24 + 288 + 2304 + 13824 + 66355.2 + 265420.8 + 910014.17 + 2730042.5 + 7280113.4 +$

　　$17472272) \times e^{-24}$

$= 0.001086$

该数据表明发生年度死亡人数为 10 人的事故属"较常发生"。

B　伤亡事故控制图

在质量管理中，用一种图形来直观显示产品质量水平和帮助管理人员控制生产过程，这种图形称为质量控制图。它由一条表示产品质量平均水平的中心线 CL，以及两条分别表示产品质量允许上限 UCL 与允许下限 LCL 的控制线所组成，如图 3-8 所示。如果表征产品质量的数据落在控制线之外，则生产过程"失去控制"，应采取措施保证产品质量。

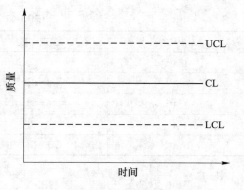

图 3-8　质量控制图

控制图又称为管理图，把质量管理控制图中的不良率控制图方法引入伤亡事故发生情况的测定中，可以及时察觉伤亡事故发生的异常情况，有助于及时消除不安全因素，起到预防事故发生的作用。

伤亡事故管理图也称伤亡事故控制图。为了预防伤亡事故发生，降低伤亡事故发生频率，企业应广泛开展安全目标管理。伤亡事故控制图是实施安全目标管理中，为及时掌握事故发生情况而经常使用的一种统计图表。在实施安全目标管理时，把作为年度安全目标的伤亡事故指标逐月分解，确定月份管理目标。

如何确定其上限 UCL 及下限 LCL，是根据数理统计理论以正态频率分布为依据的。即取自正态总体的所有观测值中，约有 99.7% 落在限值 $\overline{X} \pm 3\sigma$ 之内，其中，$\overline{X}$ 表示 X 的平均值，σ 是 X 的标准差。有 95.45% 落在限值 $\overline{X} \pm 2\sigma$ 之内。故把这一原理应用在安全管理中，所作出的伤亡事故控制图，是一种控制事故的有效方法。它能判断企业的事故情况，评价生产过程的安全状况，并能及时发现事故和消除事故的失控现象。在安全目标管理中可以检查目标实行情况，各企业和部门之间也可绘制各自的伤亡事故控制图，把平均值（期望值）作为 CL，以分析评价其安全管理水平。

当统计数字只包括停工一日以上的事故时，事故发生的频率服从于泊松分布，而泊松分布的期望及方差（这里的期望及方差就是事故发生率，即单位时间内事故发生次数）均为：

$$\lambda = \overline{P}n \tag{3-3}$$

式中　$\overline{P}$——作为目标值的事故发生频率；

n——统计期间内的生产工人数。

观测数据有 95% 的概率落在控制线内，则上、下限的计算公式为：

$$UCL = \overline{P}n + 2\sqrt{\overline{P}n} \tag{3-4}$$

$$LCL = \overline{P}n - 2\sqrt{\overline{P}n} \tag{3-5}$$

当统计范围包括了极轻微的伤害事故时，事故发生的频率服从于二项分布，二项分布的期望值为 $\overline{P}n$，方差为 $\overline{P}n(1 - \overline{P})$。

由于统计范围扩大，事故发生频率增加，要求有 99% 的概率落在控制线内，则其上、下限的计算公式为：

$$UCL = \overline{P}n + 3\sqrt{\overline{P}n(1 - \overline{P})} \tag{3-6}$$

$$LCL = \overline{P}n - 3\sqrt{\overline{P}n(1 - \overline{P})} \tag{3-7}$$

绘制伤亡事故控制图时，以月份为横坐标、事故人数为纵坐标，用实线画出管理目标线，用虚线画出管理上限和下限，并注明数值和符号，如图 3-9 所示。把每个月的实际伤亡事故人数点标在图中相应的位置上，并将代表各月份伤亡事故发生人数的点连成折线，根据数据点的分布情况和折线的总体走向，可以判断当前的安全状况。

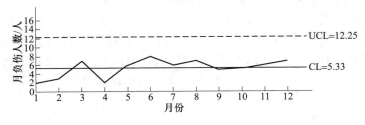

图 3-9　伤亡事故控制图之一

【例 3-4】　某矿有职工两千人，2005 年每月负伤人数（包括轻伤）见表 3-5，以该年作为目标值，作出其伤亡事故控制图。

表 3-5　某厂全年内各月的负伤人数

月份	1	2	3	4	5	6	7	8	9	10	11	12
负伤人数/人	2	3	7	2	6	8	6	7	5	5	6	7

解：全年负伤人数共 64 人，每月平均负伤人数为 64/12 = 5.33，全厂 2000 人，则每月负伤率为：

$$\overline{P} = 5.33/2000 = 2.667 \times 10^{-3}$$

中心线为月平均负伤人数 CL = 5.33。

控制上限为：

$$\begin{aligned}
\mathrm{UCL} &= \overline{P}n + 3\sqrt{\overline{P}n(1 - \overline{P})} \\
&= 2.667 \times 10^{-3} \times 2000 + 3\sqrt{2.667 \times 10^{-3} \times 2000 \times (1 - 2.667 \times 10^{-3})} \\
&= 5.33 + 6.92 = 12.25
\end{aligned}$$

控制下限为：

$$\begin{aligned}
\mathrm{LCL} &= \overline{P}n - 3\sqrt{\overline{P}n(1 - \overline{P})} \\
&= 2.667 \times 10^{-3} \times 2000 - 3\sqrt{2.667 \times 10^{-3} \times 2000 \times (1 - 2.667 \times 10^{-3})} \\
&= 5.33 - 6.92 = -1.59
\end{aligned}$$

出现负值说明无意义。在实际安全工作中，人们最关心的是实际伤亡事故发生人数的平均值是否超过安全目标。所以，往往不必考虑管理下限而只注重管理上限，力争每个月里伤亡事故发生人数不超过管理上限。

按中心线及上限作出伤亡事故控制图，如图 3-9 所示。

有了控制图后，以此作为管理目标，把每月的实际负伤人数注明在图中作如下判断：

（1）曲线超出管理目标的上限，如图 3-10（a）所示，这种现象必须立即引起注意，查找原因及时改正。

（2）曲线虽然均在控制线内，但有逐渐增加的趋势，如图 3-10（b）所示，也应该引起重视，分析原因。

（3）曲线虽未超出上限，但基本在中心线以上，如图 3-10（c）所示，也应引起重视。

（4）曲线在中心线附近波动而又未超出控制上限，如图 3-10（d）所示，说明伤亡事故控制在目标值之内，表明系统的安全状况稳定。

作为制作控制图的目标值 CL，可根据需要而定，若以本企业某一年的安全情况作为标准，就以该年事故频率的平均值 CL 为目标值，则作出的控制图是反映本企业以某一年作标准的安全工作状况。若以上级规定的目标值作图，为反映对上级要求的目标完成情况，则可以用某一企业的事故频率作为目标值，反映本企业与该企业安全情况的对比。

　　C　事故的回归分析

利用回归分析，可以大致看出事故变化的某种趋势。其方法是在以时间为横坐标的坐

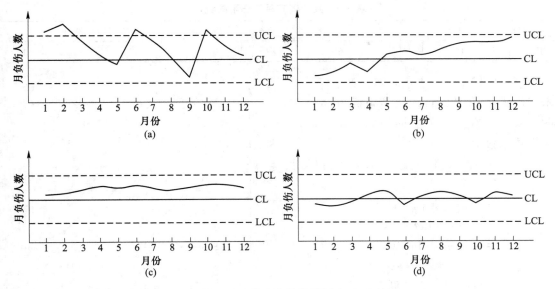

图 3-10　伤亡事故控制图之二

标系中，画出各个数据相对应的点，根据图中各个点的变化情况，首先判断是按线性回归还是非线性回归。

一元线性回归的直线方程为：

$$y = a + bx$$

式中：参数 a、b 是根据统计的事故数据，按下列各式求得：

$$a = \frac{\sum x \sum xy - \sum x^2 \sum y}{\left(\sum x\right)^2 - n \sum x^2} \tag{3-8}$$

$$b = \frac{\sum x \sum y - n \sum xy}{\left(\sum x\right)^2 - n \sum x^2} \tag{3-9}$$

为了反映其回归方程是否符合实际数据的变化趋势，用线性相关系数 r 来表示：

$$r = \frac{L_{xy}}{\sqrt{L_{xx}L_{yy}}} \tag{3-10}$$

其中：

$$L_{xy} = \sum xy - \left(\sum x \sum y\right)/n \tag{3-11}$$

$$L_{xx} = \sum x^2 - \left(\sum x\right)^2/n \tag{3-12}$$

$$L_{yy} = \sum y^2 - \left(\sum y\right)^2/n \tag{3-13}$$

若为非线性方程，则根据其变化分布情况，决定其为哪一类非线性方程，将非线性问题转化为线性问题，然后利用线性回归方法进行回归。其详细原理及方法可参考有关的数理统计书籍。

【例 3-5】　某金属矿一年的工伤人数统计见表 3-6，利用回归分析分析其事故发展趋势。

表 3-6　某金属矿月工伤事故统计

月份	1	2	3	4	5	6	7	8	9	10	11	12
工伤人数/人	15	12	7	6	4	5	6	7	4	4	2	1

解： 以横坐标 x 表示时间，纵坐标 y 表示工伤人数作图 3-11，从各坐标点的分布图形来看，查阅有关的回归曲线图，近似于指数函数 $y = a \cdot e^{bx}$。

把它转化为线性问题，两边取自然对数得：

$$\ln y = \ln(a \cdot e^{bx})$$
$$\ln y = \ln a + bx$$

令 $y' = \ln y$，$a' = \ln a$ 得：

$$y' = a' + bx$$

为此进行回归计算，见表 3-7。

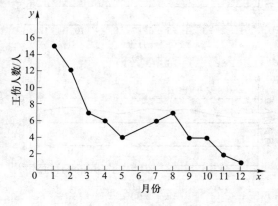

图 3-11　各月事故分布

表 3-7　回归计算

月份	时间序号 x	工伤人数 y	$y' = \ln y$	x^2	xy'	y'^2
1	1	15	2.708	1	2.708	7.334
2	2	12	2.485	4	4.970	6.175
3	3	7	1.946	9	5.838	3.787
4	4	6	1.792	16	7.167	3.210
5	5	4	1.386	25	6.931	1.922
6	6	5	1.609	36	9.657	2.590
7	7	6	1.792	49	12.542	3.210
8	8	7	1.946	64	15.567	3.787
9	9	4	1.386	81	12.477	1.922
10	10	4	1.386	100	13.863	1.922
11	11	2	0.693	121	7.625	0.480
12	12	1	0	144	0	0
	$\sum x = 78$		$\sum y' = 19.130$	$\sum x^2 = 650$	$\sum xy' = 99.345$	$\sum y'^2 = 36.338$

按照线性回归公式计算得：

$$a' = \frac{\sum x \sum xy' - \sum x^2 \sum y'}{\left(\sum x\right)^2 - n\sum x^2} = \frac{78 \times 99.345 - 650 \times 19.130}{78^2 - 12 \times 650} = 2.73$$

$$b = \frac{\sum x \sum y' - n\sum xy'}{\left(\sum x\right)^2 - n\sum x^2} = \frac{78 \times 19.130 - 12 \times 99.345}{78^2 - 12 \times 650} = -0.175$$

由于 $a' = \ln a$, $a = e^{a'} = e^{2.73} = 15.33$,
则指数曲线为：
$$y = 15.33 e^{-0.175x}$$
作回归曲线图，如图 3-12 所示。
求相关系数：

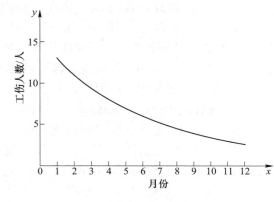

图 3-12　回归曲线

$$L_{xy'} = \sum xy' - \frac{\sum x \sum y'}{n}$$
$$= 99.345 - 78 \times \frac{19.130}{12} = -25.00$$

$$L_{xx} = \sum x^2 - \frac{\left(\sum x\right)^2}{n} = 650 - \frac{78^2}{12}$$
$$= 143.00$$

$$L_{y'y'} = \sum y'^2 - \frac{\left(\sum y'\right)^2}{n} = 36.338 - \frac{19.130^2}{12} = 5.84$$

$$r = \frac{L_{xy'}}{\sqrt{L_{xx}L_{y'y'}}} = \frac{-25}{\sqrt{143 \times 5.84}} = -0.87$$

图 3-12 表明回归曲线在一定程度上反映了事故的发生趋势，说明在安全管理正常的情况下，工伤事故将呈指数函数减少。

课后习题

一、选择题

1. 综合分析法是将大量的事故资料进行总结分类，将汇总整理的资料及有关数值形成书面分析材料或填入统计表或绘制统计图，使大量的零星资料系统化_____科学化，从各种变化的影响中找出事故发生的规律性。

　　A. 简单化　　　　　B. 条理化　　　　　C. 透明化　　　　　D. 数理化

2. 某企业员工在对生产设备进行检修调整时，将安全设备意外调整错误，造成了安全设备失效，从而造成了重大安全事故的发生。依据我国国家标准《企业职工伤亡事故分类》（GB 6441—1986）对人的不安全行为分类中，该事故造成的原因属于_____。

　　A. 造成安全设备失效　　　　　　B. 使用不安全设备
　　C. 操作错误、忽视安全、忽视警告　D. 不安全装束

3. （多选）事故统计图表分析法中事故趋势图的横坐标是时间，可根据所需统计的时间间隔来确定，纵坐标可以是以下各项指标_____。

　　A. 工伤事故规模的指标　　　　　B. 工伤事故普遍程度的指标
　　C. 事故严重程度的指标　　　　　D. 事故成因的指标

4. 重大事故率计算公式：_____。

　　A. （伤害人数/实际总工时）×10^6
　　B. （死亡人数/实际产量）×10^6

C. （重大事故起数/事故总起数）×100%

D. （特大事故起数/事故总起数）×100%

5. 在伤亡事故统计中，以下说法正确的是_____。

A. 样本容量越小，随机波动越不明显，统计结果的可靠性越差

B. 应尽量延长观测期间、扩大统计范围

C. 统计范围越小，则统计结果的随机波动性越小

D. 样本容量越小，随机波动越强烈，统计结果的可靠性越高

6. （多选）数理统计分析法是伤亡事故统计分析的重要分析方法之一，它表示事故的发生具有其偶然性，数理统计分析法包括_____。

A. 事故发生次数概率的预测　　　　　B. 伤亡事故控制图

C. 事故分布图　　　　　　　　　　　D. 事故的回归分析

7. 下列事故统计指标属于绝对指标的是_____。

A. 千人死亡率　　　　　　　　　　　B. 千人重伤率

C. 死亡人数　　　　　　　　　　　　D. 十万人死亡率

8. （多选）我国事故统计的分类项目，除事故类别、人的不安全行为和物的不安全状态外，还有受伤部位、受伤性质_____、_____和_____ 5 项。

A. 起因物　　　B. 致害物　　　C. 接触物　　　D. 伤害方式

二、填空题

1. 伤亡事故发生规律分析中包含_____、_____两个统计。

2. 通过伤亡事故的综合分析，可以了解一个企业、部门在某一时期的安全状况，掌握伤亡事故发生、发展的规律和趋势，探求伤亡事故发生的原因和有关的影响因素，从而为有效地采取_____提供依据，为宏观事故预测及安全决策提供依据。

3. _____是指一定时期内，平均每千名从业人员中因伤亡事故而死亡的人数。

4. 在应用统计分析的方法研究伤亡事故发生规律或利用伤亡事故统计指标评价企业的安全状况时，为了获得可靠的统计结果，应该设法增加样本容量，可以从_____、_____两个方面采取措施。

三、简答题

1. 伤亡事故统计分析的方法有哪些？

2. 伤亡事故统计分析的意义是什么？

3. 常用的事故统计图表分析法有哪些？试举例 3~5 种。

3.3　伤亡事故调查处理

3.3.1　事故报告

3.3.1.1　事故报告规定

根据《生产安全事故报告和调查处理条例》的规定，事故报告应当及时、准确、完整，任何单位和个人对事故不得迟报、漏报、谎报或者瞒报。事故发生后，事故现场有关人员应当立即向本单位负责人报告；单位负责人接到报告后，应当于 1 小时内向事故发生

地县级以上人民政府安全生产监督管理部门和负有安全生产监督管理职责的有关部门报告。安全生产监督管理部门和负有安全生产监督管理职责的有关部门逐级上报事故情况，每级上报的时间不得超过 2 小时。不同事故上报至不同部门情况见表 3-8，并通知公安机关、劳动保障行政部门、工会和人民检察院，报告本级人民政府。

表 3-8　不同事故上报至不同部门情况

事故类型	逐级上报部门
特别重大事故、重大事故	国务院安全生产监督管理部门和负有安全生产监督管理职责的有关部门
较大事故	省、自治区、直辖市人民政府安全生产监督管理部门和负有安全生产监督管理职责的有关部门
一般事故	设区的市级人民政府安全生产监督管理部门和负有安全生产监督管理职责的有关部门

情况紧急时，事故现场有关人员可以直接向事故发生地县级以上人民政府安全生产监督管理部门和负有安全生产监督管理职责的有关部门报告。

国务院安全生产监督管理部门和负有安全生产监督管理职责的有关部门，以及省级人民政府接到发生特别重大事故、重大事故的报告后，应当立即报告国务院。必要时，安全生产监督管理部门和负有安全生产监督管理职责的有关部门可以越级上报事故情况。事故报告后出现新情况的，应当及时补报。

3.3.1.2　事故报告内容

事故报告内容有以下 6 项：

（1）事故发生单位概况。

（2）事故发生的时间、地点以及事故现场情况。

（3）事故的简要经过。

（4）事故已经造成或者可能造成的伤亡人数（包括下落不明的人数）和初步估计的直接经济损失。

（5）已经采取的措施。

（6）其他应当报告的情况。

3.3.2　事故调查处理

事故调查处理不仅是为了处罚肇事单位，追究事故责任人的责任，处理事故当事人，还需通过对事故的调查，查清事故发生的经过，科学分析事故原因，找出发生事故的内外关系，总结事故发生的教训和规律，提出有针对性的措施，防止类似事故的再次发生，以警示后人。

3.3.2.1　事故调查处理的依据

事故调查处理是一项政策性、专业性、技术性强，涉及面广，严肃认真的行政执法工作。根据我国有关法律法规的规定，事故调查和处理应依据《安全生产法》《生产安全事故报告和调查处理条例》及《〈生产安全事故报告和调查处理条例〉罚款处罚暂行规定》等相关法律法规进行。

3.3.2.2　事故调查处理的原则

A　事故调查的分级原则

目前，我国伤亡事故调查基本上是按照逐级上报、分级调查处理的原则。分级原则见表 3-9。

表 3-9　事故分级调查

事故类别	负责调查部门
特别重大事故	国务院或者国务院授权有关部门
重大事故	事故发生地省级人民政府
较大事故	事故发生地设区的市级人民政府
一般事故	事故发生地县级人民政府
未造成人员伤亡的一般事故	县级人民政府也可以委托事故发生单位

省级人民政府、设区的市级人民政府、县级人民政府可以直接组织事故调查组进行调查，也可以授权或者委托有关部门组织事故调查组进行调查。

B　事故调查处理的原则

事故调查处理的原则应遵守以下 4 条：

（1）实事求是、尊重科学的原则。

（2）四不放过原则。

（3）公正、公开的原则。

（4）分级管辖原则。

3.3.2.3　事故调查的基本步骤

事故调查的基本步骤如图 3-13 所示。

3.3.2.4　事故调查组的组成、职责和权利

A　事故调查组成员的组成

事故调查组由安全生产监督管理部门或煤矿安全监察机构、公安部门、行政监察部门、其他有关部门、工会组织的人员或有关专家组成。

事故有关责任人员中的国家公务人员涉嫌犯罪的，应当邀请人民检察机关的人员参加事故调查组。

事故涉及其他地区、有关部门或者军方的，还应当邀请所涉及地区、有关部门或者军方的有关人员参加事故调查组。

事故调查组成员应当具有事故调查所需要的知识和专长，与事故单位及有关人员有利害关系的应当回避。

B　事故调查组的职责

事故调查组的职责有以下 5 项：

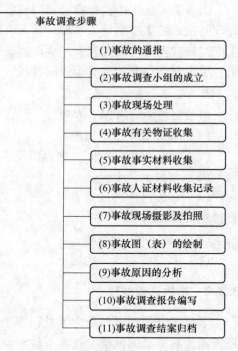

图 3-13　事故调查的基本步骤

（1）查明事故经过、人员伤亡和直接经济损失情况。

（2）查明事故原因和性质。

（3）确定事故责任，提出对事故责任者的处理建议。

（4）提出防止事故发生的措施建议。

（5）编制事故调查报告。

C　事故调查组的权利

事故调查组有权向发生事故的企业和有关单位、有关人员了解有关情况和索取有关资料，任何单位和个人不得拒绝；任何单位和个人不得阻碍、干涉事故调查组的正常工作。

3.3.2.5　事故现场勘查、调查取证的方法和技术手段

事故发生后，在进行事故调查的过程中，事故调查取证是完成事故调查过程中非常重要的一个环节，在《企业职工伤亡事故调查分析规则》中作出了明确的规定，主要有现场处理、物证搜集等以下5个方面。

A　现场处理

（1）事故发生后，应救护受伤害者，采取措施制止事故蔓延扩大。

（2）认真保护事故现场，凡与事故有关的物体、痕迹、状态，不得破坏。

（3）为抢救受伤害者需要移动现场某些物体时，必须做好现场标志。

B　物证搜集

（1）现场物证，包括破损部件、碎片、残留物、致害物的位置等。

（2）在现场搜集到的所有物件均应贴上标签，注明地点、时间、管理者。

（3）所有物件应保持原样，不准冲洗擦拭。

（4）对健康有危害的物品，应采取不损坏原始证据的安全防护措施。

（5）对事故的描述，以及估计的破坏程度。

（6）正常的运作程序。

（7）事故发生地点、地图（地方与总图）。

（8）证据列表以及事故发生前的事件。

C　事故事实材料的搜集

（1）与事故鉴别、记录有关的材料。

（2）事故发生的有关事实。

D　证人材料搜集

事故发生后，应尽快寻找证人、目击者和当班人员收集证据。要保证每次交谈记录的准确性。

E　现场摄影及绘图

（1）显示残骸和受害者原始存息地的所有照片。

（2）可能被清除或被践踏的痕迹：如刹车痕迹、地面和建筑物的伤痕、火灾引起损害的照片、冒顶下落物的空间等。

（3）事故现场全貌。

（4）利用摄影或录像，以提供较完善的信息内容。

（5）必要时，绘出事故现场示意图、流程图、受害者位置图等。

3.3.2.6　事故调查报告的内容

A　事故发生单位概况

（1）事故单位成立时间、注册地址、所有制性质、隶属关系。

（2）事故单位经营范围、证照情况。

（3）事故单位劳动组织情况等（矿山企业还应包括可采储量、生产能力、开拓方式、通风方式及主要灾害等情况）。

B　事故发生经过和事故救援情况

（1）事故发生的时间和地点。

（2）事故发生的顺序。

（3）事故涉及的人员及其他情况。

（4）事故的类型。

（5）破坏的程度。

（6）承载物或能量（能量或有害物质）。

（7）抢救地点、过程、结果。

C　事故造成的人员伤亡和直接经济损失

（1）事故造成的人员伤亡情况。伤亡人员姓名、性别、族别、年龄、工作单位、家庭住址、身份证号码、工种、工龄、本工种工龄、文化程度、职务职称、伤害部位、伤害程度、安全教育培训、个人资质情况（安全生产资格证、特种作业人员上岗证）等。

（2）直接经济损失。

1）人身伤亡所支出的费用：医疗费用（含护理费用）、丧葬及抚恤费用、补助及救济费用、歇工工资。

2）善后处理费用：处理事故的事务性费用、现场抢救费用、清理现场费用、事故罚款和赔偿费用。

3）财产损失价值：固定资产损失价值、流动资产损失价值。

D　事故发生的原因和事故性质

（1）事故发生的直接原因和间接原因。

（2）事故性质是否为责任事故。

E　事故责任的认定以及对事故责任者的处理建议

（1）事故责任者的基本情况（姓名、职务、主管工作）、责任认定事实。

（2）对事故单位的责任认定及处理意见（全部责任、主要责任、重要责任、次要责任等），对事故有关部门的责任认定（主要责任、重要责任、次要责任、一定责任等），对有关责任者的责任认定（主要领导责任、领导责任、管理责任、直接责任、重要责任等），依据相关规定提出行政处罚及党、政纪处分建议，追究责任人的刑事责任。

F　事故防范和整改措施

主要从技术和管理等方面对相关部门和事故单位提出整改措施及建议，并对企业有关部门在制定制度、规程等方面提出建议。

事故调查报告应当附具有关证据材料。事故调查组成员应当在事故调查报告上签名。

3.3.3 伤亡事故经济损失统计

事故一旦发生，往往造成人员伤亡或设备、装置、构筑物等的破坏。这一方面给企业带来许多不良的社会影响，另一方面给企业带来巨大的经济损失。在伤亡事故的调查处理中，仅仅注重人员的伤亡情况、事故经过、原因分析、责任人处理、人员教育、措施制定等是完全不够的，还必须对伤亡事故的经济损失进行统计、计算，这有助于了解事故的严重程度和安全经济规律。除此之外，为了避免或减少工业事故的发生，及其造成的社会的、经济的损失，企业必须采取一些切实可行的安全措施，提高系统的安全性。但是，采取安全措施需要花费人力和物力，即需要一定的安全投入。在按照某种安全措施方案进行安全投入的情况下，能够取得怎样的效益，该安全措施方案是否经济合理，是安全经济评价的主要内容。而伤亡事故经济损失的统计、计算，是安全经济评价的基础。

事故造成的物质破坏而带来的经济损失很容易计算出来，而弄清人员伤亡带来的经济损失却是一件十分困难的事情。为此，人们进行了大量的研究，寻求一种方便、准确的经济损失计算方法。值得注意的是，所有的伤亡事故经济损失计算方法都是以实际统计资料为基础的。

3.3.3.1 伤亡事故直接经济损失与间接经济损失

一起伤亡事故发生后，给企业带来多方面的经济损失。伤亡事故经济损失是指企业职工在劳动生产过程中发生伤亡事故所引起的一切经济损失，包括直接经济损失和间接经济损失。其中，直接经济损失很容易直接统计出来，而间接经济损失比较隐蔽，不容易直接由财务账面上查到。国内外对伤亡事故的直接经济损失和间接经济损失作了不同规定。

（1）国外对伤亡事故直接经济损失和间接经济损失的划分。在国外，特别在西方经济发达国家，事故的赔偿主要由保险公司承担。于是，把由保险公司支付的费用定义为直接经济损失，而把其他由企业承担的经济损失定义为间接经济损失。

（2）我国对伤亡事故直接经济损失和间接经济损失的划分。1987年，我国开始执行国家标准《企业职工伤亡事故经济损失统计标准》（GB 6721—1986）。该标准把因事故造成人身伤亡及善后处理所支出的费用，以及被毁坏的财产的价值规定为直接经济损失，把因事故导致的产值减少、资源的破坏和受事故影响而造成其他损失的价值规定为间接经济损失。该标准对实现我国伤亡事故经济损失统计工作的科学化和标准化起到了十分重要的作用。

（3）伤亡事故直接经济损失与间接经济损失的比例。如前面所述，伤亡事故间接经济损失很难被直接统计出来，于是人们就尝试如何由伤亡事故直接经济损失来算出间接经济损失，进而估计伤亡事故的总经济损失。

海因里希最早进行了这方面的工作。他通过对5000余起伤亡事故经济损失的统计分析，得出直接经济损失与间接经济损失的比例为1∶4的结论。即伤亡事故的总经济损失为直接经济损失的5倍。这一结论至今仍被国际劳联（ILO）所采用，作为估算各国伤亡事故经济损失的依据。

如果把伤亡事故经济损失看作一座浮在海面上的冰山，则直接经济损失相当于冰山露出水面的部分，占总经济损失4/5的间接经济损失相当于冰山的水下部分，不容易被人们发现。

继海因里希的研究之后，许多国家的学者探讨了这一问题。人们普遍认为，由于生产条件、经济状况和管理水平等方面的差异，伤亡事故直接经济损失与间接经济损失的比例，在较大的范围之内变化。例如，芬兰国家安全委员会 1982 年公布的数字为 1∶1，英国的雷欧普尔德（Leapold）等对建筑业伤亡事故经济损失的调查，得到的比例为 5∶1。美国的博德在分析 20 世纪 70~80 年代美国伤亡事故直接与间接经济损失时，得到图 3-14 所示的冰山图。由该图可以看出，间接经济损失最高可达直接经济损失的 50 多倍。

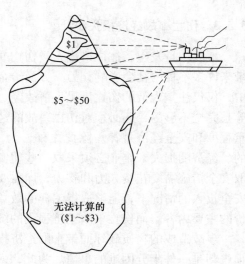

图 3-14　博德的冰山图

由于国内外对伤亡事故直接经济损失和间接经济损失划分不同，直接经济损失与间接经济损失的比例也不同。我国规定的直接经济损失项目中，包含了一些在国外属于间接经济损失的内容。一般来说，我国的伤亡事故直接经济损失所占的比例应该较国外大。根据对少数企业伤亡事故经济损失资料的统计，我国直接经济损失与间接经济损失的比例为 1∶2~1∶1.2。

3.3.3.2　伤亡事故经济损失计算方法

伤亡事故经济损失可由直接经济损失与间接经济损失之和求出，即

$$C_T = C_D + C_I \tag{3-14}$$

式中　C_D——直接经济损失；

C_I——间接经济损失。

由于间接经济损失的许多项目很难得到准确的统计结果，所以人们必须探索一种实用可行的伤亡事故经济损失计算方法。下面介绍国内外几种比较典型的计算方法。

A　我国现行标准规定的计算方法

我国现行标准规定的直接经济损失与间接经济损失统计范围如图 3-15 所示。

a　直接经济损失计算

（1）医疗费用。指用于治疗受伤害职工所需费用。事故结案前的医疗费用按实际费用计算即可。对于事故结案后仍需治疗的受伤害职工的医疗费用，其总的医疗费按式（3-15）计算，即

$$M = M_b + \frac{M_b}{P} \cdot D_c \tag{3-15}$$

式中　M——被伤害职工的医疗费，万元；

M_b——事故结案日前的医疗费，万元；

P——事故发生之日至结案之日的天数，d；

D_c——延续医疗天数，指事故结案后还须继续医治的时间，由企业劳资、安全、工会等按医生诊断意见确定，d。

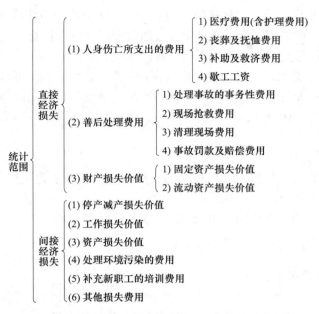

图 3-15 直接经济损失与间接经济损失统计范围

上述公式是测算一名被伤害职工的医疗费，一次事故中多名被伤害职工的医疗费应累计计算。

（2）补助费、抚恤费。被伤害职工供养未成年直系亲属的抚恤费累计统计到 16 周岁，普通中学在校生累计统计到 18 周岁。被伤害职工及供养成年直系亲属补助费、抚恤费累计统计到我国人口的平均寿命 68 周岁。

（3）歇工工资。歇工工资按式（3-16）计算，即

$$L = L_q(D_a + D_k) \tag{3-16}$$

式中　L——被伤害职工的歇工工资，元；

　　　L_q——被伤害职工日工资，元；

　　　D_a——事故结案日前的歇工日，d；

　　　D_k——延续歇工日，d，指事故结案后被伤害职工还须继续歇工的时间，由企业劳资、安全、工会等部门与有关单位酌情商定。

上述公式是测算一名被伤害职工的歇工工资，一次事故中多名被伤害职工歇工工资应累计计算。

（4）处理事故的事务性费用。包括交通及差旅费、亲属接待费、事故调查处理费、器材费、工亡者尸体处理费等。按实际支出费用统计。

（5）现场抢救费用。现场抢救费用包括清理事故现场尘、毒、放射性物质及消除其他危险和有害因素所需费用，整理、整顿现场所需费用等。

（6）事故罚款和赔偿费用。事故罚款是指依据法律法规，上级行政及行业管理部门对事故单位的罚款，而不是对事故责任人的罚款。赔偿费用包括事故单位因不能按期履行产品生产合同而导致的对用户的经济赔偿费用和因公共设施的损坏而需赔偿的费用。它不包括对个人的赔偿和因环境污染造成的赔偿。

（7）固定资产损失价值。包括报废的固定资产损失价值和损坏后有待修复的固定资产损失价值两个部分。前者用固定资产净值减去固定资产残值来计算；后者由修复费用来决定，即修复费用乘以修复后设备功能影响系数。

（8）流动资产损失价值。流动资产是指在企业生产过程中和流通领域中不断变换形态的物质，它主要包括原料、燃料、辅助材料、产品、半成品、公制品等。原料、燃料、辅助材料的损失价值为账面价值减去残值；产品、半成品、在制品的损失价值为企业实际成本减去残值。

b　间接经济损失计算

（1）停产减产损失。事故发生之日起到恢复正常生产水平为止损失的价值。实际中，常用"减少的实际产量价值"来核算。

（2）工作损失价值。工作损失可以按式（3-17）计算，即

$$L = D \cdot \frac{M}{S \cdot D_0} \tag{3-17}$$

式中　　L——工作损失价值，万元；

　　　　D——损失工作日数，死亡一名职工按 6000 个工作日计算，受伤职工视伤害情况按《企业职工伤亡事故分类》（GB 6441—1986）的附表或《事故损失工作日标准》（GB/T 15499—1995）确定；

　　　　M——企业上年的利税，万元；

　　　　S——企业上年平均职工人数，人；

　　　　D_0——企业上年法定工作日数，d。

（3）资源损失价值。资源损失价值主要是指由于发生工伤事故而造成的物质资源损失价值。例如，煤矿井下发生火灾事故，造成一部分煤炭资源被烧掉，另一部分煤炭资源被永久性冻结。物质资源损失涉及的因素较多，且较复杂，其损失价值有时很难计算，所以常常采用估算法来确定。

（4）处理环境污染的费用。处理环境污染的费用主要包括排污费、治理费、保护费和赔损费等。

（5）补充新职工的培训费用。补充技术工人，每人的培训费用按 2000 元计算；技术人员的培训费用按每人 10000 元计算。在新的培训费用标准出台之前，当前仍执行这一标准。

B　国外的主要计算方法

a　海因里希算法

海因里希通过对事故资料的统计分析，得出伤亡事故间接经济损失是直接经济损失 4 倍的结论。进而，他提出伤亡事故经济损失的计算公式为：

$$C_T = C_D + C_I = 5C_D \tag{3-18}$$

式中　　C_D——直接经济损失；

　　　　C_I——间接经济损失。

于是，只要知道了直接经济损失，则很容易算出总经济损失。

许多专门研究已经证实，不同国家、不同地区、不同企业，甚至同一企业内事故严重程度不同时，其伤亡事故直接经济损失与间接经济损失的比例是不同的。因而，这种计算

方法主要用于宏观地估算一个国家或地区的伤亡事故经济损失。

b 西蒙兹算法

西蒙兹把死亡事故和永久性全失能伤害事故的经济损失进行单独计算。然后，把其他的事故划分为 4 级：

（1）暂时性全失能和永久性部分失能伤害事故。

（2）暂时性部分失能和需要到企业外就医的伤害事故。

（3）在企业内治疗的、损失工作时间在 8h 之内的伤害事故，以及与之相当的 20 美元以内的物质损失事故。

（4）相当于损失工作时间 8h 以上价值的物质损失事故。

根据实际数据统计出各级事故的平均间接经济损失后，按下式计算各级事故的总经济损失：

$$C_T = C_D + C_I = C_D + \sum_{i=1}^{4} N_i C_i \tag{3-19}$$

式中 N_i ——第 i 级事故发生的次数；

C_i ——第 i 级事故的平均间接经济损失。

由于该算法按不同级别事故发生次数、平均间接经济损失来考虑，其计算结果较海因里希算法的结果准确，因而在美国被广泛采用。

需说明的是，式（3-19）中未包括死亡事故和永久性全失能伤害事故的情况，故若发生死亡事故和永久性全失能伤害事故，应单独计算。

c 辛克莱算法

辛克莱算法与西蒙兹算法类似，其不同之处主要在于辛克莱把伤亡事故划分为死亡、严重伤害和其他伤害事故 3 级。首先，计算出每级事故的直接经济损失和间接经济损失的平均值，然后，按各级事故发生频率和事故平均经济损失，计算每起事故的平均经济损失：

$$\overline{C}_T = \sum_{i=1}^{3} P_i (\overline{C}_D + \overline{C}_i) \tag{3-20}$$

式中 $\overline{C}_T$ ——每起事故的平均经济损失，元；

P_i ——第 i 级事故的发生频率；

$\overline{C}_D$ ——第 i 级事故的平均直接经济损失，元；

$\overline{C}_i$ ——第 i 级事故的平均间接经济损失，元。

于是，N 次事故造成的总经济损失为：

$$C_T = N \overline{C}_T \tag{3-21}$$

d 斯奇巴算法

斯奇巴提出了一种简捷、快速的伤亡事故经济损失计算方法。他把经济损失划分为固定经济损失和可变经济损失两部分，分别计算各部分损失的基本损失后，以修正系数的形式考虑其余的损失。该方法的计算公式如下：

$$C_T = C_F + C_V \tag{3-22}$$

式中 C_F ——固定经济损失，元；

C_V ——可变经济损失，元。

其中，固定经济损失为：

$$C_F = \alpha \cdot C_s \tag{3-23}$$

式中　C_s ——伤亡事故保险费；

　　　α ——考虑预防事故固定费用的修正系数，一般取 1.1~1.5。

可变经济损失可按下式进行计算：

$$C_V = bNDS \tag{3-24}$$

式中　N ——伤亡事故次数；

　　　D ——每起事故平均损失工作日数；

　　　S ——平均日工资（包括各种补助费），元；

　　　b ——考虑企业具体情况的修正系数，一般取 1.2~3.0。

该计算方法省去了大量的统计工作，但是计算结果可能与实际情况差别较大。

e　直接计算法

保险等待期：投保后，在一定时间内出事（如生病），保险公司不负保险责任，这段时间称为保险等待期。

该计算方法以保险公司提供的保险等待期为标准，把伤亡事故划分为 3 级：

（1）受伤害者能够在发生事故当天恢复工作的伤害事故。

（2）受伤害者丧失工作能力的时间少于或等于保险等待期的伤亡事故。

（3）受伤害者丧失工作能力的时间超过保险等待期的伤害事故。

每级伤害事故的经济损失可按下式计算：

$$C_i = C_p + C_s + C_o + C_m + C_b \tag{3-25}$$

式中　C_i ——第 i 级伤害事故的经济损失，元；

　　　C_p ——用于防止伤害事故的投资，包括固定投资、可变投资及额外投资三部分，元；

　　　C_s ——职业伤害的保险费，包括固定保险费和可变保险费两部分，元；

　　　C_o ——事务性费用，元；

　　　C_m ——材料损失费用，元；

　　　C_b ——因停、减产造成的损失，元。

其中，在企业没有多余人员、满负荷生产的情况下，停、减产造成的损失可按下式计算：

$$C_b = BL\gamma \tag{3-26}$$

式中　B ——按生产计划预计的单位产量净收益；

　　　L ——由于伤亡事故造成的工作时间损失；

　　　γ ——正常生产条件下的全员劳动生产率。

于是，伤亡事故经济损失等于各级伤亡事故经济损失之和：

$$C_T = \sum_{i=1}^{3} N_i C_i \tag{3-27}$$

式中　N_i ——第 i 级伤害事故发生的次数；

　　　C_i ——第 i 级伤害事故经济损失。

C 经济损失的评价指标

（1）千人经济损失率。

$$R_S = E/S \times 1000 \tag{3-28}$$

式中 R_S——千人经济损失率，‰；

　　E——全年内经济损失，万元；

　　S——企业平均职工人数，人。

（2）百万元产值经济损失率。

$$R_V = E/V \times 100 \tag{3-29}$$

式中 R_V——百万元产值经济损失率，%；

　　E——全年内经济损失，万元；

　　V——企业总产值，万元。

课后习题

一、选择题

1. 根据国家有关规定，不同事故应报至不同部门，特别重大事故应报至_____。

　　A. 设区的市级人民政府安全生产监督管理部门和负有安全生产监督管理职责的有关部门

　　B. 省、自治区、直辖市人民政府安全生产监督管理部门和负有安全生产监督管理职责的有关部门

　　C. 国务院安全生产监督管理部门和负有安全生产监督管理职责的有关部门

　　D. 国务院安全生产监督管理部门

2. 事故发生后，事故现场有关人员应当立即向本地单位负责人报告；单位负责人接到报告后，应当于_____小时内向事故发生地县级以上人民政府安全生产监督管理部门和负有安全生产监督管理职责的有关部门报告。

　　A. 1　　　　B. 2　　　　C. 3　　　　D. 4

3. 安全生产监督管理部门和负有安全生产监督管理职责的有关部门逐级上报事故情况，每级上报的时间不得超过_____小时。

　　A. 1　　　　B. 2　　　　C. 3　　　　D. 4

4. 情况紧急时，事故现场有关人员可以直接向事故发生地_____以上人民政府安全生产监督管理部门和负有安全生产监督管理职责的有关部门报告。

　　A. 省级　　　B. 市级　　　C. 县级　　　D. 国务院

5. 必要时，安全生产监督管理部门和负有安全生产监督管理职责的有关部门可以_____上报事故情况。

　　A. 暂缓　　　B. 越级　　　C. 同级　　　D. 提前

6. 重大事故应由_____负责调查。

　　A. 县级人民政府委托事故发生单位

　　B. 事故发生地设区的市级人民政府

  C. 事故发生地省级人民政府

  D. 国务院或者国务院授权的有关部门

7. 未造成人员伤亡的一般事故可由_____负责调查。

  A. 国务院或者国务院授权的有关部门

  B. 事故发生地省级人民政府

  C. 事故发生地设区的市级人民政府

  D. 县级人民政府委托事故发生单位

8. 事故调查有 11 个步骤，在成立事故调查小组之后，应进行_____。

  A. 事故现场处理　　　　　　B. 事故有关物证现场收集

  C. 事故原因分析　　　　　　D. 事故图（表）绘制

9. 事故有关责任人员中的国家公务员涉嫌犯罪的，应当邀请_____的人员参加事故调查组。

  A. 公安部门　　　　　　　　B. 安全监察机构

  C. 行政监察部门　　　　　　D. 人民检察机关

10. 以下不是事故调查组的职责的是_____。

  A. 查明事故原因和性质

  B. 确定事故责任，提出对事故责任者的处理意见

  C. 索取有关资料

  D. 提出事故调查报告

11. （多选）事故的直接经济损失包括_____。

  A. 人身伤亡所支出的费用　　B. 善后处理费用

  C. 财产损失价值　　　　　　D. 工作损失价值

二、填空题

1. 根据《生产安全事故报告和调查处理条例》的规定，事故报告应当及时、_____、_____，任何单位和个人对事故不得迟报、漏报、谎报或者瞒报。

2. 事故调查处理是一项_____、专业性、_____，涉及面广，严肃认真的行政执法工作。

3. 事故调查处理的原则应遵循_____、四不放过、_____、分级管辖四条原则。

4. 事故调查组由安全生产监督管理部门或煤矿安全监察机构、_____、_____、其他有关部门、工会组织的人员或有关专家组成。

5. 对有关责任者的责任认定包括_____、_____、管理责任、直接责任、重要责任等。

6. _____是指企业职工在劳动生产过程中发生伤亡事故所引起的一切经济损失，包括直接经济损失和间接经济损失。

———————— **本 章 小 结** ————————

  本章主要介绍了事故、伤亡事故、工伤事故等基本概念，讲解了事故的构成要素、事故发生的过程、事故的后果及特征、伤亡事故统计分析的基本原理及分析方法和伤亡事故

调查处理等内容，重点讲述了事故统计图表分析法及数理统计分析法两种伤亡事故统计的基本方法和伤亡事故调查处理等。

复习思考题

3-1 为什么要进行工伤事故统计分析？

3-2 某矿山企业有 13000 名职工，在某年度因工伤亡 27 人，问其平均月千人伤亡率为多少？

3-3 2014 年 3 月全国安全生产事故中，车辆伤害：发生事故 36 起，死亡 159 人，受伤 166 人；淹溺：发生事故 4 起，死亡 12 人，受伤 1 人；火灾：发生事故 2 起，死亡 24 人，受伤 17 人；高空坠落：发生事故 4 起，死亡 13 人，受伤 27 人；坍塌：发生事故 7 起，死亡 26 人，受伤 5 人；冒顶片帮：发生事故 1 起，死亡 0 人，受伤 0 人；火药爆炸：发生事故 1 起，死亡 2 人，受伤 0 人；其他爆炸：发生事故 3 起，死亡 8 人，受伤 30 人；中毒和窒息：发生事故 4 起，死亡 12 人，受伤 19 人；其他伤害：发生事故 1 起，死亡 3 人，受伤 0 人。请分别按照发生事故起数和伤亡人数作出事故主次图，并分析其主次因素。

3-4 某厂汽车大队 2005~2011 年交通事故统计见表 3-10，作出事故主次图，并分析其主次因素。

表 3-10　某厂汽车大队事故统计

地点	汽车站	坡道	弯道	交叉路口	厂房工地	车间门口	支线窄道	沿线	其他
事故数/起	19	39	39	20	24	15	28	42	13

3-5 某厂造成一日以上停工全年的事故统计如表 3-11 所示，期望的月千人负伤率为 3，全厂共有职工 2000 人，作出事故控制图，并分析其安全状况。

表 3-11　某厂全月负伤人数月统计

月份	1	2	3	4	5	6	7	8	9	10	11	12
负伤人数	9	13	10	12	14	15	13	9	10	12	17	14

3-6 某企业从 2008~2014 年的年事故统计数如表 3-12 所示，按照指数函数作出其事故回归曲线图。

表 3-12　某企业事故统计

年份	2008	2009	2010	2011	2012	2013	2014
事故数/次	588	367	248	175	150	87	91

3-7 事故调查报告应包括哪些内容，我国伤亡事故经济损失统计的范围包括哪些内容？

4 系统安全评价

安全评价也称危险性评价或风险评价，它是安全系统工程的重要内容，以实际系统安全为目的，应用安全系统工程原理和工程技术方法，辨识与分析工程、系统、生产经营活动中固有或潜在的危险、有害因素，预测发生事故或造成职业危害的可能性及其严重程度，从而提出科学、合理、可行的安全对策措施及建议，做出评价结论的活动。安全评价可针对一个特定对象，也可针对一定区域范围。

本章讲述系统安全评价，包括安全评价的基本知识和非煤矿山安全评价等两节。其中，安全评价的目的、基本内容、分类、程序、依据和原则等是本章的重点学习内容，本章的难点是非煤矿山开采工艺、危险和有害因素识别与分析、评价单元的划分与评价方法的选择、危险与危害程度评价、安全对策措施和安全评价结论。

4.1 安全评价概述

安全评价的定义包含有 3 层意思：第一，对系统存在的不安全因素进行定性和定量分析，这是安全评价的基础，其中包括有安全测定、安全检查和安全分析；第二，通过与评价标准的比较得出系统发生危险的可能性或程度的评价；第三，提出安全对策措施，以寻求最低的事故率，达到安全评价的最终目的。

4.1.1 安全评价的目的

安全评价的目的是查找、分析和预测工程、系统中存在的危险有害因素及可能导致事故的严重程度，提出合理可行的安全对策措施，指导危险源监控和事故预防，以达到最低事故率、最少损失和最优的安全投资效益。安全评价要达到的目的包括以下 4 个方面：

（1）促进实现本质安全化生产。通过安全评价，系统地从工程、系统设计、建设、运行等过程对事故和事故隐患进行科学分析，针对事故和事故隐患发生的各种可能致因因素和条件，提出消除危险源和降低风险的安全技术措施方案，特别是从设计上采取相应措施，提高生产过程的本质安全化水平，做到即使发生误操作或设备故障，系统存在的危险因素也不会导致重大事故发生。

（2）实现全过程安全控制。在设计之前进行安全评价，可避免选用不安全的工艺流程和危险的原材料，以及不合适的设备、设施，或提出必要的降低或消除危险的有效方法。设计之后进行的安全评价，可查出设计中存在的缺陷和不足，及早采取改进和预防措施。系统建成以后运行阶段进行的系统安全评价，可了解系统的现实危险性，为进一步采取降低危险性的措施提供依据。

（3）建立系统安全的最优方案，为决策者提供依据。通过安全评价，分析系统存在的危险源及其分布部位、数目，预测事故的发生概率和事故的严重程度，提出应采取的安全对策措施等，为决策者选择系统安全最优方案和管理决策提供依据。

（4）为实现安全技术、安全管理的标准化和科学化创造条件。通过对设备、设施或系统在生产过程中的安全性是否符合有关技术标准、规范、相关规定的评价，对照技术标准、规范等找出存在的问题和不足，以实现安全管理的标准化、科学化，为安全技术和安全管理标准的制定提供依据。

4.1.2 安全评价的基本内容

安全评价的基本内容如图 4-1 所示。

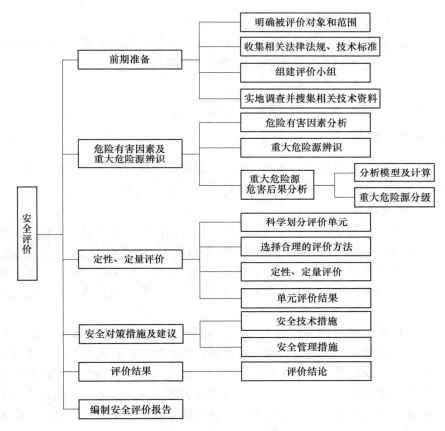

图 4-1 安全评价基本内容

4.1.2.1 前期准备阶段

明确被评价对象和范围，收集国内外相关法律法规、技术标准及工程、系统的技术资料。

4.1.2.2 危险有害因素识别与分析

根据被评价对象的情况，辨识和分析危险有害因素，确定危险有害因素存在的部位、存在的方式、事故发生的途径及其变化的规律。

4.1.2.3 重大危险源辨识及危害后果分析

按照国家重大危险源辨识标准 GB 18218—2009 进行重大危险源辨识，选择合适的分析模型，对重大危险源的危害后果进行模拟分析，为企业和政府监督部门制定安全对策措施和事故应急救援预案提供依据。

4.1.2.4　定性、定量评价

在危险危害因素分析的基础上，划分评价单元，选择合理的评价方法，对工程、系统中存在的事故隐患和发生事故的可能性和严重程度进行定性、定量评价。

4.1.2.5　安全对策措施及建议

根据定性、定量评价结果，提出消除或减少危险危害因素的安全技术、管理措施及建议。

4.1.2.6　评价结论

简要地列出主要危险危害因素的评价结果，指出工程、系统应重点防范的重大危险因素，明确生产经营者应重视和补充完善的重要安全措施。

4.1.2.7　安全评价报告的编制

依据安全评价的结果编制出相应的安全评价报告。

4.1.3　安全评价的分类

根据工程、系统生命周期和评价的目的，一般将安全评价分为安全预评价、安全验收评价、安全现状评价 3 类。这种分类方法是目前国内普遍接受的安全评价分类法。

4.1.3.1　安全预评价

安全预评价是在建设项目可行性研究阶段、工业园区规划阶段或生产经营活动组织实施之前，根据相关的基础资料，辨识与分析建设项目、工业园区、生产经营活动潜在的危险、有害因素，确定其与安全生产法律法规、规章、标准、规范的符合性，预测发生事故的可能性及其严重程度，提出科学、合理、可行的安全对策措施及建议，作出安全预评价结论的活动。

安全预评价以拟建项目作为研究对象，根据项目可行性研究阶段提供的生产工艺过程、使用和产生的物质、主要设备和操作条件等，识别和分析建设项目建成以后可能存在的危险有害因素。并应用安全系统工程的方法，对系统的危险性和危害性进行定性、定量分析，确定系统的危险危害程度。针对主要危险有害因素及其可能产生的危险危害后果提出消除、预防和降低的对策措施。评价采取措施后的系统是否能满足规定的安全要求，从而得出建设项目应如何设计、管理才能达到安全生产要求的结论。

最后形成的安全预评价报告将作为项目报批的文件之一，同时也是项目最终设计的重要依据文件之一。安全预评价报告要提供给建设单位、设计单位、业主、政府管理部门。设计单位将根据其内容设计安全对策措施，建设单位将其作为施工过程的参考，生产经营单位（业主）将其作为安全管理的参考。在设计阶段必须落实安全预评价所提出的各项措施，切实做到安全设施与主体工程同时设计。

4.1.3.2　安全验收评价

安全验收评价是在建设项目竣工后正式生产运行前或工业园区建设完成后，通过检查建设项目安全设施与主体工程同时设计、同时施工、同时投入生产和使用的情况或工业园区内的安全设施、设备、装置投入生产和使用的情况，检查安全生产管理措施到位情况，

检查安全生产规章制度健全情况，检查事故应急救援预案建立情况，查找存在的危险有害因素，审查确定建设项目、工业园区建设满足安全生产法律法规、规章、标准、规范要求的符合性，从整体上确定建设项目、工业园区的运行状况和安全管理情况，预测发生事故或造成职业危害的可能性和严重程度，提出科学、合理、可行的安全对策措施及建议，做出安全验收评价结论的活动。

安全验收评价是为安全验收进行的技术准备，最终形成的安全验收评价报告将作为建设项目"三同时"安全验收审查的依据（建设单位向政府安全生产监督管理机构申请建设项目安全验收审批的依据）。在安全验收评价过程中，应再次检查安全预评价中提出的安全对策措施的可行性，检查这些对策措施确保安全生产的有效性以及在设计、施工和运行中的落实情况，包括各项安全措施的落实情况、施工过程中的安全设施施工和监理情况、安全设施的调试、运行和检测情况，以及各项安全管理制度的落实情况等。

4.1.3.3　安全现状评价

安全现状评价是针对生产经营活动中、工业园区内的事故风险、安全管理等情况，辨识与分析其存在的危险、有害因素，审查确定其与安全生产法律法规、规章、标准、规范要求的符合性，预测发生事故或造成职业危害的可能性及其严重程度，提出科学、合理、可行的安全对策措施建议，做出安全现状评价结论的活动。

安全现状评价既适用于对一个生产经营单位或一个工业园区的评价，也适用于对某一特定的生产方式、生产工艺、生产装置或作业场所的评价。

评价形成的安全现状评价报告应作为生产经营单位安全生产管理的依据，在安全评价报告中的整改意见，生产经营单位应逐步落实，安全评价报告中提出的安全管理模式、各项安全管理制度，生产经营单位应逐步建立并实施。

4.1.4　安全评价的程序

安全评价程序主要包括签订委托协议书、编制评价方案、现场勘查、收集资料、按评价内容进行评价、编制评价报告、评价报告评审、评价报告交接等过程，安全评价的基本程序如图 4-2 所示。

4.1.5　安全评价的依据

安全评价工作不仅具有较复杂的技术性，而且有很强的政策性。因此，要做好这项工作，必须依据国家有关安全生产的法律法规和技术标准、委托单位的技术、管理资料，以及现场勘查情况等进行工作。

安全评价目前所依据的主要法律法规有《中华人民共和国劳动法》《中华人民共和国安全生产法》《中华人民共和国矿山安全法》以及国家安全生产监督管理总局、国家煤矿安全监督局《关于加强安全评价机构管理的意见》，国家安全生产监督管理局《安全评价通则》及《安全评价导则》等。

安全评价依据的技术标准众多，不同行业会涉及不同的标准。如非煤矿山安全评价中常用的《金属非金属矿山安全规程》《金属非金属矿山排土场安全生产规则》以及《爆破安全规程》等标准。应该注意的是，标准有可能更新，应注意使用最新版本的标准。

被评价单位的设计技术资料、安全管理资料、现场勘查记录、现场监测采集数据、安

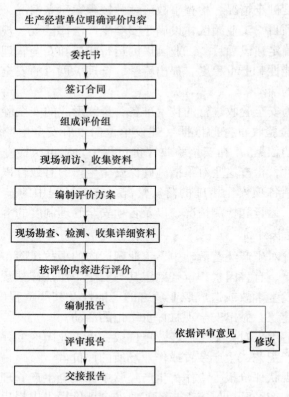

图 4-2　安全评价的基本程序

全卫生设施及运行效果、安全卫生、消防管理机构情况等反映现实状况的各种资料和数据是安全评价的重要依据。

4.1.6　安全评价的原则

要作好安全评价工作，必须以被评价项目的真实情况为基础，用严肃的科学态度，认真负责的精神，全面、仔细、深入地开展和完成评价任务。在工作中必须自始至终遵循合法性、科学性、公正性和针对性原则。

4.1.6.1　合法性

安全评价是国家以法规形式确定下来的一种安全管理制度。安全评价机构和评价人员必须由国家安全生产监督管理部门予以资格核准和资格注册，只有取得了资质的单位才能依法进行安全评价工作。政策、法规、标准是安全评价的重要依据。所以，承担安全评价工作的单位必须在国家安全生产监督管理部门的指导、监督下严格执行国家及地方颁布的有关安全生产的方针、政策、法规和标准等。

4.1.6.2　科学性

安全评价涉及许多学科，影响因素复杂多变。为保证安全评价能准确地反映被评价项目的客观实际和结论的正确性，在开展安全评价的全过程中，必须依据科学的方法、程序，以严谨的科学态度全面、准确、客观地进行工作，提出科学的对策措施，作出科学的结论。

4.1.6.3　公正性

评价结论是评价项目的决策依据、设计依据、能否安全运行的依据，也是国家安全生产监督管理部门在进行安全监督管理的执法依据。因此，对于安全评价的每项工作都要做到客观和公正。既要防止受评价人员主观因素的影响，又要排除外界因素的干扰，避免出现不合理、不公正。

安全评价有时会涉及一些部门、集团、个人的某些利益，因此在评价时必须以国家和劳动者的总体利益为重，要充分考虑劳动者在劳动过程中的安全与健康，要依据有关标准法规和经济技术的可行性提出明确的要求和建议。评价结论和建议不能模棱两可、含糊其词。

4.1.6.4　针对性

进行安全评价时，首先，应针对被评价项目的实际情况和特征，收集有关资料，对系统进行全面的分析。其次，要对众多的危险危害因素及单元进行筛选，针对主要的危险危害因素及重要单元应进行重点评价。并辅以重大事故后果和典型案例进行分析评价。由于各类评价方法都有特定适用范围和使用条件，要有针对性地选用评价方法。最后，要从实际的经济技术条件出发，提出有针对性的、操作性强的对策措施，对被评价项目作出客观、公正的评价结论。

4.1.7　木桶原理及浴盆曲线原理

4.1.7.1　木桶原理

木桶原理（或水桶定律）是由美国管理学家彼得提出的。说的是由多块木板构成的水桶，如图4-3所示，其价值在于其盛水量的多少，但决定水桶盛水量多少的关键因素不是其最长的板块，而是其最短的板块。这就是说任何一个组织，可能面临的一个共同问题，即构成组织的各个部分往往是优劣不齐的，而劣势部分往往决定整个组织的水平。

若仅仅作为一个形象化的比喻，"水桶定律"可谓是极为巧妙和别致的。但随着它被应用得越来越

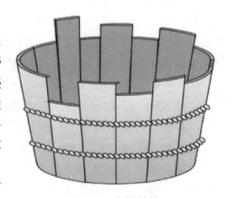

图4-3　水桶结构

频繁，应用场合及范围也越来越广泛，已基本由一个单纯的比喻上升到了理论的高度。这由许多块木板组成的"水桶"不仅可以象征一个企业、一个部门、一个班组，也可以象征一个矿山的管理系统或矿山生产系统，而"水桶"的最大容量则象征着矿山管理系统的完善性或矿山生产系统的安全性。

对于一个矿山企业来说，最短的那块"板"其实也就是漏洞的同义词，必须立即想办法补上。如果把矿山企业的管理水平比作三长两短的一只木桶，而把企业的生产系统安全性比作桶里装的水，那影响这家矿山企业的生产系统安全性高低的决定性因素就是最短的那块板。生产系统的板就是系统中各种安全设施。要保证整个系统的安全生产，必须找到短板并进行相应的整改。

"木桶原理"说明，一只木桶的最大容量，不是由围成木桶的最长木板或平均长度决定的，而是由最短的那一块木板决定的。要最大限度地增加木桶容量，发挥木桶的效用，就必须着力解决好"短木板"的补短问题。

同样的道理，企业能否实现安全生产，最薄弱的地方是关键。一次不经意的违章，一个小小的隐患，都可以酿成重大安全生产事故。俗话说，小洞不补，大洞吃苦。安全生产工作中要牢固树立安全生产无小事的理念，把工作的重点放在"短木板"的补短上，注重查找工作中的薄弱环节，注重从细微之处发现问题，从点滴工作入手，从小事做起，抓大不放小，抓小以促大，堵塞安全生产工作漏洞，实现长效安全。

因此，在日常安全管理工作中，要重视抓好思想建设，对不重视安全生产工作或带着思想包袱上岗的职工，要及时做好思想教育和引导工作，提高其认识，稳定其情绪，筑牢安全生产的思想防线。要重视抓好作风建设，对"三违"现象和行为要及时制止纠正，筑牢安全生产的职业素质防线。要重视抓好能力建设，对技术技能差的职工，要重点补课，以筑牢班组安全生产的技术能力防线。要重视抓好设备和工艺流程的硬件建设，对跑、冒、滴、漏现象和安全生产隐患，要果断地在第一时间内彻底解决，筑牢安全生产的物质基础防线。要加强制度机制建设，对职工的安全工作表现，定期进行检查考核，对表现突出的要及时表扬和奖励，发生安全生产事故的要严肃追究责任，做到不回避，不手软，不搞下不为例，筑牢安全生产的制度防线。

安全生产中存在的思想、纪律、能力、设施等"短木板"现象，虽然只表现在个别人、个别时间和个别地方，且带有偶然性，但它们的存在如同定时炸弹随时威胁着职工的生命和国家财产安全，直接影响到企业的整体安全工作水平。对这样的安全生产的"短木板"能修补的要立即修补，不能修补的必须果断更新。只有如此，才会促使"短木板"变长，使安全生产的"木桶"的存水量达到最大值，将安全生产提高到新水平。

4.1.7.2　浴盆曲线原理

实践证明大多数设备的故障率都是时间的函数，典型故障曲线称为浴盆曲线，失效率曲线（Bathtub curve），曲线的形状呈两头高、中间低，具有明显的阶段性，如图 4-4 所示。浴盆曲线是指产品从投入到报废为止的整个寿命周期内，其可靠性的变化呈现一定的规律。如果取产品的失效率作为产品的可靠性特征值，它是以使用时间为横坐标，以失效率为纵坐标的一条曲线。因该曲线两头高，中间低，有些像浴盆，所以称为"浴盆曲线"。失效率随使用时间变化分为 3 个阶段：早期失效期、偶然失效期和耗损失效期。

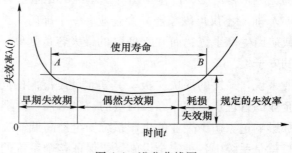

图 4-4　浴盆曲线图

（1）第一阶段是早期失效期：表明产品在开始使用时，失效率很高，但随着产品工作时间的增加，失效率迅速降低，这一阶段失效的原因大多是由设计、原材料和制造过程中的缺陷造成的。

为了缩短这一阶段的时间，产品应在投入运行前进行试运转，以便及早发现、修正和排除故障；或通过试验进行筛选，剔除不合格品。

（2）第二阶段是偶然失效期，也称随机失效期：这一阶段的特点是失效率较低，且较稳定，往往可近似看作常数，产品可靠性指标所描述的就是这个时期，这一时期是产品的良好使用阶段，偶然失效主要原因是质量缺陷、材料弱点、环境和使用不当等因素。

（3）第三阶段是耗损失效期：该阶段的失效率随时间的延长而急速增加，主要由磨损、疲劳、老化和耗损等原因造成。

课后习题

一、选择题

1.（多选）安全评价要达到的目的包括_____。

　　A. 促进实现本质安全化生产

　　B. 实现全过程安全控制

　　C. 建立系统安全的最优方案，为决策者提供依据

　　D. 为实现安全技术、安全管理的标准化和科学化创造条件

2.（多选）以下属于安全评价前期准备工作的是_____。

　　A. 明确被评价对象和范围　　　　　　B. 危险有害因素分析

　　B. 收集相关法律法规、技术标准　　　D. 科学划分评价单元

3. 在建设项目竣工后正式生产运行前或工业园区建设完成后，应采用_____评价。

　　A. 安全预评价　　　　　　　　　　　B. 安全验收评价

　　C. 安全现状评价　　　　　　　　　　D. 安全专项评价

4. 建设项目"三同时"是指同时设计、同时施工、_____。

　　A. 同时验收　　　　　　　　　　　　B. 同时检查

　　C. 同时运营　　　　　　　　　　　　D. 同时投入生产和使用

5. 进行安全评价时，首先应针对被评价项目的实际情况和特征，收集有关资料，对系统进行全面分析，体现的是安全评价原则的_____。

　　A. 合法性　　　　　　　　　　　　　B. 科学性

　　C. 公正性　　　　　　　　　　　　　D. 针对性

6. 某产品一个阶段的故障率随时间的延长而急速增加，主要由磨损、疲劳、老化和耗损等原因造成，该阶段是_____。

　　A. 早期故障期　　　　　　　　　　　B. 偶然故障期

　　C. 耗损故障期　　　　　　　　　　　D. 最终故障期

二、填空题

1. 安全评价也称_____或_____，它是安全系统工程的重要内容。

2. "木桶原理"要最大限度地增加木桶容量，发挥木桶的效用，就必须着力解决好

"短木板"的补短问题。企业能否实现安全生产，_____是问题的关键。

3. _____既适用于对一个生产经营单位或一个工业园区的评价，也适用于对某一个特定的生产方式、生产工艺、生产装置或作业场所的评价。

4. 一般来讲，安全评价分为_____、_____、_____三类。

5. _____是指产品从投入到报废为止的整个寿命周期内，其可靠性的变化呈现一定的规律。

6. 安全对策措施分为_____和_____。

三、简答题

1. 什么是安全评价？

2. 安全评价的原则是什么？

3. 安全评价的基本内容有哪些？

4.2　非煤矿山安全评价

4.2.1　非煤矿山开采工艺简介

4.2.1.1　露天开采工艺简介

把矿体上部的覆盖岩石和两盘的围岩剥去，使矿体暴露在地表进行开采的方法，称为露天开采。露天开采分为机械开采和水力开采。露天采矿场分为山坡露天矿场和凹陷露天矿场，它们以露天矿场的封闭圈为界，封闭圈以上为山坡露天矿场，封闭圈以下为凹陷露天矿场。露天矿场是台阶和露天沟道的总合。

开采时，通常把矿岩划分成一定厚度的水平分层，用独立的采掘、运输设备自上而下逐层进行开采，上下分层间保持一定的超前关系，从而形成阶梯状的台阶。开采时将台阶划分为若干个条带，逐条顺次开采，每个条带称为采掘带。

由正在进行采剥工作和将要进行采剥工作的台阶所组成的边帮称为露天矿场的工作帮，通过工作帮最上一个台阶的坡底线和最下一个台阶的坡底线所作的假想斜面称为工作帮坡面，工作帮坡面与水平面之夹角，称为工作帮坡角。由已经结束采剥工作的台阶所组成的露天矿场的四周表面称为露天矿场的非工作帮或最终边帮，最终边帮上的平台根据其作用可分为安全平台、清扫平台和运输平台，通过非工作帮最上一个台阶的坡顶线和最下一个台阶的坡底线所作的假想斜面称为露天矿场非工作帮坡面或最终帮坡面，非工作帮坡面与水平面间的夹角，称为非工作帮边坡角或最终帮坡角。

非工作帮坡面与地表的交线是露天矿场的上部最终境界线，非工作（最终）帮坡面与露天矿场底平面的交线，称为下部最终境界线或称底部周界。上部最终境界线所在水平与下部最终境界线所在水平之间的垂直距离称为露天矿场的最终深度。

露天开采作业主要包括穿孔、爆破、采装、运输和排土。

穿孔就是在矿岩中使用穿孔设备钻凿埋设炸药的炮孔。目前，我国露天矿山中使用的穿孔设备，主要有牙轮钻机、潜孔钻机、火钻、钢绳冲击式穿孔机和凿岩台车，其中以牙轮钻机使用最广，潜孔钻机次之，火钻和凿岩台车仅在某种特定条件下使用，钢绳冲击式穿孔机已逐步被淘汰。

露天矿的爆破方法主要有深孔爆破、浅眼爆破和硐室爆破。在生产中大量使用的是深孔爆破。深孔爆破中又以多排孔微差爆破及多排孔微差挤压爆破为主。为了保护最终边坡及重要设施，在靠近最终边帮或重要设施时，常采用松动爆破、预裂爆破或光面爆破工艺。

在露天开采中，使用装载机械将矿岩从爆堆中挖取并装入运输容器内或直接倒卸于规定地点的工作，称为采装工作。它是露天开采的中心环节。金属露天矿的主要采装设备仍是单斗挖掘机，近些年来，前端式装载机也有很大的发展，但目前多用作辅助设备。

运输是露天矿生产过程的主要环节。露天矿运输工作的任务是将采场采出的矿石运送至选矿厂、破碎站或贮矿场，把剥离的岩土运送到排土场，将生产过程中所需的人员、设备和材料运送到作业地点。完成上述任务的运输网络，构成露天矿运输系统。露天矿采用的运输方式主要有自卸汽车运输、铁路运输、带式运输机运输、提升机运输、自重运输和联合运输。

排土工作指从露天采场将剥离的大量表土和岩石，运送到专门设置的场地进行有序排放的作业。这种接受排弃岩土的场地称为排土场，按排土场与露天矿场的相对位置，排土场可分为内部排土场和外部排土场。排土场应选择在尽量靠近采矿场、少占农田的位置，有条件时应设置在山谷、洼地处。根据露天矿采用的运输方式和排土设备的不同，排土工艺可分为汽车运输-推土机排土、铁路运输-挖掘机排土、铁路运输-排土犁排土、铁路运输-前装机排土以及带式排土机排土等。

4.2.1.2　地下开采工艺简介

矿床埋藏在地表以下较深，若采用露天开采则剥离岩土量过大而不经济，这时宜采用地下开采。

地下开采主要包括开拓、采切（采准和切割工作）和回采3个步骤。无论是开拓、采准还是回采，一般都要经过凿岩、爆破、通风、装载、支护和运输等工序。

开拓工作就是从地表开凿通往矿体的巷道，如竖井、斜井、斜坡道、平巷等，以形成井下人行、通风、提升运输及排水等必要的通道。采准工作是在开拓工程的基础上，为回采矿石所做的准备工作，包括掘进阶段平巷、横巷和天井等采矿准备巷道，以在矿块内形成人行、通风、矿岩运搬及材料运送的通道。切割工作是为了回采矿石而开辟自由面和落矿空间，即在开拓与采准工程的基础上按采矿方法的要求在回采作业前必须完成的井巷工程，如切割天井、切割平巷、拉底巷道、堑沟或漏斗、凿岩硐室等。回采是在采场内从矿块里采出矿石的过程，是采矿的核心，包括凿岩、爆破、采场通风、出矿和地压管理等作业。

地下矿床开采时一般是先采上阶段，后采下阶段。在阶段中，沿矿床走向划分矿块，再以矿块为基本单位或将矿块再划分为矿房和矿柱进行回采。

地下采矿方法较多，以地压管理方法为依据，可将采矿方法分为空场采矿法、充填采矿法和崩落采矿法3大类：

（1）空场采矿法，主要靠围岩本身的稳固性和矿柱的支撑能力维护回采过程中形成的采空区，有的用支架或采下矿石作辅助或临时支护。这类采矿方法回采工艺简单，容易实现机械化，劳动生产率高，采矿成本低，适于开采矿石和围岩均稳固的矿体，在地下矿山广泛应用。

（2）充填采矿法，在矿房或矿块中，随回采工作面的推进，向采空区送入碎石、炉渣、水泥等充填材料，以起到支承地压、控制围岩崩落和地表移动，并在形成的充填体上或在其保护下进行回采。适用于开采围岩不稳固的高品位、稀缺、贵重金属矿石以及地表不允许陷落，开采条件复杂（如水体、铁路干线、主要建筑物下面）的矿体和有自燃危险的矿体等，也是深部开采时控制地压的有效措施。其优点是适应性强，矿石回采率高，贫化率低，作业较安全，能利用工业废料，保护地表等。缺点是工艺复杂，成本高，劳动生产率和矿块生产能力都较低。

（3）崩落采矿法，随回采工作面的推进，有计划地崩落围岩填充采空区以管理地压的采矿方法。适用于围岩稳固性较差、容易崩落、地表允许塌陷的矿体。

4.2.2　危险和有害因素识别与分析

不管是露天矿山还是地下矿山，均存在着许多危险、有害因素，危险因素可能对人造成伤亡或对设备、设施造成突发性损坏，有害因素能影响人的身体健康、导致疾病或对设备、设施造成慢性损坏。这些危险有害因素即通常所说的矿山危险源。矿山危险源具有能量大、造成事故后果严重、同一作业场所可能有多种危险源共存、比较难以识别和控制等特点。因此，掌握矿山生产过程中存在的危险源，并进行危险、有害因素的辨识，将具有重大意义。

危险有害因素辨识必须遵循科学性、系统性、全面性及预测性的原则，辨识方法可采用经验分析法、预先危险性分析法、现场安全检查法或安全检查表分析法等。

4.2.2.1　露天矿山主要危险有害因素

露天矿开采过程中可能存在的主要危险有害因素有采场边坡失稳、排土场失稳、泥石流、爆破伤害、火药爆炸、火灾爆炸、车辆伤害、机械伤害、物体打击、高处坠落、水危害、粉尘危害以及噪声危害等。

A　采场边坡失稳

采场边坡失稳体现为露天矿边坡的滑坡、坍塌等，其主要原因有：

（1）露天矿边坡角设计偏大或台阶未按设计施工。

（2）边坡上有大的结构面。

（3）自然灾害，如地震、山体滑移等。

（4）滥采乱挖等。

B　排土场失稳

排土场失稳分为边坡（局部）失稳和整体失稳。

边坡（局部）失稳的主要原因有：

（1）排土段高超过了稳定高度。

（2）排土场内连续排弃了物理力学性质不良地岩土层，从而形成了软弱面。

（3）地表水截流不当，流入场内，岩土含水饱和，降低了岩土的物理力学性质。

（4）地表水集流冲刷边坡，河沟水流浸泡、冲刷坡脚等。

整体失稳的主要原因有：

（1）基底地形坡度太陡。

（2）剥离废石的物理力学性质差，与基底之间摩擦系数小。

（3）基底工程地质、水文地质条件差，基底的承载力低。

（4）排水工程设施不完善。

（5）人类活动及自然灾害影响等。

C　泥石流

泥石流主要产生于排土场下方，其主要原因有：

（1）排土场位置选择在不良水文地质条件处。

（2）排土场排水设施不完善，大量雨水流入排土场。

（3）排土场维护、加固措施不当。

D　爆破伤害

露天矿山开采坚硬矿岩需要进行爆破作业，所使用的爆破器材在装药和放炮的过程中、未爆炸或未爆炸完全的炸药在装卸矿岩的过程中都有发生意外爆炸的可能性。炸药爆炸可以直接造成人体的伤害和财物的破坏。爆破危害是露天采场的一个主要危险有害因素，常见的爆破危害有爆破震动危害、爆破冲击波危害、爆破飞石危害、拒爆危害、早爆危害、迟爆危害、爆破有毒气体危害等。

爆破事故产生的原因主要有：放炮后过早进入工作面；盲炮处理不当或打残眼；炸药运输过程中强烈振动或摩擦；装药工艺不合理或违章作业；起爆工艺不合理或违章作业；警戒不到位，信号不完善，安全距离不够；爆破器材质量不良，点火迟缓，拖延点炮时间；非爆破专业人员作业，爆破作业人员违章；使用爆破性能不明的材料；炸药库管理不严等。

E　火药爆炸

使用爆破开采的露天矿山可能设有爆破材料库，包括炸药库、起爆材料库等，用于储存采矿作业用炸药、雷管及导爆管等火工品。炸药、雷管等火工品属于易燃易爆品，若储存或运搬方法不当，或有外来因素影响，均可导致火药爆炸事故。若爆破材料库周边具有重要建筑、设施及村庄等，一旦发生火药爆炸事故，则会导致严重的事故后果。

F　火灾爆炸

在采矿工业场地内可能设有加油站或油库，主要油品为柴油、汽油和润滑油等。汽油、柴油等均具有火灾危害，汽油、柴油蒸气与空气混合达到爆炸极限还有可能发生爆炸的可能。露天矿山常采用大型液压采掘设备和无轨运输设备等，运输设备的轮胎、胶带运输机的胶带及各种电器设备的绝缘物大多数属于易燃物质，易引发火灾，甚至导致爆炸。引起火灾事故的主要因素有设备的原因、物料的原因、环境的原因、管理的原因等。

G　车辆伤害

露天开采矿岩运输常使用大量车辆，存在发生车辆伤害的危险，其原因有以下几个方面：

（1）运输设备数量过多，交通混乱。

（2）运输距离长，车辆驾驶员疲劳驾驶。

（3）车辆载重量大，易翻车。

（4）自然条件的不利影响，大雾天影响视线，冰雪和雨水使路面变滑等。

（5）露天采场运输所采用的装载车辆及运输车辆若为大型车辆，高度较大，驾驶人员视线容易被遮挡，如果在作业过程中有无关人员进入采场运输通道内，可能发生运输车辆伤害事故。

（6）若安全管理不到位，如车辆驾驶员没有经过培训，或者对安全驾驶和行车安全的重要性认识不足，思想麻痹、违章驾驶；路面质量差或缺乏维护保养；车辆没有按照有关规定进行维修保养，或带病行车等，也可能造成车辆事故的发生。

H　机械伤害

机械伤害主要指机械设备运动（静止）部件、工具、加工件直接与人体接触引起的夹击、碰撞、剪切、卷入、绞、碾、割、刺等形式的伤害。各类转动机械的外露传动部分（如齿轮、轴、履带等）和往复运动部分都有可能对人体造成机械伤害。

露天矿的穿孔、采装、运输、排土等生产作业以及破碎作业等均使用相应的机械设备，如牙轮钻机、潜孔钻机、液压挖掘机、机械铲、前装机、推土机、破碎冲击器和空压机等。这些设备运行时，其传动机构的外露部分，如齿轮、传动轴、链条、履带等都有可能对人体造成机械伤害。

造成机械伤害的主要原因是人员违章作业，其次是设备的防护设施不全、设备的安全性能不好等。

I　物体打击

露天采场在生产过程中，特别是采装和排土时，由于作业环境和管理等原因，导致岩堆过高、形成伞岩、边坡浮石及上部工作平台碎石清扫不净等，受到爆破、采装、运输等各种震动，很可能发生滚石滑落，导致对下部平台作业人员或设备造成严重的物体打击事故。

J　高处坠落

在露天开采过程中，由于露天采场的作业场所高差较大，在平台或人行斜坡道的台阶坡顶线附近作业、行走可能出现人员、设备从台阶坡面高处坠落；台阶坍塌，造成设备人员高处坠落；排土场没有人员指挥，没有挡车装置，汽车卸载时可能从排土场边高处坠落。

K　触电危害

采矿生产系统中存在采掘设备、运输设备等各种用电设备、电气装置及配电线路，如果采掘设备的供电电缆绝缘性差，或与金属管（线）和导电材料接触或横穿公路、铁路时未设防护措施，电力驱动的钻机、挖掘机，没有完好的绝缘手套、绝缘靴、绝缘工具和器材等，停、送电和移动电缆时，不使用绝缘防护用品和工具，电气人员操作时，未穿戴和使用防护用具，电气设备可能为人所触及的裸露带电部分，无防护罩或遮拦及警示标志等安全装置，均可能引起触电伤害。

L　水危害

大气降水是地下水和地表水的主要来源，若是山坡露天开采，降水和裂隙水一般均可以借自然地形自流排出采场，但若无防洪排水措施，雨水直接冲刷边坡，破坏边坡的稳定性，会造成边坡失稳（滑坡、坍塌）；若是凹陷露天开采时，如果没有采取防洪排水措施或排水设施能力不够，在暴雨季节可能会出现采场下部大量积水而引发水灾危害。在矿区开采过程中，如未发现岩溶，可能发生局部突水危害。

M　起重伤害

在露天矿山大型机修车间存在大量的起重设备，发生起重伤害的可能性比较大。其危害因素主要表现为牵引链断裂或滑动件滑脱、碰撞、突然停车等。由此引发的事故有毁坏设备、人员伤亡、影响生产等。起重伤害的一般原因有以下几个方面：超载；牵引链或产品未达到规定质量要求；无证操作起重设备或作业人员违章操作；开关失灵，不能及时切断电源，致使运行失控；操作人员注意力不集中或视觉障碍，不能及时停车；被运物件体积过大；突然停电；起重设备故障等。

N　粉尘危害

粉尘危害是矿山生产过程中主要的危害之一。粉尘的危害性大小与粉尘的分散度、游离二氧化硅含量和粉尘物质组成有关。一般随着游离二氧化硅含量的增加、含硫量的增加，粉尘的危害增大。在不同粒径的粉尘中，呼吸性粉尘对人的危害最大。粉（矿）尘对人的主要危害是能引起肺尘埃沉着病（俗称尘肺）。尘肺是由于长期大量吸入微细矿尘而使肺组织发生病理学改变，从而丧失正常的通气和换气功能，严重损害身体健康，最后可导致因窒息而死。

露天开采各生产工序，如穿孔、爆破、采装、破碎、运输等，都产生大量的粉（矿）尘。另外，还有运输道路上的扬尘、大风天气采场和排土场的扬尘。

O　噪声危害

露天开采过程中的噪声主要来源于穿孔、爆破、破碎、铲装过程中各种机械的作业噪声。

长期在噪声超标环境中作业，如防护措施不力，将会对人体产生伤害：噪声对人的听觉、神经系统、心血管系统、消化系统、内分泌系统、视觉、感知觉水平、反应时间等都有很大的影响，它能损伤人的听力，使人产生头痛、头晕、乏力、记忆力减退、恶心、心悸、心跳加快、心律不齐、传导阻滞、血管痉挛、血压变化等症状。另外，噪声对人的情绪影响也特别大，可使人烦躁不安、注意力分散等。噪声越大，引起烦恼的可能性越大，从而使受影响的作业人员产生侵犯性、多疑性、易怒性和厌倦感。

噪声不但影响人脑正常接收信息，而且会影响人的睡眠，从而导致人的健康状况下降。此外，噪声还恶化了作业环境，会影响人机操作。

噪声不仅对作业人员造成危害，而且对附近的居民及建（构）筑物也产生危害，尤其是夜间，对公共安全的影响比较明显。

P　其他危害

露天矿生产过程中还存在振动危害、雷击灾害、地震灾害、高温危害等危险有害因素。

4.2.2.2　地下矿山主要危险有害因素

A　地压

地压灾害是非煤矿山开采过程中的一大安全隐患，如果预防不当，管理措施不到位，将会造成事故。采空区、采场和巷道受岩石压力的影响，都可能受到地压灾害。地压灾害通常表现为采场顶板大范围垮落、陷落和冒落，采空区大范围垮落或陷落，巷道或采掘工作面的片帮、冒顶或底板鼓胀等，竖井井壁破裂、井筒涌砂、岩帮片落，地表沉陷等。

引起地压灾害的原因有：采矿方法不合理；穿越地压活动区域；穿越地质构造区域；矿柱被破坏；采场矿柱设计不合理或未保护完好；在应该进行支护的井巷没有支护或支护设计不合理；遇到新的地质构造而没有及时采取措施；采场或巷道施工工艺不合理；采场或巷道施工时违章作业；遇到新的岩石而没有按岩性进行施工；爆破参数设计不合理；爆破工序不合理；爆破施工时违章作业；地下水作用、岩石风化等其他地压活动的影响或破坏。

B　中毒、窒息

根据非煤矿山生产工艺的特点，可能发生中毒、窒息的主要场所包括：爆破作业面，炮烟流经的巷道，炮烟积聚的采空区，炮烟进入的硐室，盲巷，盲井，通风不良的巷道，采空区，使用有毒或腐蚀性药剂的选矿车间等。

引起中毒窒息的原因主要为：爆破后产生的炮烟和其他有毒烟尘；其他有毒烟尘，如：矿体氧化形成的硫化物与空气的混合物，开采过程中遇到的溶洞、采空区，巷道中存在的有毒气体，火灾后产生的有毒烟气等。

爆破后形成的炮烟是造成人员中毒的主要原因之一。造成炮烟中毒的主要原因是通风不畅和违章作业。发生人员中毒、窒息的原因包括：

（1）违章作业。如放炮后通风时间不足就进入工作面作业，人员没有按要求撤离到不会发生炮烟中毒的巷道等。

（2）通风设计不合理，使炮烟长时间在作业区域滞留，独头巷道掘进时没有设置局部通风，没有足够的风量稀释炮烟，设计的通风时间过短等。

（3）由于警戒标志不合理或没有标志，人员意外进入通风不畅、长期不通风的盲巷、采空区、硐室等。

（4）突然遇到含有大量窒息性气体、有毒气体、粉尘的地质构造，大量窒息性气体、有毒气体、粉尘突然涌出到采掘工作面或其他人员作业场所；人员没有防护措施。

（5）出现意外情况。如意外的风流短路，人员意外进入炮烟污染区并长时间停留，意外的停风等。

C　爆破伤害

在非煤矿山开采过程中须使用大量的炸药。炸药从地面炸药库向井下运输的途中，装药和起爆的过程中、未爆炸或未爆炸完全的炸药在装卸矿岩的过程中，都有发生爆炸的可能。可能发生爆破事故的作业场所主要有：炸药库、运送炸药的巷道、运送矿岩的巷道、爆破作业的工作面、爆破作业的采场、爆破后的工作面、爆破后的采场、爆破器材加工地等。

D　火灾

地下矿山火灾分为地面火灾和地下火灾，以地下火灾的危害最大。火灾具有突发性的特点，往往在人们意想不到的时候发生。火灾事故容易造成重大伤亡，必须加强对火灾事故的预防。

发生火灾事故的原因比较复杂，如着火源有明火、化学反应热、物质的分解自燃、热辐射、高温表面、撞击或摩擦、电气火花、静电放电、雷电等多种；可燃物有各种可燃气体、可燃固体、可燃液体。非煤矿山火灾事故的一般原因有以下几个方面：

（1）生活和生产用火不慎。操作者缺少有关的科学知识，思想麻痹，存在侥幸心理，不负责任，违章作业等。

（2）设备不良。如设计错误，不符合防火或防爆的要求，电气设备设计、安装、使用维护不当等。

（3）物料的原因。如可燃物质的自燃，各种危险物品的相互作用，机械摩擦及撞击生热，在运输装卸时受剧烈振动等。

（4）环境的原因。如干燥、高温、通风不良、雷击、静电、地震等自然因素。

（5）管理的原因。

（6）建筑结构布局不合理，建筑材料选用不当等因素。

E　水灾

在地下矿山开采过程中，存在地表水从塌陷区或构造裂隙进入矿井形成的地表水危害，采空区和废弃巷道、老硐集水危害，以及地下溶洞、裂隙等构造中的承压水体的危害。常因这些水危害导致工作面、采场空水、涌水，致使矿井被淹、人员伤亡、设备损毁，影响正常生产。

发生水灾的主要原因可能是：采掘过程中没有探水或探水工艺不合理；采掘过程中突然掘通含水的地质构造；爆破时揭露水体；钻孔时揭露水体；排水设施、设备设计不合理；排水设施、设备施工不合理；采掘过程中违章作业；没有及时发现突水征兆；发现突水征兆没有及时采取探水措施及防水措施；发现突水征兆采取了不合适的探水、防水措施；采掘过程中没有采取合理的疏水、导水措施，使采空区、废弃巷道积水；巷道、工作面和地面水体内外连通；降雨量突然加大时，造成井下涌水量突然增大。

F　机械伤害

机械伤害也是地下矿山生产过程中最常见的伤害之一，易造成机械伤害的机械、设备包括：运输机械，掘进机械，装载机械，钻探机械，破碎设备，通风、排水设备，选矿设备，其他转动及传动设备。

G　高处坠落

高处坠落危害是指在高处作业中发生坠落造成的伤亡事故。地下矿山生产中可能产生坠落伤害事故的主要场所或区域有竖井、斜井、天井、溜井、采场及各类操作平台。常因井下照明条件不好、未正确使用安全绳、无安全护栏、安全警示不明显等多种因素导致。

H　提升运输

提升运输是地下矿山生产过程中一个重要组成部分。主要有竖井提升、斜井提升和水平运输（机车运输、带式输送机运输）。提升运输事故主要表现为：

（1）竖井提升过程中断绳、过卷、掉罐毁物伤人；突然卡罐、挤罐、急剧停机或人员坠落。

（2）斜井提升过程中跑车、掉道毁物伤人；斜井落石伤人。斜井跑车事故是斜井提升运输危害最大的事故，其产生的主要原因有钢丝绳断裂、摘挂钩失误、制动装置失灵、绞车工操作失误、挂车违章、防跑车装置有缺陷等（设计原因、安装缺陷或工作状态不良）。

（3）水平运输过程中出现事故。机车运输过程常见的事故有机车撞车，机车撞、压行人，机车掉道等。其中，机车撞压行人是危害最大的事故，其主要原因有：行人行走地点不当（如行人在轨道间、轨道上、巷道窄侧行走，就可能被机车撞伤），行人安全意识差或精神不集中（行人不及时躲避、与机车抢道或扒跳车，都可能会造成事故），周围环境的影响（如无人行道、无躲避硐室、设备材料堆积、巷道受压变形、照度不够、噪声大等），机车操作原因（如超速运行、违章操作、判断失误、操作失控），机车制动装置失效等；以及其他因素（如无信号或信号不起作用、操作员无证驾驶或精神不集中、行车视线不良等）。

采用胶带运输时主要事故表现为绞人伤害，胶带运输机发生绞人伤害的主要原因有：胶带机运转过程中清理物料、加油或处理故障，疲劳失误、绊滑跌倒、衣袖未扎，违章跨越、违章乘坐，操作人员精神不集中，防护装置失效，设计不满足要求，信号装置失效或未开启等。

Ⅰ 电气设备或设施

非煤矿山生产系统大量使用电气设备，存在电气事故危害。充油型互感器、电力电容器长时间过负荷运行，会产生大量热量，导致内部绝缘损坏，如果保护监测装置失效，将会造成火灾、爆炸；另外，配电线路、开关、熔断器、插销座、电热设备、照明器具、电动机等均有可能引起电伤害。

（1）电气火灾产生原因有：

1）由于电气线路或设备设计不合理、安装存在缺陷或运行时短路、过载、接触不良、铁心短路、散热不良、漏电等导致过热；

2）电热器具和照明灯具形成引燃源；

3）电火花和电弧，包括电气设备正常工作或操作过程中产生的电火花、电气设备或电气线路故障时产生的事故电火花、雷电放电产生的电弧、静电火花等。

（2）产生电击的原因有：

1）电气线路或电气设备在设计、安装上存在缺陷，或在运行中缺乏必要的检修维护，使设备或线路存在漏电、过热、短路、接头松脱、断线碰壳、绝缘老化、绝缘击穿、绝缘损坏、PE 线断线等隐患；

2）没有设置必要的安全技术措施（如保护接零、漏电保护、安全电压、等电位连接等），或安全措施失效；

3）电气设备运行管理不当，安全管理制度不完善；

4）电工或机电设备操作人员的操作失误，或违章作业等。

（3）产生触电的原因有：

1）带负荷（特别是感应负荷）拉开裸露的闸刀开关；

2）误操作引起短路；

3）近距离靠近高压带电体作业；

4）线路短路、开启式熔断器熔断时，炽热的金属微粒飞溅；

5）人体过于接近带电体等。

J 起重伤害

在地下矿山生产过程中，选矿车间和机修车间存在大量的起重设备，发生起重伤害的概率比较大。

K 辐射

一般地下矿山开采，即使不是生产铀等放射性矿石的矿山，也都含有微量的放射性物质，如氡。氡的产生是连续的，氡从岩石里进入空气中的过程也是连续的。氡进入人体的主要途径是呼吸道。吸入的氡经上呼吸道进入肺部，并通过渗透作用至肺泡壁溶于血液循环系统分布到全身，并积聚在含脂肪较多的器官或组织中，按其本身固有的规律进行衰变，损害肺部和上呼吸道，加速某些慢性疾病的发展，严重危害职工身体健康。

L 噪声

在地下矿山生产过程中，噪声与振动主要来源于气动凿岩工具的空气动力噪声，各设备在运转中的振动、摩擦、碰撞而产生的机械噪声和电动机等电气设备所产生的电磁辐射噪声。产生噪声和振动的设备和场所主要有：空压机和空压机泵房，通风机和通风机房，水泵和水泵房，绞车和绞车房，爆破作业场所，破碎设备和破碎作业场所，凿岩设备和凿岩工作面；运输设备和设备通过的巷道，装岩机和装岩作业场所，修设备（如锻钎机）及机修车间等。

M 其他危害

在生产过程中，还存在压力容器爆炸、高温、腐蚀、雷击、地震、采光照明不良等危险有害因素。

4.2.3 评价单元的划分与评价方法的选择

4.2.3.1 评价单元的划分

在危险有害因素识别与分析的基础上，根据评价目标和评价方法的需要，将系统分成有限个确定范围的单元进行评价，该范围称为评价单元。

划分评价单元的目的，是方便评价工作的进行，提高评价工作的准确性和全面性。评价单元一般以生产工艺、工艺装置、物料的特点及特征，与危险和有害因素的类别及分布等有机结合进行划分，还可以按评价的需要将一个评价单元再划分为若干个子评价单元进行评价。总之，划分评价单元以便于安全评价工作的顺利实施为原则进行。

根据危险有害因素识别情况，结合露天矿生产工艺特点，一般将露天开采划分为厂址和总平面布置、露天开采和安全生产管理3个评价单元。因为露天开采中存在的危险有害因素较多，又是交叉地存在不同的工序和环节中，为便于评价工作的有序开展，又将露天开采单元再划分为穿爆、采装、运输、排土、供电、破碎、防排水、防火与边坡9个子单元。露天矿安全评价单元划分见表4-1。

表 4-1 露天矿安全评价单元划分

序号	单元	子单元	内容
1	厂址和总平面布置		厂址、总平面布置、道路及运输、建构筑物
2	露天开采	穿爆	穿孔爆破设备及工艺过程
		采装	采装设备及工艺过程
		运输	运输设备及工艺过程
		排土	排土场设置、排土设备及工艺过程
		供电	供配电设备及线路、用电设备
		破碎	破碎设备及工艺过程
		防排水	防排水措施、排水设备及工艺
		防火	防火措施、防火设备
		边坡	边坡参数及治理措施
3	安全生产管理		管理机构、责任制、制度、操作规程、档案、安全投入、教育培训、安全警示标志等

　　根据危险有害因素识别情况，结合地下矿生产工艺特点，一般将地下开采矿山划分为厂址和总平面布置、地下开采、公用辅助设施和安全生产管理等 4 个评价单元。将地下开采单元再划分为开拓、采矿方法、提升运输、通风防尘、供排水、供电、供气等 7 个单元，将公用辅助设施单元再划分为废石场、爆破器材库、电力电信、机修等 4 个单元。地下矿安全评价单元划分见表 4-2。

表 4-2 地下矿安全评价单元划分

序号	单元	子单元	内容
1	厂址和总平面布置		厂址、总平面布置、道路及运输、建构筑物
2	地下开采	开拓	主要开拓巷道布置、井巷掘进工艺及设备
		采矿方法	采矿方法、采矿工艺及设备
		提升运输	矿井提升工艺、坑内外运输工艺及设备
		通风防尘	矿井通风及防尘工艺及设备
		供排水	矿井供水、排水工艺及设备、管线
		供电	井下供配电设备、线路
		供气	坑内供气设备、管线
3	公用辅助设施	废石场	坑口临时废石堆场及集中废石场及排放工艺
		爆破器材库	炸药库、起爆器材库
		电力电信	地表供配电设施及线路、地表通信设施
		机修	机修车间及机修工艺
4	安全生产管理		管理机构、责任制、制度、操作规程、档案、安全投入、教育培训、安全警示标志等

4.2.3.2 评价方法的选择

安全评价方法是进行定性、定量安全评价的工具。安全评价的目的和对象不同，安全评价的内容和指标也不同。

选择安全评价方法时应根据安全评价的特点、具体条件和需要，针对被评价对象的实际情况、特点和评价目标，认真分析、比较。一般而言，对危险性较大的系统可采用系统的定性、定量安全评价方法，工作量也较大，如事故树、危险指数评价法、TNT 当量法等。反之，可采用经验的定性安全评价方法或直接引用分级（分类）标准进行评价，如安全检查表、直观经验法等。

对于非煤矿山安全评价，其危险有害因素的分析过程，一般可采用安全检查表法（SCA）或专家评议法进行评价分析，安全预评价还可采用预先危险性分析法（PHA）进行评价分析。在对主要危险有害因素进行定性定量评价时，可采用安全检查表法（SCA）、事故树分析法（FTA）、事件树分析法（ETA）、故障类型及影响分析（FMEA）法、鱼刺图分析法和预先危险性分析（PHA）法进行评价。

4.2.4 危险与危害程度评价

危险与危害程度评价是安全评价工作的核心内容之一。不同被评价系统的危险与有害因素不同，引起的危险与危害程度也不同。系统安全分析方法是进行危险与危害程度定性、定量评价的工具。

定量评价方法是采用基于大量的实验结果和广泛的事故资料统计分析获得的指标或规律（数学模型），对生产系统的工艺、设备、设施、环境、人员和管理等方面的状况进行定量的计算，评价结果是一些定量的指标，如事故发生的概率、事故的伤害（或破坏）范围、定量的危险性、事故致因因素的事故关联度或重要度等。

定性安全评价方法主要是根据经验和直观判断能力对生产系统的工艺、设备、设施、环境、人员和管理等方面的状况进行定性的分析，评价结果是一些定性的指标，如是否达到了某项安全指标、事故类别和导致事故发生的因素等。定性安全评价方法容易理解、便于掌握，评价过程简单而且往往是定量评价方法的基础，在矿山安全评价中广泛使用。

在安全评价时，通过对生产系统危险和有害因素的辨识，可以初步确定生产过程中存在的主要危险与有害因素，再针对系统中存在的主要危险与有害因素进行定性或定量分析，可以进一步查明事故发生的原因、导致事故的模式，预测事故后果的严重程度等，以便于采取科学合理的对策措施，消除、预防和减弱事故危害。

【例 4-1】 某露天矿山，其露天采坑 1440m 以上已基本采空，形成了一个南北长约 400m，东西宽约 250m 的露天采坑，目前采深已达 110m，1440m 以上已形成 8 个终了台阶，终了台阶坡面角 75°，因掏采导致台阶坡面凹凸不平，掏采深度 2~3m；安全平台宽度约为 3.5m，清扫平台宽度 6m，运输平台宽度为 8m，经测量其非工作帮坡角最大处达到 53.6°。露天采场西帮的 1460~1495m 标高可见 F_3 断层与坡面斜交，断层带宽约 15m，常有台阶坡面坍塌现象。在边坡顶部覆盖有 2~4m 厚松散土层；有明显的被水冲刷形成泥浆流入采场的痕迹。

经现场检查及安全检查表分析（危险和有害因素辨识），认为该露天采场边坡评价单元存在的危险有害因素为边坡失稳。为了进一步掌握该露天采场产生边坡失稳的事故原因、可能导致的事故模式，以及事故后果严重程度，需要对该单元进行进一步的定性定量分析。采用预先危险性分析法（PHA）对该单元进行分析的结果见表 4-3。

表 4-3 露天采场边坡评价单元预先危险性分析

危险有害因素	现象	形成事故原因	事故模式	事故后果	危险等级
边坡失稳	崩落；坍塌；滑动；开裂；滚石；倾倒	台阶坡面角超过设计角度（60°）； 安全平台宽度低于设计空区宽度（5m）； 非工作帮坡角超过设计角度（47°）； 西帮 1460~1495m 有 F_3 断层与坡面斜交； 边坡顶部有松散土层； 局部有掏采现象； 开采境界上方无截水沟	台阶坡面局部滑坡；坡面坍塌	边坡下方人员伤亡，运输设备、铲装设备损坏	Ⅲ

根据预先危险性分析法分析结果，可知该露天矿边坡失稳危险等级达到Ⅲ级，即会造成人员伤亡和设备损坏，要立即采取防范对策措施。为了更准确、直观地分析事故发生原因，为矿山在以后的工作中有针对性地采取措施防范边坡失稳，对边坡失稳事故再采用鱼刺图分析法进行分析，如图 4-5 所示。

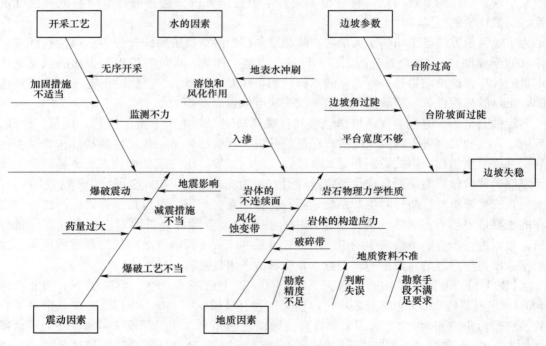

图 4-5 采场边坡失稳鱼刺图分析

由图 4-5 可知，导致露天采场边坡失稳的主要因素有地质因素、震动因素、开采工艺、水的影响以及边坡参数等几个方面，具体分析如下：

（1）地质因素。由于矿床工程地质和水文地质资料不详，开采后边坡面上出现不良工程地质、水文地质岩层，在边坡面上若出现顺坡岩层层面，则岩层易出现顺坡滑动；在节理裂隙发育地段，岩石破碎，在风化剥蚀作用下易出现滚石或塌方等事故。

（2）震动因素。场内进行爆破作业，装药量过大，靠近边坡的爆破未采取微差爆破、预裂爆破、松动爆破等对边坡进行有效的保护，使边坡面上原来未处理的危石散落或岩石顺岩层层面滑动等。另外，地震震动也是导致边坡失稳的影响因素之一。

（3）开采工艺。未严格按自上而下的台阶式开采，未使用光面爆破清理台阶坡面，靠帮边坡部位产生超挖、欠挖，台阶坡面上方形成伞岩、危石等。未定期对边坡进行监测，发现隐患后未进行及时有效的治理。

（4）水的因素。地表水对边坡的冲刷或岩层渗水将减弱岩块间的结合力，增加边坡荷载，这对边坡稳定是不利的。地下水具有弱化边坡岩体强度的作用，同时承压地下水对边坡老层岩体产生浮托力，使边坡岩体内聚力减小，这些都不利于边坡的稳定。

（5）边坡参数。台阶过高、台阶坡面角过陡会引起台阶失稳，产生滑坡、崩落、滚石；安全平台宽度不足，非工作帮边坡角度过陡，在有地质岩面的前提下可能产生大型滑坡等事故。

【例 4-2】 某地下矿山，采用沿脉平硐开拓，矿山共设置了 1920m 、1880m 及 1840m 共 3 个中段，1920m 中段已采空，目前正在开采 1880m 中段，1840m 中段正在进行开拓工程施工。开采矿体为铅锌矿，矿体为单层矿体，平均厚度 2.8m，平均倾角 65°。采用的采矿方法为浅孔留矿法，日生产能力 200t 原矿。由于矿山生产规模小，同时组织一个中段生产，中段内同时回采出矿采场为 2 个。采下矿石通过采场底部漏斗放入沿脉运输平巷内的矿车内，使用人推矿车运出地表卸入地面矿仓。矿井尚未采用机械通风，掘进及回采工作面均采用 KB11 型矿用局部通风机进行爆破后通风，每次爆破后通风时间约为 15min。

在对该矿山的通风防尘单元进行评价时，经现场检查及安全检查表分析（危险有害因素辨识）可知，该单元存在中毒窒息危险因素。

为了进一步分析产生中毒窒息的事故原因、可能导致的事故模式以及事故后果严重程度，需要对该单元进行进一步的定性定量分析，采用预先危险性分析法（PHA）对该单元进行分析的结果见表 4-4。

表 4-4 通风防尘评价单元预先危险性分析

危险有害因素	触发事件	形成事故原因	事故模式	危险等级
中毒或窒息	炮烟浓度超标；有毒气体含量超标；工作面氧气含量过低	采场为独头空间，自然通风不可靠，主要靠扩散作用进行排烟排尘；风速低，排尘速度缓慢；爆破后通风时间过短；工作面涌出大量窒息性气体；粉尘突然涌出	中毒伤亡；窒息伤亡；急慢性肺部及其他身体部位的伤害	Ⅲ

根据预先危险性分析法分析结果，中毒窒息危险等级达到Ⅲ级，即会造成人员伤亡和设备损坏，要立即采取防范对策措施。为了更准确、直观地分析事故发生原因，为矿山在以后的工作中有针对性地采取措施防范中毒或窒息事故的发生，再对该事故采用事件树分析法（ETA）进行分析（参见图 2-16）。

从事件树（ETA）分析结果可看出，发生中毒或窒息事故是一个动态的顺序发展过程，中毒（窒息）事故在矿井采用自然通风方式时发生的可能性较大。自然通风矿井依靠矿井进风口、出风口之间大气的自然压差形成的风量运动进行通风，其风速低、风量小，且风向随地表气候的变化而变化，系统不稳定。井下爆破产生的有毒有害气体和粉尘长时间滞留在工作面附近，虽采用局扇进行局部通风，但由于矿井进风量和回风量不足，导致污风在采掘工作面附近循环，危害作业人员，严重时可能造成人员中毒或窒息。此外，当井下可燃物着火时，由于没有足够的氧气供应，燃烧不充分，容易产生大量的 CO，发生中毒窒息事故。

从事件树分析可知，为了避免中毒或窒息事故的发生，其根本措施是将矿井从原有的自然通风改造为机械通风，保证爆破后足够的通风时间，工人进入工作面之前应进行必要的风质检测，合格后方可进入工作面作业。同时，矿山应制定事故应急救援预案并定期演练，一旦发生中毒或窒息事故后，能及时有效地启动救援预案，使受伤人员得到及时有效的抢救，尽量减少事故带来的损失。

4.2.5　安全对策措施

安全对策措施是要求设计单位、生产单位、经营单位在建设项目设计、生产经营、管理中采取的消除或减弱危险危害因素的技术措施和管理措施，是预防事故和保障整个生产、经营过程安全的对策措施。

在考虑、提出安全对策措施时，应满足如下 5 条基本要求：

（1）能消除减弱生产过程中产生的危险危害。

（2）能处置危险和有害物，并使其浓度或范围降低到国家规定的限值内。

（3）能预防生产装置失灵和操作失误产生的危险危害。

（4）能有效地预防重大事故和职业危害的发生。

（5）发生意外事故时，能为遇险人员提供自救和互救条件。

提出的安全对策措施必须要有针对性，针对危险有害因素识别与分析的结果提出可操作的、经济合理的对策措施，同时，提出的对策措施必须要符合有关的法律法规、技术标准及行业安全设计规范的要求。

如【例 4-1】所分析的"露天矿边坡单元"，针对其存在的"边坡失稳"危险因素，可有针对性地提出 5 条安全对策措施：

（1）矿山必须按设计要求对现有高陡边坡进行剥坡处理，控制边坡参数不超过设计的边坡参数：终了台阶坡面角小于或等于 60°（地表土层坡面角应小于 45°），安全平台宽度不低于 5m，非工作帮坡角不超过 47°；在 F_3 断层附近适当降低边坡参数，并采用水泥浆对破碎边坡面进行加固、防风化处理。

（2）加强日常生产中的地质工作，及时掌握深部 F_3 断层的变化情况，下部各台阶开采至终了边坡附近，特别是 F_3 断层附近时，应尽量采用松动爆破、预裂爆破对终了边坡进行保护。

（3）矿山应在采场周边开挖截水沟，防止地表水冲刷边坡或汇入采场，根据设计要求，截水沟为矩形断面，断面积不低于 $0.16m^2$，浆砌毛石支护，截水沟纵向坡比大于 6%。

（4）定期对露天矿边坡危石、浮石进行清理，对清扫平台进行清理。对露天边坡尤其在雨季要加强定期、定点观测，一旦发现有不稳定因素，应立即撤出采场内的所有人员和移动设备，组织人员清除隐患，避免事故发生。

（5）工人在装车前应检查工作面浮石，严禁掏底采装，工人应做好安全防护措施。

如【例 4-2】所分析的"通风防尘单元"，针对其存在的"中毒或窒息"危险因素，提出 5 条安全对策措施：

（1）矿山应对现有通风系统进行改造，采用机械通风保证工作面风质等达标。经初步估算矿井通风阻力及风量，推荐使用 K40-4-NO8 型矿用节能型风机 1 台，采用抽出式机械通风。

（2）矿山在完善下部 1840m 中段开拓系统过程中，应优先建成通风系统，应尽快掘通端部通风人行联络天井，使中段形成通风回路。

（3）长距离掘进（超过 200m）时应采用压抽混合式局部通风并加强风筒的悬挂密封管理，以保证工作面烟尘有效排出。

（4）坚持湿式凿岩，作业前和爆破作业后进行喷雾、洒水除尘，减少粉尘对作业人员的职业危害。

（5）建立通风防尘机构，加强管理，配备检测仪表仪器和检测人员、通风系统管理专职人员，做到定期检测和实时管理。

4.2.6 安全评价结论

安全评价结论应体现系统安全的概念，要阐述整个被评价系统的安全能否得到保障，是否符合安全生产条件，系统客观存在的固有危险及危害因素在采取安全对策措施后能否得到控制及其受控的程度如何。

通过分析和评价，将单元内各评价要素的评价结果汇总成各单元安全评价小结，而整个项目的评价结论应是各单元评价小结的高度概括，而不是将各评价单元的评价小结简单地罗列起来作为评价的结论。总评价结论的编制应着眼于整个被评价系统的安全状况。评价结论应遵循客观公正、观点明确的原则，做到概括性、条理性强且文字表达精练。

评价结论的主要内容有 3 条：

（1）评价结果分析。包括各单元评价结果概述、归类和危险程度排序。对于风险可接受的单元，需进一步关注对应安全设施的可靠性和有效性；对于风险不可接受的单元，应指出存在的问题并列出充足的理由（法规标准依据）。

（2）评价结论。评价结论必须真实反映被评价对象的总体状况，不允许用"基本合格"及类似语言作为安全评价结论。做出评价结论之前，必须说明前提条件：说明评价信息采集的来源、评价的性质、评价方法的偏差、目前评价的技术水平、合格结论的条件等。

评价结论的核心，一般有 3 个内容：

1）评价对象在采纳评价机构提出的安全对策措施后，是否仍存在危险和有害因素"失控"的状态，即是否仍存在"事故隐患"。

2）经安全补偿后，评价对象在总体上是否符合国家安全生产法规和标准的要求。

3）评价对象是否仍存在"风险"，这些"风险"对于评价对象所在地区是否属"可接受风险"。

（3）持续改进方向。

1）对评价对象提出保持现已达到安全水平的要求（加强安全检查、保持日常维护、保证安全设施可靠并有效等）。

2）提出进一步提高安全水平的建议（配置安全设施，采用先进工艺、方法、设备）。

课后习题

一、选择题

1. _____具有能量大、造成事故后果严重、同一作业场所可能有多种危险源共存、比较难以识别和控制等特点。
　　A. 矿山危险源　　　　　　B. 生产危险源
　　C. 化工危险源　　　　　　D. 建筑危险源

2. （多选）以地压管理方法为依据，可将采矿方法分为_____、_____、_____三大类。
　　A. 空场采矿法　　　　　　B. 充填采矿法
　　C. 无底柱分段法　　　　　D. 崩落采矿法

3. （多选）危险有害因素必须遵循_____的原则。
　　A. 科学性　　　　B. 系统性　　　　C. 全面性　　　　D. 预测性

4. （多选）露天开采常见的采场边坡失稳主要原因有_____。
　　A. 露天矿边坡角设计偏大或台阶未按设计施工
　　B. 边坡上有大的结构面
　　C. 自然灾害
　　D. 滥采乱挖等

5. 把矿体上部覆盖的岩石和两盘的围岩剥去，使矿体暴露在地表进行开采的方法，称为_____。
　　A. 露天开采　　　　B. 机械开采　　　　C. 水利开采　　　　D. 地下开采

6. _____指能影响人的身体健康、导致疾病或对设备、设施造成慢性损坏的因素。
　　A. 有毒因素　　　　B. 危险因素　　　　C. 危险源　　　　D. 有害因素

7. 不属于发生水灾的主要原因有_____。
　　A. 采掘过程中没有探水或探水工艺不合理
　　B. 采掘过程中突然掘通含水的地质构造
　　C. 采掘过程中违章作业
　　D. 及时发现突水征兆，采取疏水、导水措施

8. _____危害是指在高处作业中发生坠落造成的伤亡事故。
　　A. 提升运输　　　　B. 高处坠落　　　　C. 机械伤害　　　　D. 爆破伤害

9. （多选）根据危险有害因素识别情况，结合地下矿生产工艺特点，一般将地下开采矿山划分为_____、_____、_____、_____等4个评价单元。
　　A. 厂址和总平面布置　　　B. 地下开采
　　C. 公用辅助设施　　　　　D. 安全生产管理

二、填空题

1. _____可能对人造成伤亡或对设备、设施造成突发性损坏。

2. 露天开采作业主要包括_____、_____、运输、采装、_____。

3. 露天矿的爆破方法主要有_____、浅眼爆破、_____。

4. 地下开采主要包括_____、_____、回采。

5. 根据危险有害因素识别情况，结合露天矿生产工艺特点，一般将露天开采划分为_____、_____、_____ 3 个评价单元。

6. 对主要危险有害因素进行定性和定量分析时，可采用_____、事故树分析法、_____、鱼刺图分析法、_____、故障类型及影响分析法进行评价。

7. 造成机械伤害的主要原因是_____，其次是设备的防护设施不全、设备的安全性能不好等。

─────── **本 章 小 结** ───────

安全评价既需要安全评价理论的支持，又需要被评价系统所属专业知识的支持，还需要理论与实际经验的结合，这几项缺一不可。本章概述了安全评价目的、评价基本内容、评价分类、评价程序、评价依据、评价原则、木桶原理及浴盆曲线原理，使学生对安全评价有了一个初步的认识。非煤矿山安全评价部分首先介绍了非煤矿山开采工艺，然后结合非煤矿山的生产工艺特点讲解了进行非煤矿山主要危险和有害因素的辨识、评价单元的划分以及评价方法的选择，讲解了对主要危险有害因素进行危险与危害程度评价的相关知识，以及如何对系统存在的危险有害因素提出安全对策措施、编写安全评价结论的相关知识。受篇幅所限，本章所列举实例较少，对安全评价过程控制、报告编写要求等知识未做相应介绍。在实际评价工作中应注意加强对安全评价的过程控制体系建设，使整个评价过程处于严密的控制状态，编写的安全评价报告也要符合安全评价导则的相关要求。

复习思考题

4-1　安全评价通常分为哪几类，各类之间有什么异同？

4-2　什么是危险因素，什么是有害因素，危险因素如何进行分类？

4-3　露天矿存在的主要危险有害因素有哪些？

4-4　地下矿存在的主要危险有害因素有哪些？

4-5　评价单元划分的依据有哪些？

4-6　提出安全对策措施应遵循哪些原则？

4-7　安全评价报告结论的主要内容有哪些？

5　系统安全决策与危险控制

任何一项系统安全分析技术或系统安全评价技术，需有强有力的管理手段和方法，以发挥其作用，系统安全分析、评价后，进入系统安全决策。在现有的技术水平上，以最低消耗，达到最优的安全水平，具体体现在降低事故发生频率及减少事故的严重程度和每次事故的经济损失两个方面。安全系统工程是以优化作为重要出发点的，不同行业不同企业都有一个危险控制的目标，一般而言，"零事故"不是危险控制的目标。

本章讲述系统安全决策与危险控制，包括系统安全决策和系统危险控制等两节。其中，系统安全决策的基本程序、各类安全决策方法和重大危险源辨识与评价是本项目的重点学习内容，本章的难点是固有危险源控制技术和事故应急救援。

5.1　系统安全决策

5.1.1　安全决策概述

5.1.1.1　安全决策的意义

好的决策就会获得好的结果，反之则会造成较大的损失。决策者总是希望能花费最小的代价而取得最大的效益。决策是人们进行选择或判断的一种思维活动。决策在人们生活、工作中随时都会遇到。有些决策是简单和容易的，例如出门未听天气预报，要不要带雨具；到服装店买衣服，会遇到衣服的式样、衣料、颜色、价钱、耐用以及舒适等一系列问题，需要从中做出决策。有些决策是复杂的、困难的，例如能源资源开发、经济发展战略和计划以及战争与和平等。

什么是决策？决策就是决定的策略和方法。关于决策普遍的看法有两种：一种是诺贝尔奖获得者、美国经济学家西蒙所说的"管理就是决策"；另一种是"决策就是做决定"。这两种看来截然不同的定义，却从不同角度深刻地揭示了决策的基本内容。既然决策就是做决定，那么从许多达到同一目标的可行方案中选定最优方案时，就要求人们的选择和判断应尽可能地符合客观实际。要做到这一点，决策者应尽可能真实地了解问题背景、环境和发展变化规律，占有详细的信息资料和正确地掌握决策方法。

"管理就是决策"，现代安全管理主要就是解决安全决策的问题。在现代安全管理中，面对许多安全生产问题，要求领导者能统观全局，立足改革，不失时机地作出可行和有效的决策，以期实现安全生产的目标。

安全决策就是针对生产活动中需要解决的特定安全问题，根据安全标准、规范和要求，运用现代科学技术知识和安全科学的理论与方法，提出各种安全措施方案，经过分析、论证与评价，从中选择最优方案并予以实施的过程。

5.1.1.2　决策的分类

决策的分类方法很多，一般决策问题根据决策系统的约束性与随机性原理（其自然状态的确定与否）可分为确定型决策和非确定型决策。

A　确定型决策

确定型决策是在一种已知的完全确定的自然状态下，选择满足目标要求的最优方案。确定型决策问题一般应具备 4 个条件：

（1）存在着决策者希望达到的一个明确目标（收益大或损失小）。

（2）只存在一个确定的自然状态。

（3）存在着可供决策者选择的两个或两个以上的抉择方案。

（4）不同的决策方案在确定的状态下的损益值（损失或收益）可以计算出来。

方案 a_i 在自然状态 S_j 下所产生的收益（正）或损失（负），计为 V_{ij}。

【例 5-1】 有 3 种同一功能的机床 a_i（$i=1$，2，3），其加工精度用允许误差 S_j（$j=1$，2）表示，其产值用 V_{ij} 表示（单位：元/分）。用哪种机床为好（确定型决策问题）。

解： 设已知损益矩阵见表 5-1。

表 5-1　损益矩阵（一）

a	V/元 · 分$^{-1}$	
	$s \leqslant 0.001\text{mm}$	$s > 0.001\text{mm}$
a_1	50	100
a_2	30	80
a_3	20	250

对这类简单的确定型决策问题，可通过方案评比、直接判断来选择最优方案。如果要求加工零件的允许误差必须小于 0.001mm，则选用机床 a_1 工作为最优方案，因为在允许误差 $S_j \leqslant 0.001$ 时，方案 a_1 产值最大。

B　非确定型决策

当决策问题有两种以上自然状态时，哪种可能发生是不确定的，在此情况下的决策称为非确定型决策。

非确定型决策又可分为两类：当决策问题自然状态的概率能确定，即是在概率基础上做决策，但要冒一定的风险，这种决策称为风险型决策。如果自然状态的概率不能确定，即没有任何有关每个自然状态可能发生的信息，在此情况下的决策就称为完全不确定型决策。

风险型决策问题通常要具备以下 5 个条件：

（1）存在着决策者希望达到的一个明确目标。

（2）存在着决策者无法控制的两种或两种以上的自然状态。

（3）存在着可供决策者选择的两个或两个以上的抉择方案。

（4）不同的抉择方案在不同自然状态下的损益值可以计算出来。

（5）未来将出现哪种自然状态不能确定，但其出现的概率可以估算出来。

与风险型决策相比，如果缺少上述条件（5），即存在着两种或两种以上的自然状态，但其出现的概率无法估计出来，在此情况下的决策就是完全不确定型决策。

风险型决策问题一般习惯以期望值作为决策的标准，具体分析方法有损益矩阵法和决策树法两种。本节主要介绍损益矩阵法，决策树法详见后述内容。

【例 5-2】 假定某工厂准备生产一种市场上从未有过的新产品，由于缺乏资料，工厂对这种新产品的市场需求量只能大致估计 4 种情况：较高、一般、较低、很低，且无法预估出每种情况出现的概率。为生产这种新产品，工厂设想了 4 个备选方案：Ⅰ——改建原有生产线；Ⅱ——新建一条生产线；Ⅲ——把部分零件承包给外厂；Ⅳ——部分零件从市场上购入。请比较这几个方案（完全不确定型决策问题）。

解： 工厂计划生产该产品五年，根据计算，各个方案在 5 年内的损益值列入表 5-2。

表 5-2　各个方案在 5 年内的损益值表　　　　　　　　　　（万元）

市场需求情况 备选方案	较高	一般	较低	很低
Ⅰ	600	400	−150	−350
Ⅱ	800	350	−300	−700
Ⅲ	350	220	50	−100
Ⅳ	400	250	90	−50

在该决策问题中，因是新产品投产，对市场需求情况无统计资料可以借鉴，故对 4 种自然状态出现的概率也无法确定，属于完全不确定型决策。

【例 5-3】 某工厂考虑生产甲、乙两种产品，不同季节产品销售量不同，依据过去市场需求统计，在旺季、平季、淡季销售产品的比值各为 1/4、1/2、1/4。如果生产甲产品在 3 个季节中分别获利为 4 万元、3 万元、2 万元；生产乙产品在 3 个季节中分别获利为 7 万元、2 万元、0 元，问工厂应安排生产哪种产品（风险型决策问题）？

解： 该问题属风险型决策问题，损益矩阵见表 5-3。计算两方案的收益期望值。

甲产品：$E_甲 = 1/4 \times 4 + 1/2 \times 3 + 1/4 \times 2 = 3$（万元）

乙产品：$E_乙 = 1/4 \times 7 + 1/2 \times 2 + 1/4 \times 0 = 2.75$（万元）

因 $E_甲 > E_乙$，可知最优方案为投产甲产品。

表 5-3　损益矩阵（二）

自然状态 备选方案	旺季 S_1 $P(S_1) = 1/4$	平季 S_2 $P(S_2) = 1/2$	淡季 S_3 $P(S_3) = 1/4$
甲	4	3	2
乙	7	2	0

C　安全决策的类型

在安全管理决策中，由于决策目标的性质、决策的层次和要求的差别，决策的类型很多。为了便于决策，必须确定在什么层次上进行，也就是说，一定要划定决策者与被决策对象的范围以及它们相互作用构成的决策系统与外界的联系（外界有物质、能量和信息的交换）。下面仅介绍 4 种常见的安全决策类型。

（1）系统安全管理决策。这是指解决全局性重大问题的高层决策，主要解决安全方针、政策、规划、安全管理体制、法规、监督监察及推进安全事业发展等方面的决策。决策是领导工作的实质与核心，要求各级领导必须学会从全局看问题，不仅要了解本地区、本部门、本单位的情况，而且要从更大的范围考虑问题。因此，要求各方面工作的人员，不仅要熟悉本专业的业务，还要尽可能地掌握更宽广范围的知识，这样，才可以防止出现"闭门造车""只见树木，不见森林"的现象。

（2）工程项目建设的安全决策。为了保证新建、改建、扩建的工程项目能安全地投入生产，对工程项目设计进行安全论证、审核与安全评价方面的决策。这里涉及厂址选择、厂房布局、厂房结构、工艺过程、设备布置、物资贮运、厂内交通、防火防爆等一系列问题，必须对其一一作出决策。

（3）企业安全管理决策。主要是为健全、改善和加强企业的安全管理所进行的计划、组织、协调、控制以及预测和预防事故等方面的决策。

预测和预防事故是安全管理决策的主要课题之一。导致事故发生的直接原因是设备的不安全状态、人的不安全行为和作业环境不良。预防事故的对策是采取有效的技术措施，加强安全教育和加强安全管理。人、机、环境是分析的对象和决策的依据，技术、教育、管理是防止事故的保证。它们之间因果关系如图 5-1 所示。

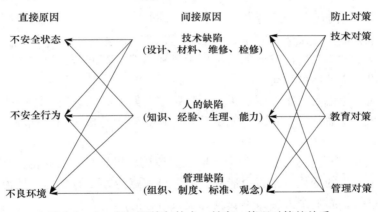

图 5-1　人、机、环境与技术、教育、管理对策的关系

（4）事故处理决策。主要是在事故发生后采取的调查、分析、处理及改善与改进的对策。

5.1.2　安全决策分析的基本程序

安全决策与通常的决策过程一样，应按照一定的程序和步骤进行。不同的是，在进行安全决策时，应根据安全问题的特点，确定各个步骤的具体内容。

5.1.2.1　确定目标

决策过程首先需要明确目标，也就是要明确需要解决的问题。对于安全而言，从大安全观出发，安全决策所涉及的主要问题就是保证人们的生产安全，生活安全和生存安全，即防止事故发生、消除职业病和改善劳动条件 3 个基本目标。但是这样的目标所涉及的范围和内容太大了，以至于无法操作，应进一步界定、分解和量化。

例如，生产安全是个总目标，它可以分解为预防事故发生，消除职业病和改善劳动条件。而且，对已分解的目标，还应根据行业不同、现实条件不同（例如，经济保证、技术水平）、边界约束条件不同区分目标的实现层次和内涵。

又如，生活安全可以分解为个人生活安全、家庭生活安全和社会生活安全，也可以分解为生命安全、财产安全和生活舒适与健康、生存安全；生存安全可以分解为自然灾害、人为灾害，也可分解为生态环境安全、灾害、交通安全以及突发事件（战争、冲突等）。

另外，对于决策目标，应有明确的指标要求；对于技术问题，应有风险率、严重度、一定可靠度下的安全系数，以及事故率、时间域和空间域等具体量化指标；对于难以量化的定性目标，则应尽可能加以具体说明。

5.1.2.2　确定决策方案（制定对策）

在目标确定之后，决策人员应依据科学的决策理论，对要求达到的目标进行调查研究，进行详细的技术设计、预测分析，拟出几个可供选择的方案。

首先，应根据总目标和指标的要求将那些达不到目标基本要求的方案舍弃掉，然后再用加权法或其他数学方法对各个方案进行排序。排在第一位的方案也称为备选决策提案。备选决策提案不一定是最后决策方案，还需要经过技术评价和潜在问题分析，做进一步的慎重研究。

5.1.2.3　潜在问题或后果分析

对备选决策方案，决策者要向自己提出"假如采用这个方案，将要产生什么样的结果；假如采用这个方案，可能导致哪些不良后果和错误"等问题，从这些可能产生的后果中进行比较，以决定方案的取舍。

对安全问题，考虑其决策方案后果，应特别注意如下 3 个潜在问题：

（1）人身安全方面。应特别注意有无生命危险，有无造成工伤的危险，有无职业病和后遗症的危险。

（2）人的精神和思想方面。是否会造成人的道德、思想观念的变化，是否会造成人的兴趣爱好和娱乐方式的变化，是否会造成人的情绪和感情方面的变化，是否会加重人的疲劳，带来精神紧张，影响个人导致不安全感或束缚感的产生等。

（3）人的行为方面。能否造成人的生活规律、生活方式变化，以及生活时间的划分等。

5.1.2.4　实施与反馈

决策方案在实施过程中应注意制定实施规划，落实实施机构、人员职责，并及时检查与反馈实施情况，使决策方案在实施过程中趋于完善并达到预期效果。

5.1.3　安全决策方法

前已述及，安全决策学是一门交叉学科，它既含有从运筹学、概率论、控制论、模糊数学等引入的数学方法，也有从安全心理学、行为科学、计算机科学、信息科学引入的各种社会、技术科学。在安全决策中，针对所决策问题的性质、条件风险性大小的不同，可以运用多种方法。下面介绍常用的几种方法。

5.1.3.1　ABC 分析法

在管理方法中有一种以排列图（主次图）为基础的方法，称为 ABC 管理法，ABC 管理法又叫 ABC 分析法、巴雷托图等。该法是由巴雷托法则转化而来的。借用德鲁克的话来讲，就是"在社会现象中，少数事物（10% ~ 20%）对结果有 90% 的决定作用，而大部分事物只对结果有 10%以下的决定作用。"即"关键的少数与次要的多数"原理。ABC 方法在企业中得到广泛应用，已成为提高经济效益的重要手段。

ABC 分析方法运用在安全管理上，就是应用"许多事故原因中的少数原因带来较大的损失"的法则，根据统计分析资料，按照不同的指标和风险率进行分类与排列，找出其中主要危险或管理薄弱环节，针对不同的危险特性，实行不同的管理方法和控制方法，以便集中力量解决主要问题。

ABC 分析法用图形表示即巴雷托图，如图 5-2 所示。该图是一个坐标曲线图，其横坐标 x 为所要分析的对象，如某一系统中各组成部分的故障模式、某一失效部件的各种原因等，纵坐标即横坐标所标示的分析对象的相关量值，如失效系统中各组成部分事故相对频率、某一失效系统和部件的各种原因的时间或财产损失等。

图 5-2 是根据化工系统有关安全管理项目所作的巴雷托分布图，其数据见表 5-4。

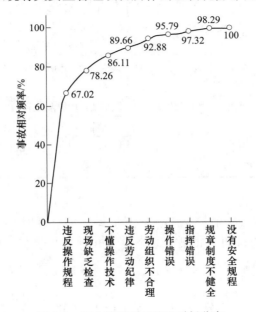

图 5-2　安全管理项目的巴雷托分布

表 5-4　化工系统安全管理不善出现事故类型统计

事故类型	事故数	相对频率/%
违反操作规程	6258	67.02
现场缺乏检查	1050	11.24
不懂操作技术	735	7.87
违反劳动纪律	329	3.53
劳动组织不合理	301	3.22
操作错误	272	2.91
指挥错误	143	1.53
规章制度不健全	137	1.47
没有安全规程	113	1.21
总计	9338	100

根据图 5-2 中的巴雷托曲线对应（纵坐标）的百分比，就可查出关键因素和部件。它按累计百分比把所有因素划分为 A、B、C 3 个级别，其中累计百分比 0~80% 为 A 级、80%~90% 为 B 级、90%~100% 为 C 级。A 级因素相对数目较少但累计百分比达到 80%，是"关键的少数"，即主要因素，是管理的重点；C 级因素属于"无关紧要的多数"，即一般因素。0~80% 的部分或因素称为关键因素或关键部位，即 A 类（如图 5-2 中违反操作规程和现场缺乏检查两项），80%~90% 的部分或因素划为 B 类（如图 5-2 中不懂操作技术和违反劳动纪律两项），余下部分或因素划为 C 类。

在安全管理上，若不作分析图，则可参考表 5-5 来划分 A、B、C 的类别。

表 5-5　划分 A、B、C 类别的参考因素

因　素	类　　别		
	A	B	C
事故严重度	可造成人员死亡	可能造成人员严重伤害、严重职业病	可能造成轻伤
对系统影响程度	整个系统或两个以上的子系统损坏	某子系统损坏或功能丧失	对系统无多大影响
财产损失	可能造成严重的损失	可能造成较大的损失	可能造成轻微的损失
事故频率	容易发生	可能发生	不大可能发生
对策的难度	很难防止或投资很大、费时很多	能够防止、投资中等、费时不很多	易于防止、投资不大、费时少

5.1.3.2　评分法

评分法就是根据预先规定的计分标准对各方案所能达到的指标进行定量计算比较，从而达到对各个方案排序的目的。如果有多个决策（评价）目标，则先分别对各个目标评分，再经处理求得方案的总分。

A　评分标准

一般按 5 分制评分：优（5 分）、良（4 分）、中（3 分）、差（2 分）、最差（1 分）。当然也可按 7 个等级评分，这要视决策方案多少及其之间的差别大小和决策者的要求而定。

B　评分方法

评分方法多数是采用专家打分的办法，即以专家根据评价目标对各个抉择方案评分，然后取其平均值或除去最大、最小值后的平均值作为分值。

C　评价指标体系

评价指标一般应包括 3 个方面的内容：技术指标、经济指标和社会指标。对于安全问题决策，若有几个不同的技术抉择方案，则其评价指标体系技术指标大致有如下内容：技术先进性、可靠性、安全性、维修性、可操作性等；经济指标有成本、质量可靠性、原材料、周期、风险率等；社会指标有劳动条件、环境、精神习惯、道德伦理等。当然要注意指标因素不宜过多，否则不但难以突出主要因素，而且会造成评价结果不符合实际的情况发生。

D　加权系数

由于各评价指标其重要性程度不同，必须给每个评价指标一个加权系数。为了便于计算，一般取各个评价指标的加权系数 g_i 之和为1。加权系数值可由经验确定或用判断表法计算。

判断表见表5-6。判断表法是将评价目标的重要性两两比较，同等重要各给2分；某一项重要者则分别给3分和1分，某一项比另一项重要得多则分别给4分和0分。将上述对比的给分填入表中。计算各评价指标的加权系数公式为：

$$g_i = k_i / \sum_{i=1}^{n} k_i \qquad (5-1)$$

式中　k_i——各评价指标的总分；

　　　n——评价指标数。

表5-6　判断表

比较者	被比者				k_i	$g_i = k_i / \sum\limits_{i=1}^{n} k_i$
	A	B	C	D		
A		1	0	1	2	0.083
B	3		1	2	6	0.250
C	4	3		3	10	0.417
D	3	2	1		6	0.250
重要程度排序 $C>B$，$D>A$					$\sum\limits_{i=1}^{4} k_i = 24$	$\sum\limits_{i=1}^{4} g_i = 1.0$

E　计算总分

计算总分也有多种方法，见表5-7，可根据其适用范围选用，总分或有效值高者当为自选方案。

表5-7　总分计算方法

序号	方法名称	公式	适用范围
1	分值相加法	$Q_1 = \sum\limits_{i=1}^{n} k_i$	计算简单直观
2	分值相乘法	$Q_2 = \prod\limits_{i=1}^{n} k_i$	各方案总分相差大，便于比较
3	均值法	$Q_3 = \dfrac{1}{n} \sum\limits_{i=1}^{n} k_i$	计算简单直观
4	相对值法	$Q_4 = \sum\limits_{i=1}^{n} k_i / n Q_0$	能看出与理想方案的差距
5	有效值法	$N = \sum\limits_{i=1}^{n} k_i g_i$	总分中考虑了各评价指标的重要程度

注：Q 为方案总分值；N 为有效值；n 为方案指标数；k_i 为各评价指标的评分值；g_i 为各评价指标的加权系数；Q_0 为理想方案总分值。

5.1.3.3　决策树法

决策树法是风险决策的基本方法之一。决策树分析方法又称概率分析决策方法。决策树法与事故树分析一样，是一种演绎性方法，即一种有序的概率图解法。它将决策对象按其因果关系分解成连续的层次与单元，以图的形式进行决策分析。

决策树使决策问题直观形象，它可以把各备选方案在不同自然状态下的概率及其损益值，简明地绘制在一张图上，通过不断分析比较各分支的期望值，最后找出最优方案。

A   决策树的结构

决策树结构如图 5-3 所示，图中符号说明如下：

方块"□"：表示决策点。从它引出的分支称为方案分支，分支数即提出的方案数。

圈"○"：表示方案结点（也称自然状态点）。从它引出的分支称为概率分支，每条分支上面应注明自然状态（客观条件）及其概率值，分支数即可能出现的自然状态数。

三角"△"：表示结果结点。它旁边的数值是每个方案在相应状态下的损益值。

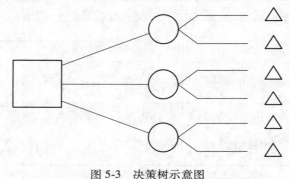

图 5-3   决策树示意图
□—决策点；○—方案结点；△—结果结点

B   决策步骤

决策步骤如下：

（1）根据决策问题绘制决策树。

（2）从左向右，逐一进行分析，计算概率分支的概率值和相应的结果节点的损益值。

（3）计算各自然状态点的损益期望值，并分别标在各相应点上，通过比较各自然状态期望值的大小，确定最优方案。

C   应用举例

【例 5-4】   为生产某新产品而设计了两个基本建设方案：一是建大厂，二是建小厂。建大厂需要投资 300 万元，建小厂需要投资 140 万元，两者的使用期限都是 10 年，估计在此期间，产品销路好的概率是 0.7，销路差的概率是 0.3。两个方案的年损益值见表 5-8。请比较这两个方案。

表 5-8   损益矩阵表   （万元/a）

备选方案	自然状态	
	销路好 S_1	销路差 S_2
	$P(S_1) = 0.7$	$P(S_2) = 0.3$
建大厂	100	−20
建小厂	40	30

解：首先根据损益矩阵画出决策树，如图 5-4 所示。

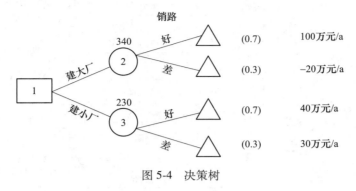

图 5-4　决策树

其次，计算各方案的损益期望值 E。

点 2：$E_2 = [0.7 \times 100 + 0.3 \times (-20)] \times 10 - 300 = 340$（万元）

点 3：$E_3 = (0.7 \times 40 + 0.3 \times 30) \times 10 - 140 = 230$（万元）

因为 $E_2 > E_3$，故选建大厂为最优方案。

必须指出，所谓损益期望值是指今后可能得到的数值，而并不代表必然能够实现的数值。因此，以损益期望值为标准而选定的最优方案，在个别情况下，还可能出现与期望值较大的偏差，也就是说这种决策分析是带有一定的机遇性的，这正是风险型决策的特点。但从统计学的观点来看，以损益期望值作为评选方案的标准，还是较合理的。

有些决策问题只需要一次决策，那么在决策树上只有一个决策点，这称为单阶段决策问题。但有时需要对决策问题进行多次决策，就称为多阶段决策，在决策树上就出现两个或两个以上的决策点。

【例 5-5】　在【例 5-4】中提到的建厂方案的选择问题，实际上 10 年以内产品销路状况是难以准确预测出来的，通常可划分为几个阶段来分别预测其概率，因而其建厂方案也因其产品产量的不同而有许多种，所以就需要进行多次决策。假如在原来两方案（建大厂和建小厂）的基础上再考虑第三个方案：建小厂，如销路好，3 年后再扩建，扩建需投资 200 万元，可使用 7 年，每年盈利 95 万元，问 3 个方案中，哪个最优？

解：该决策问题可分为前 3 年和后 7 年两个阶段来考虑，其决策树如图 5-5 所示。

计算各点的损益期望值 E。

点 2：$E_2 = [0.7 \times 100 + 0.3 \times (-20)] \times 10 - 300 = 340$（万元）

点 5：$E_5 = 1 \times 95 \times 7 - 200 = 465$（万元）

点 6：$E_6 = 1 \times 40 \times 7 = 280$（万元）

因为 $E_5 > E_6$，故扩建的方案较好，所以在决策点 4 可以做扩建的决策，将点 5 的期望值移到点 3 上：

点 3：$E_3 = 0.7 \times 40 \times 3 + 0.7 \times 465 + 0.3 \times 30 \times 10 - 140 = 359.5$（万元）

因为 $E_3 > E_2$，可见建大厂的方案已经不是最优的方案了，合理的决策应是先建小厂，如销路好，3 年后再进行扩建。

【例 5-6】　某厂因生产需要，考虑是否自行研制一个新的安全装置。首先，决定这个研制项目是否需要评审。如果评审，则需要评审费 5000 元，不评审，则可省去这笔评审

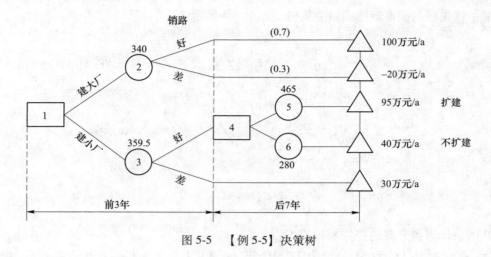

图 5-5   【例 5-5】决策树

费用。是否进行评审，这一事件的决策者完全可以决定，这是一个主观抉择环节。如果决定评审，评审通过概率为 0.8，不通过的概率为 0.2，这种不能由决策者自身抉择的环节称为客观随机抉择环节。接下来是采取"本厂独立完成"形式还是由"外厂协作完成"形式来研制这个安全装置，这也是主观环节。每种研制形式都有失败的可能，如果研制成功（无论哪一种形式），能有 6 万元收益；若采用"本厂独立完成"形式，则研制费为 2.5 万元，成功概率为 0.7，失败概率为 0.3；若采用"外厂协作"形式（包括先评审），则支付研制费用为 4 万元，成功概率为 0.99，失败概率为 0.01。请结合上述内容对该厂作出决策。

解：（1）首先画出决策树，如图 5-6 所示。

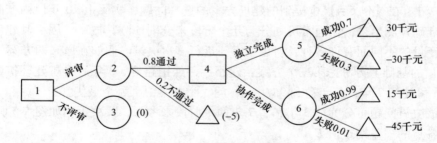

图 5-6   【例 5-6】决策树

（2）根据上述数据计算各结点的收益（收益=效益−费用）：
独立研制成功的收益：60−5−25＝30（千元）
独立研制失败的收益：0−5−25＝−30（千元）
协作研制成功的收益：60−5−40＝15（千元）
协作研制失败的收益：0−5−40＝−45（千元）
按照期望值公式计算期望值，期望值公式为：

$$E(V) = \sum_{i=1}^{n} P_i V_i$$ （5-2）

式中　V_i——事件 i 的条件值；

　　P_i——特定事件 i 发生的概率；

　　n——事件总数。

独立研制成功的期望值：$E(V_5) = 0.7 \times 30 + 0.3 \times (-30) = 12$（千元）

协作研制成功的期望值：$E(V_6) = 0.99 \times 15 + 0.01 \times (-45) = 14.4$（千元）

（3）根据期望值决策准则，若决策目标是收益最大，则采用期望值最大的行为方案；如果决策目标是使损失最小，则选定期望值最小的方案。本例选用期望值最大者，即选用协作完成形式。

评审环节的期望值：$E(V_2) = 0.8 \times 14.4 + 0.2 \times (-5) = 10.52$（千元）

不评审环节的期望值：$E(V_3) = 0$

因为 $E(V_2) > E(V_3)$，故最终的决策是该研制项目需要评审，并采用协作完成形式进行。

D　决策树分析法的优点

（1）决策树能显示出决策过程，形象具体，便于发现问题。

（2）决策树能把风险决策的各个环节联系成一个统一的整体，有利于决策过程中周密思考，能看出未来发展的几个步骤，易于比较各种方案的优劣。

（3）决策树法既可进行定性分析，也可进行定量分析。

5.1.3.4　技术经济评价法

技术经济评价法是对抉择方案进行技术经济综合评价时，不但考虑评价指标的加权系数，而且所取的技术评价和经济评价都是相对于理想状态的相对值。这样更便于决策判断与方案筛选。

A　技术评价

技术评价步骤如下：

（1）确定评价的技术项目和评价指标集。

（2）明确各技术指标的重要程度。在指标集的众多技术指标中，要明确哪些是必须满足的，即所谓固定要求，低于或高于该指标就不合格；要明确哪些是可以给出一个允许范围的，即有一个最低要求；还要明确哪些是希望达到的。

（3）分别对各个技术指标评分。

（4）进行技术指标总评价。在各个技术指标评分的基础上，进行总的评分，即求出各技术指标的评分值与加权系数乘积之和与最高分（理想方案）的比值。

B　经济评价

经济评价的步骤如下：

（1）按成本分析的方法，求出各方案的制造费用 C_i。

（2）确定该方案的理想制造费用。

（3）确定经济评价。

C　技术经济综合评价

可以用计算法和图法进行技术、经济综合评价。

5.1.3.5　模糊决策（评价）

利用模糊数学的办法将模糊的安全信息定量化，从而对多因素进行定量评价与决策，就是模糊决策（评价）。

这里所说的模糊的安全信息，其实就是常说的描述与安全有关的定性术语，如预测事故发生，常用可能性很大，可能性不大或很小；预测事故后果时，常用灾难性的、非常严重的、严重的、一般的等术语进行区别。如何用这些在安全领域中常用的定性术语进行评价和决策，采用模糊数学的方法是行之有效的途径之一。

例如，传统的安全管理，基本上是凭经验和感性认识去分析和处理生产中各类安全问题，对系统的评价只有"安全"或"不安全"的定性估计。这样的分析，忽略了问题性质的程度上的差异，而这种差异有时是很重要的。例如，在分析和识别高处作业的危险性时，不能简单地划分为"安全""不安全"，而必须考虑"危险性"这个模糊概念的程度怎样。模糊概念不是只用"1"（安全），"0"（不安全）两个数值去度量，而是用 $0\sim1$ 一个实数去度量，这个数就叫"隶属度"。例如，某方案对"操作性"的概念有八成符合，即称它对"操作性"的隶属度是 0.8。用函数表示不同条件下隶属度的变化规律称为"隶属函数"。隶属度可通过已知的隶属函数或统计法求得。

模糊决策主要分两步进行：首先按每个因素单独评判，然后按所有因素综合评判。

A　建立因素集

因素集是指以所决策（评价）系统中影响评判的各种因素为元素所组成的集合，通常用 U 表示，即

$$U = \{u_1, u_2, \cdots, u_m\}$$

各元素 $u_i(i=1,2,\cdots,m)$ 即代表各影响因素。这些因素通常都具有不同程度的模糊性。例如，评判作业人员的安全生产素质时，为了通过综合评判得出合理的值，可列出影响作业人员的安全生产素质取值的因素，一般包括：u_1 为安全责任心；u_2 为所受安全教育程度；u_3 为文化程度；u_4 为作业纠错技能；u_5 为监测故障技能；u_6 为一般故障排除技能；u_7 为事故临界状态的辨识及应急操作技能。

上述因素 $u_1\sim u_7$ 都是模糊的，由它们组成的集合，便是评判操作人员的安全生产技能的因素集。

B　建立权重集

一般说来，因素集 U 中的各因素对安全系统的影响程度是不一样的。为了反映各因素的重要程度，对各个因素应赋予一相应的权数 Q_i。由各权数所组成的集合：

$$A = \{a_1, a_2, \cdots, a_m\} \tag{5-3}$$

A 称为因素权重集，简称权重集。

各权数 a_i 应满足归一性和非负性条件：

$$\sum_{i=1}^{n} a_i = 1 \qquad (a_i \geqslant 0) \tag{5-4}$$

它们可视为各因素 u_i 对"重要"的隶属度。因此，权重集是因素集上的模糊子集。

C　建立评判集

评判集是评判者对评判对象可能作出的各种总的评判结果所组成的集合。通常用 V 表

示，即

$$V = \{v_1, v_2, \cdots, v_n\}$$

各元素 v_i 即代表各种可能的总评判结果。模糊综合评判的目的，就是在综合考虑所有影响因素基础上，从评判集中得出一最佳的评判结果。

D　单因素模糊评判

单独从一个因素进行评判，以确定评判对象对评判集元素的隶属度，称为单因素模糊评判。

设对因素集 U 中第 i 个因素 u_i 进行评判，对评判集 V 中第 j 个元素 v_j 的隶属度为 r_{ij}，则按第 i 个因素 u_i 的评判结果，可得模糊集合：

$$R_i = (r_{i1}, r_{i2}, \cdots, r_{in})$$

同理，可得到相应于每个因素的单因素评判集：

$$R_1 = (r_{11}, r_{12}, \cdots, r_{1n})$$
$$R_2 = (r_{21}, r_{22}, \cdots, r_{2n})$$
$$\vdots$$
$$R_m = (r_{m1}, r_{m2}, \cdots, r_{mn})$$

将各单因素评判集的隶属度行组成矩阵，又称为评判（决策）矩阵。

$$R = \begin{bmatrix} r_{11} & r_{12} & \cdots & r_{1n} \\ r_{21} & r_{22} & \cdots & r_{2n} \\ \vdots & \vdots & \ddots & \vdots \\ r_{m1} & r_{m2} & \cdots & r_{mn} \end{bmatrix} \tag{5-5}$$

E　模糊综合决策

单因素模糊评判，仅反映了一个因素对评判对象的影响。要综合考虑所有因素的影响，得出正确的评判结果，这就是模糊综合决策。

如果已给出决策矩阵 R，再考虑各因素的重要程度，即给定隶属函数或权重集 A，则模糊综合决策模型为：

$$B = A \cdot R \tag{5-6}$$

评判集 V 上的模糊子集，表示系统评判集诸因素的相对重要程度。

F　应用举例

【例 5-7】　设评判某类事故的危险性，一般可考虑事故发生的可能性、事故后的严重度、对社会造成的影响以及防止事故的难易程度。这 4 个因素就可构成危险性的因素集，即

$U = \{$事故发生的可能性(u_1)，事故后的严重程度(u_2)，对社会造成的影响程度(u_3)，防止事故的难易程度$(u_4)\}$。

由于因素集中各因素对安全系统影响程度是不一样的，因此，要考虑权重系数。若评判人确定的权重系数用集合表示，即权重集为：

$$A = (0.5, 0.2, 0.2, 0.1)$$

建立评判集。若评判人对评判对象可能作出各种总的评语为危险性很大、较大、一般、小，则评判集为：

$$V = \{ 很大(v_1)、较大(v_2)、一般(v_3)、小(v_4) \}$$

对因素集中的各个因素的评判，可用专家座谈的方式来评定。具体做法是，任意固定一个因素，进行单因素评判，联合所有单因素评判，得单因素评判矩阵 R。如对事故发生的可能性（u_1）这个因素评判，若有 40% 的人认为很大，50% 的人认为较大，10% 的人认为一般，没有人认为会发生，则评判集为：

$$(0.4, 0.5, 0.1, 0)$$

同理，可得到其他 3 个因素的评判集，即事故严重程度的评判集为：

$$(0.5, 0.4, 0.1, 0)$$

对社会造成影响程度的评判集为：

$$(0.1, 0.3, 0.5, 0.1)$$

防止事故难易程度的评判集为：

$$(0, 0.3, 0.5, 0.2)$$

于是可将各单因素评判集的隶属度分别为行组成评判矩阵：

$$R = \begin{bmatrix} 0.4 & 0.5 & 0.1 & 0 \\ 0.5 & 0.4 & 0.1 & 0 \\ 0.1 & 0.3 & 0.5 & 0.1 \\ 0 & 0.3 & 0.5 & 0.2 \end{bmatrix}$$

则这类事故危险性综合评判模型为：

$$B = A \cdot R$$

将 A 和 R 代入，计算：

$$B = (0.5 \quad 0.2 \quad 0.2 \quad 0.1) = \begin{bmatrix} 0.4 & 0.5 & 0.1 & 0 \\ 0.5 & 0.4 & 0.1 & 0 \\ 0.1 & 0.3 & 0.5 & 0.1 \\ 0 & 0.3 & 0.5 & 0.2 \end{bmatrix}$$

$$= \begin{bmatrix} (0.5 \wedge 0.4) \vee (0.2 \wedge 0.5) \vee (0.2 \wedge 0.1) \vee (0.1 \wedge 0) \\ (0.5 \wedge 0.5) \vee (0.2 \wedge 0.4) \vee (0.2 \wedge 0.3) \vee (0.1 \wedge 0.3) \\ (0.5 \wedge 0.1) \vee (0.2 \wedge 0.1) \vee (0.2 \wedge 0.5) \vee (0.1 \wedge 0.5) \\ (0.5 \wedge 0) \vee (0.2 \wedge 0) \vee (0.2 \wedge 0.1) \vee (0.1 \wedge 0.2) \end{bmatrix}$$

$$= \begin{bmatrix} [0.4 \vee 0.2 \vee 0.1 \vee 0] \\ [0.5 \vee 0.2 \vee 0.2 \vee 0.1] \\ [0.1 \vee 0.1 \vee 0.2 \vee 0.1] \\ [0 \vee 0 \vee 0.1 \vee 0.1] \end{bmatrix} = (0.4 \quad 0.5 \quad 0.2 \quad 0.1)$$

B 代表评判集结果，但是因为 $0.4+0.5+0.2+0.1=1.2$，不容易看出百分比例关系，为此，可进行归一化处理：

$$B' = \left(\frac{0.4}{1.2} \quad \frac{0.5}{1.2} \quad \frac{0.2}{1.2} \quad \frac{0.1}{1.2} \right) = (0.33 \quad 0.42 \quad 0.17 \quad 0.08)$$

也就是说，对这类事故就上述 4 个因素的综合决策为：相当 33% 的评价人认为危险性很严重，有 42% 的评价人认为较严重，有 17% 的评价人认为危险性一般，有 8% 的评价人认为这类事故的危险性或风险性小。

课后习题

一、选择题

1. "管理就是决策"，现代安全管理主要就是解决_____问题。
    A. 安全生产　　　　　　　　B. 安全管理
    C. 安全决策　　　　　　　　D. 安全责任

2. （多选）确定型决策问题一般应具备_____条件。
    A. 存在着决策者希望达到的一个明确目标（收益大或损失小）
    B. 存在多个明确的自然状态
    C. 存在着可供决策者选择的两个或两个以上的抉择方案
    D. 不同的决策方案在确定的状态下的损益值（损失或收益）可以计算出来

3. 为了保证新建、改建、扩建的工程项目能安全地投入生产，对工程项目设计进行安全论证、审核与安全评价方面的决策称为_____。
    A. 系统安全管理决策
    B. 工程项目建设的安全决策
    C. 企业安全决策
    D. 事故处理决策

4. （多选）安全决策分析的基本程序包括_____。
    A. 确定目标　　　　　　　　B. 制定决策方案
    C. 潜在问题或后果分析　　　D. 实施与反馈

5. 以下方法中不属于安全决策方法的是_____。
    A. ABC 分析法　　　　　　　B. 评分法
    C. 决策树法　　　　　　　　D. 鱼刺图分析法

6. ABC 分析法按百分比把所有因素划分为 A、B、C 3 个级别，其中累计百分比为_____为 A 级，是"关键的少数"，即_____因素，是管理的重点。
    A. 0～60%，次要　　　　　　B. 0～80%，主要
    C. 80%～90%，次要　　　　　D. 90%～100%，主要

7. （多选）评分法包括_____内容。
    A. 评分标准　　　　　　　　B. 评分方法
    C. 评价指标体系　　　　　　D. 加权系数　　　　E. 计算总分

8. 决策树结构中"□"表示_____，"○"表示_____，"△"表示_____。
    A. 方案节点　决策点　结果节点
    B. 方案节点　结果节点　决策点
    C. 决策点　方案节点　结果节点
    D. 决策点　结果节点　方案节点

二、填空题

1. 决策的分类方法很多，一般决策问题根据决策系统的_____与_____原理可分为确定型决策和非确定型决策。

2. 导致事故发生的直接原因是设备的不安全状态、_____、_____。

3. 人、机、环境是分析的对象和决策的依据，技术、_____、_____，是防止事故的保障。

4. 风险型决策问题一般习惯采用以_____作为决策的标准，具体分析方法有_____和_____两种。

5. 评价指标一般包括_____、_____、_____ 3 方面内容。

三、简答题

1. 请简述什么是安全决策？

2. 风险型决策问题通常要具备哪几个条件？

3. 请简述决策树分析法的优点。

4. 简述决策、准则、价值、属性、目标、指标等基本概念。

5. 决策方法是如何分类的，对安全决策主要应用哪类决策方法？

6. 决策的主要过程及其主要内容是什么？

7. 决策要素有哪些，它们的相互关系是怎样的？

8. 安全决策有什么特殊性？

9. 定性属性如何量化，如何求权重系数？

10. 安全决策方法都有哪些，各有什么特点？

11. 对某工业安全系统，其决策因素集如图 5-7 所示。请选用合适的决策方法作决策分析？

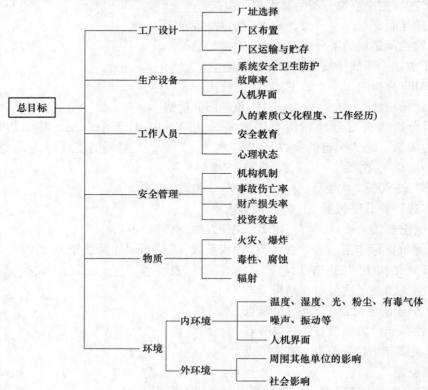

图 5-7　某工业安全系统决策因素集

5.2 系统危险控制

系统危险控制技术是通过对系统进行全面评价和事故预测，根据评价和预测的结果，对事故隐患采取针对性的限制措施和控制事故发生的对策。应用系统危险控制技术可以预防事故的发生，确保安全生产。因此，系统危险控制技术是安全系统工程的最终目的。

5.2.1 危险控制的基本原则

5.2.1.1 危险控制的目的

安全系统工程的最终目的是控制事故危险，即在现有的技术水平上，以最低的消耗，达到最优的安全水平，具体有以下两个方面：

（1）降低事故发生频率。降低事故发生频率是指降低千人负伤率和死亡率以及按产品产量（或利税）计算的死亡（或重伤）率。

（2）减少事故的严重程度和每次事故的经济损失。必须注意的是，安全系统工程是以优化为重要出发点的。上述两方面的目标，对于每个生产企业都有一个合理的目标值。一般地说，并不是以"事故为零"作为目标值。这正是安全系统工程与传统安全管理的一个重要的不同之处。

5.2.1.2 危险控制技术

危险控制技术有宏观控制技术和微观控制技术。

宏观控制技术是以整个系统作为控制对象，运用系统工程的原理，对危险进行控制。采用的手段主要有法制手段（政策、法令、规章）、经济手段（奖、罚、惩、补）和教育手段（长期的、短期的、学校的、社会的）。

微观控制技术是以具体危险源为对象，以系统工程的原理为指导，对危险进行控制。所采用的手段主要是工程技术措施和管理措施，随着对象的不同，采取的措施也不同。但是，只有遵循或符合共同的系统工程的方法论时，才能更好地发挥各种工程技术和管理措施在控制事故方面的作用。

宏观与微观控制技术互相依存、互为补充、互相制约、缺一不可。

5.2.1.3 危险控制的原则

A 闭环控制原则

系统包括输入和输出，通过信息反馈进行决策并控制输入。这样一个完整的控制过程称为闭环控制。很显然，只有闭环控制才能达到优化的目的，如图5-8所示。

B 动态控制原则

系统是运动、变化的，而非静止不变的，只有正确、适时地进行控制，才能收到预期的效果。

C 分级控制原则

系统的组成包括各子系统、分系统。其规模、范围互不相同，危险的性质和特点也不同。因此，必须采用分级控制。各子系统可以自己调整和实现控制，如图5-9所示。

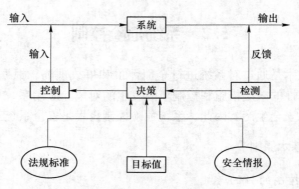

图 5-8　安全系统工程闭环控制

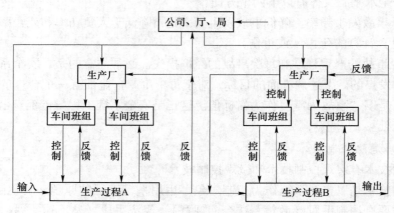

图 5-9　分级控制系统

D　多层次控制原则

对于事故危险，必须采取多层次控制，以增加其可靠程度，一般包括 6 个层次：根本的预防性控制、补充性控制、防止事故扩大的预防性控制、维护性能的控制、经常性控制以及紧急性控制。

各层次控制采取的具体内容随事故危险性质的不同而不同。是否采取 6 个层次则视事故的危险程度和严重性而定。这些就需要通过"安全决策"来作出决定。下面以爆炸危险的控制为例，对 6 个层次予以说明，见表 5-9。

表 5-9　控制爆炸危险的方案

序号	1	2	3	4	5	6
目的	预防性	补充性	防止事故扩大	维护性能	经常性	紧急性
分类	根本性	耐负荷	缓冲、吸收	强度与性能	防误操作	紧急撤退、人生防护
内容提要	不使产生爆炸事故	保持防爆强度、性能、抑制爆炸	使用安全防护装置	对性能作预测监视及测定	维持正常运转	撤离人员

| 具体内容 | （1）物质性质：
A 燃烧、B 有毒；
（2）反应危险；
（3）起火、爆炸条件；
（4）固有危险及人为危险；
（5）危险状态改变；
（6）消除危险源；
（7）抑制失控；
（8）数据监测及其他 | （1）材料性能；
（2）缓冲材料；
（3）结构构造；
（4）整体强度；
（5）其他 | （1）距离；
（2）隔离；
（3）安全阀；
（4）检测、报警与控制；
（5）使事故局部化 | （1）性能降低与否；
（2）强度蜕化与否；
（3）耐压；
（4）全装置的性能检查；
（5）材质蜕化与否；
（6）防腐蚀管理 | （1）运行参数；
（2）工人技术教育；
（3）其他条件 | （1）危险报警；
（2）紧急停车；
（3）个体防护用具 |

5.2.2 固有危险源控制技术

固有危险源是企业客观存在的现象，如何有效地控制固有危险源，使其不至于发展成为事故，这对企业安全生产具有十分重要的作用。

5.2.2.1 固有危险源

固有危险源是指生产中的事故隐患，即生产中存在的可能导致事故和损失的不安全条件，它包括物质因素和部分环境因素。

固有危险源按其性质的不同，可分为化学、电气、机械（含土木）、辐射和其他共 5 大类。

A 化学危险源

化学危险源是指在生产过程中，原材料、燃料、成品、半成品和辅助材料中所含的化学危险物质。其危险程度与这些物质的性质、数量、分布范围及存在方式有关。它包括以下 4 种：

（1）火灾爆炸危险源。火灾爆炸危险源指那些构成事故危险的易燃易爆物质、禁水性物质以及易氧化自燃的物质。

（2）工业毒害源。工业毒害源指在工业生产中，能导致职业病、中毒窒息的有毒有害物质、窒息性气体、刺激性气体、有害性粉尘、腐蚀性物质和剧毒物。

（3）大气污染源。大气污染源指造成大气污染的工业性烟气和粉尘。

（4）水质污染源。水质污染源指造成水质污染的工业废弃物和药剂。

B 电气危险源

电气危险源指那些引起人员触电、电气火灾、电击和雷击的不安全因素。它包括以下 3 种：

（1）漏、触电危险。这类危险是指电气设备和线路损坏、绝缘损坏以及缺少必需的安全防护等。

（2）着火危险。它包括电弧、电火花和静电、放电等危险。

（3）电击、雷击危险。

C　机械（含土木）危险源

（1）重物伤害的危险。它包括矿山冒顶的危险和建筑物塌落的危险。

（2）速度和加速度造成伤害的危险。这类危险包括设备的往复式运动、物体的位移、运输车辆和起重提升设备的运行造成的伤害危险。

（3）冲击、震动危险。这类危险包括各种冲压、剪切、轧制设备和设备中有冲撞危险的部分。

（4）旋转和凸轮机构动作伤人的危险。

（5）切割和刺伤危险。

（6）高处坠落的危险。易发于具有位能而缺乏有效防护的地点。

（7）倒塌、下沉的危险。

D　辐射危险源

（1）放射源。指 α、β、γ 射线源。

（2）红外射线源。

（3）紫外射线源。

（4）无线电辐射源，包括射频源和微波源。

辐射危险与辐射强度、暴露作用时间有关。辐射强度与辐射剂量成正比，与距离的平方成反比。各种辐射线在通过不同介质时，其强度均有不同程度的衰减。

E　其他危险源

（1）噪声源。在长期噪声环境中作业的人员，会患听力下降、耳聋等职业病或神经性疾病。并且在噪声环境中作业，往往事故频率增高。

（2）强光源（如电焊弧光、冶炼中高温熔融物的强光）。

（3）高压气体。它具有爆炸和机械伤害的危险。

（4）高温源。它具有烫伤、烧伤及火灾危险。

（5）湿度。长期在潮湿的场所作业的人员，会患风湿等疾病。

（6）生物危害（如毒蛇、猛兽伤害）。这种伤害在林业和地质勘探中较为常见，并与地理区域和地形有关。

以上分类是为了便于辨识，在实际情况下，往往发生多种危险的综合作用，而且可能相互转化。

5.2.2.2　控制方法

对于上述危险源的控制，总的来说，就是要尽可能地做到工艺安全化。也就是说，要求尽可能地变有害为无害、变有毒为无毒、变事故为安全。至少要求减少事故发生频率和减轻事故损失程度。还必须考虑经济因素，做到控制措施的优化。从微观上说，危险控制有6种具体的方法。

A　消除危险

根据危险源或危险因素，可以从以下两个方面着手：

（1）布置安全。它是指厂房、工艺流程、设备、运输系统、动力系统和交通道路等的布置安全化。

（2）机械安全。它是指设备在制造时做到产品安全，包括结构安全，使设备自身能达到保护人、物、环境和生产的性能；位置安全，做到设备内部的零部件和组件的位置布置合理，使设备在生产运行中和检修中不致发生危险、伤害人员的事故；电能安全，采用安全电源或安全电压；物质安全，采用无毒、无腐蚀、无火灾爆炸危险的物质。

B 控制危险

当事故危险不可能根除时，就要采取措施予以控制，以达到减少危险的目的。其方法有：

（1）直接控制。可以采取的措施包括：熔断器，人们用不同规格的熔丝来限制过电流，保护电气设备的安全；限速器，用它控制车床转速和车辆行驶的速度；安全阀，用于防止高压气体和蒸汽过压；爆破膜，装有爆破膜的金属压力和反应釜，当其中的压力超过一定值时，则爆破膜破裂卸压，以便防止该设备被破坏，减少对周围物品的损坏；轻质顶棚，采用石棉瓦等轻质材料作易燃易爆仓库或车间顶棚，可以减小事故的破坏程度。

（2）间接控制。包括检测各类导致事故危险的工业参数，以便根据检测结果予以处理。如对温度、压力、含氧量以及毒气含量的检测。

以上列举的方法都不能消除危险，只能达到减少危害、控制危险的目的。其方法简便易行，经济有效。因此，这些方法都得到了较为广泛的应用。

C 防护危险

它分为设备防护和人体防护两类：

（1）设备防护。设备防护又称为机械防护，它包括以下几种：固定防护，如将放射性物质放在铅罐中，并设置储井，把铅罐放在地下；自动防护，如自动断电、自动洒水、自动停气等；联锁防护，如将高电压设备的门与电气开关联锁，只要开门设备就断电，这就可以保证人员免受伤害；风电闭锁，瓦斯电闭锁；快速制动防护，又称跳动防护，当发生事故时，这种装置能紧急制动，起到防止发生和扩大事故的作用；遥控防护，即对危险性较大的设备和装置实行远距离控制。

（2）人体防护。人体防护即保护人员的生命和健康，包括：安全带，可以防止高处坠落危险；安全鞋，有绝缘鞋、防砸鞋；护目镜，有电焊眼镜、防红外线眼镜、防金属屑护镜、防毒眼镜；安全帽和头盔；呼吸护具，有防尘口罩、呼吸器、自救器等；面罩。

这些都是局部的防护措施。它们具有投资小、使用方便的优点，对保护设备和人身安全有着重要的作用。

D 隔离防护

对危险性较大，而又无法消除或控制的危险源，可以采用长期或暂时隔离的防护方法，其中包括：

（1）禁止入内。采用设置警卫、悬挂标牌、装设栏杆（刺丝网或挖沟）等方式实施。

（2）固定隔离。设置防火墙、防油堤、防爆堤、防水堤等。有些需要认真进行结构和强度的计算。

（3）安全距离。合理运用安全距离，可以防止火灾爆炸、爆炸冲击波的危害。

在实践中，通常将上述3种方式配合使用。

E 保留危险

保留危险仅在预计到可能会发生危险而又没有很好的防护方法的情况下采用。这时，必须做到使其损失最小。因此，要进行一系列的计算、分析和比较，要尽可能地估计各种意外因素后再作出决定。

　　F　转移危险

对于难于消除和控制的危害，在进行各种比较、分析之后，选取转移危险的方法。例如，1998 年长江上游的荆江分洪工程就是一个运用得较好的例子。这一年，长江水位上升，给荆江大堤和武汉市造成了很大的威胁，特别是洪峰连续不断地出现，使大堤面临着溃决的危险。一旦大堤溃决，淹没江汉平原，将给全省带来很大的损失。在这种情况下，采用了分洪措施，牺牲了小的、局部的利益，保证了全局的安全。

综上所述，对于任何事故隐患，都可以选择采取消除、控制、防护、隔离、保留和转移的一种或数种方法予以控制，以达到安全生产的目的。

5.2.3　安全对策措施

安全对策措施，是要求设计单位、生产单位、经营单位在建设项目设计、生产经营、管理中，采取的消除或减弱危险、有害因素的技术措施和管理措施，是预防事故和保障整个生产经营过程安全的对策措施。制定安全对策措施的基本原则有：安全技术措施等级顺序原则。当安全技术措施与经济效益发生矛盾时，应优先考虑安全技术措施上的要求，并应按安全技术措施等级顺序选择安全技术措施。

　　(1) 直接安全技术措施。生产设备本身应具有本质安全性能，不出现任何事故和危害。

　　(2) 间接安全技术措施。若不能或不完全能实现直接安全技术措施时，必须为生产设备设计出一种或多种安全防护装置（不得留给用户去承担），最大限度地预防、控制事故或危害的发生。

　　(3) 指示性安全技术措施。间接安全技术措施也无法实现或实施时，须采用检测报警装置、警示标志等措施，警告、提醒作业人员注意，以便采取相应的对策措施或紧急撤离危险场所。

　　(4) 若间接、指示性安全技术措施 仍然不能避免事故和危害发生，则应采用安全操作规程、安全教育、培训和个体防护用品等措施，来预防、减弱系统的危险、危害程度。

根据安全技术措施等级顺序的要求应遵循的具体原则：消除，通过合理的设计和科学的管理，尽可能从根本上消除危险、有害因素，如采用无害化工艺技术，生产中以无害物质代替有害物质，实现自动化、遥控作业等；预防，当消除危险、有害因素有困难时，可采取预防性技术措施，预防危险、危害的发生。如使用安全阀、屏护安全、漏电保护装置、安全电压、熔断器、防爆膜、事故排放装置等；减弱，在无法消除和难以预防危险、有害因素的情况下，可采取降低危险、危害的措施，如加设局部通风排毒装置，生产中以低毒性物质代替高毒性物质，采取降温措施，设置避雷、消除静电、减振、消声等装置；隔离，在无法消除、预防、减弱的情况下，应将人员与危险、有害因素隔开和将与人员不能共存的物质分开，如遥控作业、安全罩、防护屏、隔离操作室、安全距离、事故发生时的自救装置如防护服、各类防毒面具等；联锁，当操作者失误或设备运行一旦达到危险状态时，应通过联锁装置终止危险、危害的发生；警告，在易发生故障和危险性较大的地方，应设置醒目的安全色、安全标志，必要时设置声、光或声光组合报警装置。

安全对策措施应具有针对性、可操作性和经济合理性。针对性是指针对不同行业的特点和辨识与评价得到的主要危险、有害因素及其后果来提出对策措施。提出的对策措施是设计单位、建设单位、生产经营单位进行设计、生产、管理的重要依据，因而对策措施应在经济、技术、时间上是可行的，是能够落实和实施的。

安全对策措施应符合国家有关法规、标准及设计规范的规定。对策措施应尽可能具体指明其所依据的法规、标准，以便于应用和操作。

研究安全系统工程的最终目的是通过控制危险即降低事故的发生概率和事故严重程度达到系统最优化的安全状态。根据系统安全评价的结果，为了减少事故的发生应采取的基本安全措施有：降低事故发生概率的措施，降低事故严重度的措施和加强安全管理的措施。

5.2.3.1 降低事故发生概率的措施

影响事故发生概率的因素很多，如系统的可靠性、系统的抗灾能力、人为失误和违章等。在生产作业过程中，既存在自然的危险因素，又存在人为的生产技术方面的危险因素。这些因素能否转化为事故，不仅取决于组成系统各要素的可靠性，还受到企业安全管理水平和物质条件的限制。因此，降低系统事故的发生概率，最根本的措施是设法使系统达到本质安全化，使系统中的人、物、环境和管理安全化。要做到系统的本质安全化，应采取以下 5 类综合安全措施。

A 提高设备的可靠性

要控制事故的发生概率，提高设备的可靠性是基础。为此，应采取以下措施：

（1）提高元件的可靠性。设备的可靠性取决于组成元件的可靠性。要提高设备的可靠性，必须加强对元件的质量控制和维修检查。一般可采取如下措施：

1）使元件的结构和性能符合设计要求和技术条件，选用可靠性高的元件代替可靠性低的元件。

2）合理规定元件的使用周期，加强检查和维修，定期更换或重新生产。

（2）增加备用设备。在一定条件下，增加备用设备，当发生意外事件时，可随时启用，不致中断正常运行，也有利于系统的抗灾救灾。例如，矿井的一些关键性设备——供电线路、通风机、电动机、排水泵等均配置一定数量的备用设备，以提高矿井的抗灾能力。

（3）利用平行冗余系统。实际上，平行冗余系统也是一种备用系统，就是在系统中选用多台单元设备，每台单元设备都能完成同样的功能，一旦其中一台或几台设备发生故障，其他设备便开始工作，确保系统仍能正常运行。只有当平行冗余系统中全部设备都发生故障时系统才可能失败。显然，在规定的时间内，多台设备全部同时发生故障的概率是相当低的，可使系统的可靠性大大增加。

（4）对处于恶劣环境下运行的设备采取安全保护措施。例如，煤矿井下环境较差，应采取措施控制井下温度、湿度和风速等，改善设备周围的环境条件，对有摩擦、腐蚀、侵蚀等条件的设备应采取相应的防护措施。对振动强烈的设备应加强防振、减振和隔振等措施。

（5）加强预防性维修。预防性维修是排除事故隐患、排除设备的潜在危险、提高设备可靠性的重要手段。为此，应制定出相应的维修制度并认真贯彻执行。

B　选用可靠的工艺技术，降低危险因素的感度

危险因素的存在是事故发生的必要条件。危险因素的感度是指危险因素转化成为事故的难易程度。虽然物质本身所具有的能量和性质不可改变，但危险因素的感度是可以控制的，其关键是选用可靠的工艺技术。例如，在煤矿用火药中加入消焰剂等安全成分、爆破时使用水炮泥、井巷掘进采用湿式凿岩、清扫巷道煤尘等都是降低危险因素感度的安全措施。

C　提高系统的抗灾能力

系统的抗灾能力是指当系统受到自然灾害和外界事物干扰时，自动防御而不发生事故的能力，或者指系统中出现某种危险事件时，系统自动将事故控制在一定范围内的能力。提高煤矿生产系统的抗灾能力，应该建立健全矿井通风系统，实行独立通风，建立隔爆水棚，采用安全防护装置，如风电闭锁装置、漏电保护装置、提升保护装置、斜井防跑车装置、安全监测和监控装置等；矿井主要设备实行双回路供电、选择备用设备。

D　减少人为失误

由于人在生产过程中的可靠性远远低于机电设备，很多事故都是因为人的失误造成的。要降低系统事故的发生概率，必须减少人的失误，主要措施如下：

（1）对人进行安全知识、安全技能、安全态度等方面的教育和培训。

（2）以人为中心，改善作业环境，为工人提供安全性较高的劳动生产条件。

（3）提高矿井机械化程度，尽可能用机器操作替代人工操作，减少井下作业人数。

（4）注意用安全人机工程学原理改善人机交接界面安全状况。

（5）注意使工作性质与工作人员的性格特点一致。

E　加强监督检查

建立健全各种自动制约机制，加强专职与兼职、专管与群管相结合的安全检查工作。对系统中的人、机、环进行严格的监督检查，在各种劳动生产过程中都是必不可少的。矿山生产受到自然条件的严重制约，只有加强安全检查工作才能有效地保证矿山安全生产。

5.2.3.2　降低事故严重度的措施

事故严重度是指因事故造成的人员伤亡和财产损失的严重程度。事故的发生是由于系统中的能量失控造成的，事故的严重度与系统中危险因素转化为事故时所释放的能量有关，能量越高，事故的严重度越大；也与系统本身的抗灾能力有关，抗灾能力越大，事故的严重度越小。因此，降低事故严重度可采取如下4类措施：

（1）限制能量或分散风险的措施。为了减少事故损失，必须对危险因素的能量进行限制。如矿山井下炸药库的爆破器材储存量的限制、井下各种限流、限压、限速设备等都是对危险因素的能量进行限制。分散风险的办法是把大的事故损失化为小的事故损失。如在矿山使用并联通风，每个矿井、采区和工作面均实行独立通风，可达到分散风险的效果。

（2）防止能量逸散的措施。防止能量逸散就是设法把有毒、有害、有危险的能量源储存在有限允许范围内，而不影响其他区域的安全。如矿山井下防爆设备的外壳、井下堵水、密闭墙、密闭火区、封闭采空区等。

（3）加装缓冲能量的装置。在生产过程中，设法使危险源能量释放的速度减缓，可大大降低事故的严重度。使能量释放速度减缓的装置称为能量缓冲装置。矿山生产中使用的

能量缓冲装置较多，如在矿车上安装的缓冲碰头、缓冲阻车器以及为减缓矿山压力对支架的破坏而采用的摩擦金属支架或可缩性 U 形支架等。

（4）避免人身伤害的措施。避免人身伤害的措施包括防止发生人身伤害和一旦发生人身伤害时采取相应的急救措施两个方面的内容。采用遥控操作、提高机械化程度、使用整体或局部的人身个体防护都是避免人身伤害的措施。在生产过程中应注意及时观察各种灾害的预兆，以便采取有效措施防止事故的发生，即使不能防止事故发生，也可及时将人员撤离至安全地带，避免人员伤亡。做好矿山救护和工人自救准备，对降低事故的严重度也具有重要意义。

5.2.3.3　加强安全管理的措施

要控制事故发生概率和事故后果的严重度，必须以最优化安全管理作保证，控制事故的各种安全技术措施的制定与实施也必须以合理的安全管理措施（5 项）为前提：

（1）建立健全安全生产管理机构。应依法建立健全各级安全生产管理机构，配备足够技术过硬的安全管理人员。要充分发挥安全管理机构的作用，并使其与设计、生产、安全监管等职能部门密切配合，形成一个有机的安全生产管理机构，全面贯彻落实"安全第一，预防为主，综合治理"的安全生产方针。

（2）建立健全安全生产责任制。安全生产责任制是根据管生产必须管安全的原则，明确规定各级领导和各类从业人员在生产过程中应担负的安全责任。它是企业岗位责任制的一个组成部分，是企业最基本的一项安全措施，是安全管理规章制度的核心。应根据企业的实际情况，建立健全安全生产责任制，并在生产中不断完善。特别应当指出的是厂（矿）长要对本企业的安全生产负责，厂（矿）长是否能落实安全生产责任制是搞好安全生产的关键。

（3）编制安全技术措施计划，制定安全技术操作规程。编制和实施安全技术措施计划有利于有计划、有步骤地解决重大安全问题，合理地使用国家资金。也可以吸收工人群众参与安全管理工作。制定安全技术操作规程是安全管理的一个重要方面，是事故预防措施的一个重要环节，可以限制作业人员在作业环境中的越轨行为，调整人与生产之间的关系。

（4）加强安全监督和检查。各厂（矿）应建立安全管理信息系统，加快安全信息的运转速度，以便对安全生产进行经常性检查，对系统中的人、机、环进行严格控制。经常性安全检查是劳动生产过程中必不可少的基础工作，也是运用群众路线的方法，是揭露和消除隐患、交流经验、推动安全工作的有效措施。

（5）加强职工安全教育和培训。职工安全教育的内容主要包括思想政治教育、劳动纪律教育、方针政策教育、法制教育、安全技术培训以及典型经验和事故教训的教育等。对职工进行安全教育不仅可提高企业各级领导和职工搞好安全生产的责任感和自觉性，而且能普及和提高职工的安全技术知识，使其掌握危险因素的客观规律，提高安全操作水平，掌握检测技术和控制技术的科学知识，学会消除工伤事故和职业病的技术本领。

职工安全教育的主要形式有 3 种，即三级安全教育［入厂（矿）教育、车间（区队）教育、岗位教育］、经常性教育和特殊工种教育。三级安全教育是对新到工人的教育，其内容主要是基本安全知识，包括入厂（矿）一般安全知识和预防事故的基本知识；经常性教育是职工业务学习的内容，也是安全管理中经常性的工作，其方式多种多样，如班前会、班后会、安全月、广播、黑板报、看录像等；特殊工种教育是对那些技术比较复杂、岗位比较重要的特殊作业人员，如绞车司机、爆破员、通风工、瓦斯检测工、电工等进行专门教育和培训，经考核合格，取得操作资格证书后方可上岗作业的教育。

5.2.4　重大危险源辨识与评价

5.2.4.1　重大危险源辨识

为了对危险源进行分级管理，防止重大事故发生，有学者提出了重大危险源的概念。广义上讲，可能导致重大事故发生的危险源就是重大危险源。

对重大危险源进行辨识，需注意两点：

（1）《危险化学品重大危险源监督管理暂行规定》第七条规定，危险化学品单位应当按照《危险化学品重大危险源辨识》标准，对本单位的危险化学品生产、经营、储存和使用装置、设施或者场所进行重大危险源辨识，并记录辨识过程与结果。

（2）对其他装置、设施或场所，应根据《关于开展重大危险源监督管理工作的指导意见》（安监管协调字［2004］56 号）中的要求进行辨识。

A　危险化学品重大危险源辨识

a　名词解释

（1）危险化学品：是指具有毒害、腐蚀、爆炸、燃烧、助燃等性质，对人体、设施、环境具有危害的剧毒化学品和其他化学品。

（2）危险物品：是指易燃易爆物品、危险化学品、放射性物品等能够危及人身安全和财产安全的物品。

（3）单元：是指涉及危险化学品的生产、储存装置、设施或场所，分为生产单元和储存单元。

（4）临界量：是指某种或某类危险化学品构成重大危险源所规定的最小数量。若单元中的危险化学品数量等于或超过该数量，则该单元定为重大危险源。

（5）危险化学品重大危险源：是指长期地或临时地生产、储存、使用和经营危险化学品，且危险化学品的数量等于或超过临界量的单元。

（6）生产单元：危险化学品的生产、加工及使用等的装置及设施，当装置及设施之间有切断阀时，以切断阀作为分隔界限划分为独立的单元。

（7）储存单元：用于储存危险化学品的储罐或仓库组成的相对独立的区域，储罐区以罐区防火堤为界限划分为独立的单元，仓库以独立库房（独立建筑物）为界限划分为独立的单元。

（8）混合物：由两种或者多种物质组成的混合体或者溶液。

b　危险化学品重大危险源辨识方法

（1）根据 GB 18218—2018，危险化学品应依据其危险特性及其数量进行重大危险源辨识，危险化学品重大危险源辨识可分为生产单元危险化学品重大危险源和储存单元危险化学品重大危险源。生产单元、储存单元内存在危险化学品的数量等于或超过表 5-10 和表 5-11 中规定的临界量，即被定为重大危险源。单元内存在的危险化学品的数量根据危险化学品种类的多少区分为以下两种情况：

1）生产单元、储存单元内存在的危险化学品为单一品种时，该危险化学品的数量即为单元内危险化学品的总量，若等于或超过相应的临界量，则定为重大危险源。

2）生产单元、储存单元内存在的危险化学品为多品种时，按式（5-7）计算。若满足式（5-7），则定为重大危险源。

$$S = q_1/Q_1 + q_2/Q_2 + \cdots + q_n/Q_n \geq 1 \qquad (5-7)$$

式中　　　　　　S——辨识指标；

　$q_1，q_2，\cdots，q_n$——每种危险化学品的实际存在量，t；

　$Q_1，Q_2，\cdots，Q_n$——与每种危险化学品相对应的临界量，t。

（2）危险化学品储罐以及其他容器、设备或仓储区的危险化学品的实际存在量按设计最大量确定。

（3）对于危险化学品混合物，如果混合物与其纯物质属于相同危险类别，则视混合物为纯物质，按混合物整体进行计算。如果混合物与其纯物质不属于相同危险类别，则应按新危险类别考虑其临界量。

（4）危险化学品重大危险源的辨识流程如图 5-10 所示。

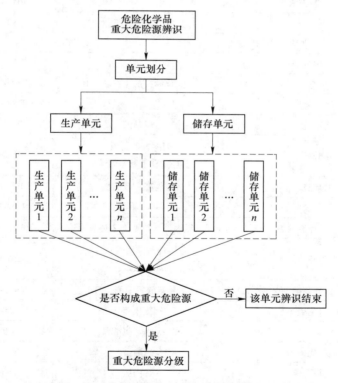

图 5-10　危险化学品重大危险源的辨识流程

c　危险化学品临界量的确定方法

危险化学品临界量的确定方法如下：

（1）在表 5-10 范围内的危险化学品，其临界量应按表 5-10 确定。

（2）未在表 5-10 范围内的危险化学品，应依据其危险性，按表 5-11 确定其临界量。

若一种危险化学品具有多种危险性，则应按其中最低的临界量确定。

表 5-10　危险化学品名称及其临界量

序号	危险化学品名称和说明	别名	CAS 号	临界量/t
1	氨	液氨；氨气	7664-41-7	10
2	二氟化氧	一氧化二氟	7783-41-7	1
3	二氧化氮		10102-44-0	1
4	二氧化硫	亚硫酸酐	7446-09-5	20
5	氟		7782-41-4	1
6	碳酰氯	光气	75-44-5	0.3
7	环氧乙烷	氧化乙烯	75-21-8	10
8	甲醛（含量>90%）	蚁醛	50-00-0	5
9	磷化氢	磷化三氢；膦	7803-51-2	1
10	硫化氢		7783-06-4	5
11	氯化氢（无水）		7647-01-0	20
12	氯	液氯；氯气	7782-50-5	5
13	煤气（CO，CO 和 H_2、CH_4 的混合物等）			20
14	砷化氢	砷化三氢、胂	7784-42-1	1
15	锑化氢	三氢化锑；锑化三氢；睇	7803-52-3	1
16	硒化氢		7783-07-5	1
17	溴甲烷	甲基溴	74-83-9	10
18	丙酮氰醇	丙酮合氰化氢； 2-羟基异丁腈；氰丙醇	75-86-5	20
19	丙烯醛	烯丙醛；败脂醛	107-02-8	20
20	氟化氢		7764-39-3	1
21	1-氯-2,3-环氧丙烷	环氧氯丙烷（3-氯-1,2-环氧丙烷）	106-89-8	20
22	3-溴-1,2-环氧丙烷	环氧溴丙烷； 溴甲基环氧乙烷；表溴醇	3132-64-7	20
23	甲苯二异氰酸酯	二异氰酸甲苯酯；TDI	26471-62-5	100
24	一氯化硫	氯化硫	11025-67-9	1
25	氰化氢	无水氢氰酸	74-90-8	1
26	三氧化硫	硫酸酐	7446-11-9	75
27	3-氨基丙烯	烯丙胺	107-11-9	20
28	溴	溴素	7726-95-6	20
29	乙撑亚胺	吖丙啶；1-氮杂环丙烷；氮丙啶	151-56-4	20
30	异氰酸甲酯	甲基异氰酸酯	624-83-9	0.75
31	叠氮化钡	叠氮钡	18810-58-7	0.5
32	叠氮化铅	叠氮铅	13424-46-9	0.5
33	雷汞	二雷酸汞；雷酸汞	628-85-4	0.5

续表 5-10

序号	危险化学品名称和说明	别名	CAS 号	临界量/t
34	三硝基苯甲醚	三硝基茴香醚	28653-16-9	5
35	2,4,6-三硝基甲苯	梯恩梯：TNT	118-96-7	5
36	硝化甘油	硝化丙三醇；甘油三硝酸酯	55-63-0	1
37	硝化纤维素[干的或含水（或乙醇）<25%]			1
38	硝化纤维素（未改型的，或增塑的，含增塑剂<18%）	硝化棉	9004-70-0	1
39	硝化纤维素（含乙醇≥25%）			10
40	硝化纤维素（含氮≤12.6%）			50
41	硝化纤维素（含水≥25%）			50
42	硝化纤维素溶液（含氮量≤12.6%，含硝化纤维素≤55%）	硝化棉溶液	9004-70-0	50
43	硝酸铵（含可燃物，包括以碳计算的任何有机物，但不包括任何其他添加剂）		6484-52-2	5
44	硝酸铵（含可燃物≤0.2%）		6484-52-2	50
45	硝酸铵肥料（含可燃物≤0.4%）			200
46	硝酸钾		7757-79-1	1000
47	1,3-丁二烯	联乙烯	106-99-0	5
48	二甲醚	甲醚	115-10-6	50
49	甲烷，天然气		74-82-8（甲烷）8006-14-2（天然气）	50
50	氯乙烯	乙烯基氯	75-01-4	50
51	氢	氢气	1333-74-0	5
52	液化石油气（含丙烷、丁烷及其混合物）	石油气（液化的）	68476-85-7 74-98-6（甲烷）106-97-8（丁烷）	50
53	一甲胺	氨基甲烷；甲胺	74-89-5	5
54	乙炔	电石气	74-86-2	1
55	乙烯		74-85-1	50
56	氧（压缩的或液化的）	液氧；氧气	7782-44-7	200
57	苯	纯苯	71-43-2	50
58	苯乙烯	乙烯苯	100-42-5	500
59	丙酮	二甲基酮	67-64-1	500
60	2-丙烯腈	丙烯腈；乙烯基氰；氰基乙烯	107-13-1	50
61	二硫化碳		75-15-0	50
62	环己烷	六氢化苯	110-82-7	500
63	1,2-环氧丙烷	氧化丙烯；甲基环氧乙烷	75-56-9	10

序号	危险化学品名称和说明	别名	CAS 号	临界量/t
64	甲苯	甲基苯；苯基甲烷	108-88-3	500
65	甲醇	木醇；木精	67-56-1	500
66	汽油（乙醇汽油、甲醇汽油）		86290-81-5（汽油）	200
67	乙醇	酒精	64-17-5	500
68	乙醚	二乙基醚	60-29-7	10
69	乙酸乙酯	醋酸乙酯	141-78-6	500
70	正己烷	己烷	110-54-3	500
71	过乙酸	过醋酸；过氧乙酸；乙酰过氧化氢	79-21-0	10
72	过氧化甲基乙基酮（10%<有效氧含量≤10.7%，含 A 型稀释剂≥48%）		1338-23-4	10
73	白磷	黄磷	12185-10-3	50
74	烷基铝	三烷基铝		1
75	戊硼烷	五硼烷	19624-22-7	1
76	过氧化钾		17014-71-0	20
77	过氧化钠	双氧化钠；二氧化钠	1313-60-6	20
78	氯酸钾		3811-04-9	100
79	氯酸钠		7775-09-9	100
80	发烟硝酸		52583-42-3	20
81	硝酸（ 发红烟的除外，含硝酸>70%）		7697-37-2	100
82	硝酸胍	硝酸亚氨脲	506-93-4	50
83	碳化钙	电石	75-20-7	100
84	钾	金属钾	7440-09-7	1
85	钠	金属钠	7440-23-5	10

表 5-11　未在表 5-10 中列举的危险化学品类别及其临界量

类别	符号	危险性分类及说明	临界量/t
健康危害	J（健康危害性符号）	—	—
急性毒性	J1	类别1，所有暴露途径，气体	5
	J2	类别1，所有暴露途径，固体、液体	50
	J3	类别2、类别3，所有暴露途径，气体	50
	J4	类别2、类别3，吸入途径，液体（沸点≤35℃）	50
	J5	类别2，所有暴露途径，液体（除J4外）、固体	500
物理危险	W（物理危险性符号）		

续表 5-11

类别	符号	危险性分类及说明	临界量/t
爆炸物	W1.1	不稳定爆炸物 1.1 项爆炸物	1
	W1.2	1.2、1.3、1.5、1.6 项爆炸物	10
	W1.3	1.4 项爆炸物	50
易燃气体	W2	类别 1 和类别 2	10
气溶胶	W3	类别 1 和类别 2	150（净重）
氧化性气体	W4	类别 1	50
易燃液体	W5.1	类别 1 类别 2 和类别 3，工作温度高于沸点	10
	W5.2	类别 2 和类别 3，具有引发重大事故的特殊工艺条件，包括危险化工工艺、爆炸极限范围或附近操作、操作压力大于 1.6MPa 等	50
	W5.3	不属于 W5.1 或 W5.2 的其他类别 2	1000
	W5.4	不属于 W5.1 或 W5.2 的其他类别 3	5000
自反应物质和混合物	W6.1	A 型和 B 型自反应物质和混合物	10
	W6.2	C 型、D 型、E 型自反应物质和混合物	50
有机过氧化物	W7.1	A 型和 B 型有机过氧化物	10
	W7.2	C 型、D 型、E 型、F 型有机过氧化物	50
自燃液体和自燃固体	W8	类别 1 自燃液体 类别 1 自燃固体	50
氧化性固体和液体	W9.1	类别 1	50
	W9.2	类别 2、类别 3	200
易燃固体	W10	类别 1 易燃固体	200
遇水放出易燃气体的物质和混合物	W11	类别 1 和类别 2	200

B 其他装置、设施或场所重大危险源辨识

a 压力管道

（1）长输管道。

1）输送有毒、可燃、易爆气体，且设计压力大于 1.6MPa 的管道。

2）输送有毒、可燃、易爆液体介质，输送距离大于等于 200km 且管道公称直径不小于 300mm 的管道。

（2）公用管道。中压和高压燃气管道，且公称直径不小于 200mm。

（3）工业管道。

1）输送 GB 5044（职业性接触毒物危害程度分级）中，毒性程度为极度、高度危害气体、液化气体介质，且公称直径不低于 100mm 的管道。

2）输送 GB 5044 中极度、高度危害液体介质、GB 50160（石油化工企业设计防火规范）及 GB J16（建筑设计防火规范）中规定的火灾危险性为甲、乙类可燃气体，或甲类可燃液体介质，且公称直径不小于 100mm，设计压力不低于 4MPa 的管道。

3）输送其他可燃、有毒流体介质，且公称直径不小于 100mm，设计压力不低于 4MPa，设计温度不低于 400℃ 的管道。

b　锅炉

符合下列条件之一的锅炉：

（1）蒸汽锅炉。额定蒸汽压力高于 2.5MPa，且额定蒸发量不低于 10t/h。

（2）热水锅炉。额定出水温度大于等于 120℃，且额定功率不低于 14MW。

c　压力容器

属下列条件之一的压力容器：

（1）介质毒性程度为极度、高度或中度危害的三类压力容器。

（2）易燃介质，最高工作压力不低于 0.1MPa，且 pV 不小于 $100MPa \cdot m^3$ 的压力容器（群）。

d　煤矿（井工开采）

符合下列条件之一的矿井：

（1）高瓦斯矿井。

（2）煤与瓦斯突出矿井。

（3）有煤尘爆炸危险的矿井。

（4）水文地质条件复杂的矿井。

（5）煤层自然发火期不多于 6 个月的矿井。

（6）煤层冲击倾向为中等及以上的矿井。

e　金属非金属地下矿山

符合下列条件之一的矿井：

（1）瓦斯矿井。

（2）水文地质条件复杂的矿井。

（3）有自燃发火危险的矿井。

（4）有冲击地压危险的矿井。

f　尾矿库

全库容不小于 100 万立方米或者坝高不低于 30m 的尾矿库。

《安全生产法》第四十条规定：生产经营单位对重大危险源应当登记建档，进行定期检测、评估、监控，并制定应急预案，告知从业人员和相关人员在紧急情况下应当采取的应急措施。生产经营单位应当按照国家有关规定将本单位重大危险源及有关安全措施、应急措施报有关地方人民政府应急管理部门和有关部门备案。

5.2.4.2　重大危险源评价

根据危险物质及其临界量标准进行重大危险源辨识和确认后，就应对其进行风险分析评价。一般来说，重大危险源的风险分析评价包括以下 5 个方面：

（1）辨识各类危险因素及其原因与机制。

（2）依次评价已辨识的危险事件发生的概率。

（3）评价危险事件的后果。

（4）进行风险评价，即评价危险事件发生概率和发生后果的联合作用。

（5）风险控制，即将上述评价结果与安全目标值进行比较，检查风险值是否达到了可接受水平；否则，需进一步采取措施，降低危险水平。

根据《危险化学品重大危险源监督管理暂行规定》第八条的规定，危险化学品单位应当对重大危险源进行安全评估并确定重大危险源等级。危险化学品单位可以组织本单位的注册安全工程师、技术人员或者聘请有关专家进行安全评估，也可以委托具有相应资质的安全评价机构进行安全评估。依照法律、行政法规的规定，危险化学品单位需要进行安全评价的，重大危险源安全评估可以与本单位的安全评价一起进行，以安全评价报告代替安全评估报告，也可以单独进行重大危险源安全评估。

5.2.4.3　重大危险源分级

重大危险源的分级方法应按照 GB 18218—2018 进行，采用单元内各种危险化学品实际存在量与其对应的临界量比值，经校正系数校正后的比值之和 R 作为分级指标。根据计算出来的 R 值，按表 5-12 确定危险化学品重大危险源的级别，重大危险源级别分为一级、二级、三级和四级，一级为最高级别。

表 5-12　重大危险源级别和 R 值的对应关系

重大危险源级别	R 值
一级	$R \geqslant 100$
二级	$100 > R \geqslant 50$
三级	$50 > R \geqslant 10$
四级	$R < 10$

5.2.4.4　重大危险源管理

企业应对本单位的安全生产负主要责任。在对重大危险源进行辨识和评价后，应针对每个重大危险源，制定出一套严格的安全管理制度，通过技术措施（包括化学品的选择，设施的设计、建造、运转、维修以及有计划的检查）和组织措施（包括对人员的培训与指导，提供保证其安全的设备，工作人员水平、工作时间、职责的确定，以及对外部合同工和现场临时工的管理），对重大危险源进行严格控制和管理。

5.2.4.5　重大危险源报告

企业应在规定的期限内，对已辨识和评价的重大危险源向政府主管部门提交安全报告。如属新建的有重大危害性的设施，则应在其初步设计审查之前提交安全报告。安全报告应详细说明：重大危险源的情况，可能引发事故的危险因素以及前提条件，安全操作和预防失误的控制措施，可能发生的事故类型，事故发生的可能性及后果，限制事故后果的措施，现场事故应急救援预案等。

安全报告应根据重大危险源的变化以及新知识和技术进展的情况进行修改和增补，并由政府主管部门经常进行检查和评审。

5.2.4.6　重大危险源事故应急救援预案

事故应急救援预案是重大危险源控制系统的重要组成部分。企业应负责制定现场事故应急救援预案，定期检验和评估现场事故应急救援预案和程序的有效程度，并且在必要时进行修订。场外事故应急救援预案，由政府主管部门根据企业提供的安全报告和有关资料制定。事故应急救援预案的目的是抑制突发事件，减少事故对工人、居民和环境的危害。因此，事故应急救援预案应提出详尽、实用、明确和有效的技术措施与组织措施。政府主管部门须确保将发生事故时要采取的安全措施和正确做法的有关资料散发给可能受事故影响的公众，并保证公众充分了解发生重大事故时的安全措施，一旦发生重大事故，应尽快报警。每隔适当的时间，应修订和重新散发事故应急救援预案宣传材料。

5.2.5　事故应急救援

在任何工矿企业活动中都有可能发生事故，尤其是随着现代工矿业的发展，生产过程中存在着巨大的能量和有害物质，一旦发生重大事故，往往会造成惨重的生命、财产损失和环境破坏。建立重大事故应急救援体系，组织及时有效的应急救援行动，已成为抵御事故风险或控制灾害蔓延、降低危害后果的关键甚至是唯一手段。

事故应急救援的主要任务是通过建立应急救援体系，在事故发生后立即组织营救受害人员，撤离或者采取其他措施保护危害区域内的其他人员，同时迅速控制事态发展，防止事故影响范围继续扩大，并测定事故的危害区域、危害性质及危害程度，消除危害后果。这就需要企业根据行业特点结合自身生产的特殊性建立科学有效的安全生产事故应急救援体系，为事故发生时最大限度地挽救员工生命、最大限度地减少经济损失提供可能。

5.2.5.1　事故应急救援体系

建立科学、完善的应急救援体系和实施规范的标准化程序是实现应急救援的根本途径。构建应急救援体系，应以事件为中心，以功能为基础，分析和明确应急救援工作的各项需求，建立规范化、标准化的应急救援体系，保障体系的统一和协调。

A　事故应急救援体系结构

a　组织体系

事故应急救援体系组织体制建设中的管理机构是指维持应急日常管理的负责部门，功能部门包括与应急活动有关的各类组织机构，如消防、医疗机构等；应急指挥是在应急预案启动后，负责应急救援活动的场外与场内指挥系统，而救援队伍则由专业人员和志愿人员组成。

b　运作机制

应急救援活动一般分为应急准备、初级反应、扩大应急和应急恢复4个阶段，应急运作机制与这4个阶段的应急活动密切相关。应急运作机制主要由统一指挥、分级响应、属地为主和公众动员这4个基本运行机制组成。

c　法律基础

法制建设是应急体系构建的基础和保障，也是开展各项应急活动的依据。

d　系统保护

应急保障系统首先是信息与通信系统，构筑集中管理的信息通信平台是应急救援体系最重要的基础建设。应急信息通信系统要保证所有预警、报警、警报、报告、指挥等活动的信息交流快速、顺畅、准确，实现信息资源共享。物资与装备系统不但要保证有足够的资源，还要实现快速、及时供应到位。人力资源保障系统包括专业队伍的加强，志愿人员与有关的培训教育。应急财务保障系统应建立专项应急科目，如应急基金等，以保障应急管理运行和应急响应中各项活动的开支。

B 事故应急救援体系的组织机构及支持保障系统

a 事故应急救援系统的组织机构

（1）应急救援中心。负责协调事故应急救援期间各个机构的运作，统筹安排整个应急救援行动，为现场应急救援提供各种信息支持；必要时实施场外应急力量、救援装备、器材、物品等的迅速调度和增援，保证行动快速而有序、有效地进行。

（2）应急救援专家组。负责对潜在重大危险的评估、应急资源的配备、事态及发展趋势的预测、应急力量的重新调整和部署、个人防护、公众疏散、抢险、监测、清消、现场恢复等行动提出决策性的建议，起着重要的参谋作用。

（3）医疗救治机构。通常由医院、急救中心和军队医院组成，负责设立现场医疗急救站，对伤员进行现场分类和急救处理，并及时合理转送医院进行救治。对现场救援人员进行医学监护。

（4）消防与抢险。主要由公安消防队伍、专业抢险队、有关工程建筑公司组织的工程抢险队、军队防化兵和工程兵等组成，职责是尽可能、尽快地控制并消除事故，营救受害人员。

（5）监测组织。主要由环保监测站、卫生防疫站、军队防化侦察分队、气象部门等组成，负责迅速测定事故的危害区域范围及危害性质，监测空气、水、食物、设备（施）的污染情况，以及气象监测等。

（6）公众疏散组织。主要由公安、民政部门和街道居民组织抽调力量组成，必要时可吸收工厂、学校中的骨干力量参加，或请求军队支援。根据现场指挥部发布的警报和防护措施，指导部分高层住宅居民实施隐蔽；引导必须撤离的居民有秩序地撤至安全区或安置区，组织好特殊人群的疏散安置工作；引导受污染的人员前往洗消去污点接受相关处理；维护安全区域安置区内的秩序和治安。

（7）警戒与治安组织。通常由公安部门、武警、军队、联防等组成。负责对危害区外围的交通路口实施定向、定时封锁，阻止事故危害区外的公众进入；指挥、调度撤出危害区的人员和使车辆顺利地通过通道，及时疏散交通阻塞；对重要目标实施保护，维护社会治安。

（8）洗消去污组织。主要由公安消防队伍、环卫队伍、军队防化部队组成。其主要职责有：开设洗消站（点），对受污染的人员或设备、器材等进行消毒；组织地面洗消队实施地面消毒，开辟通道或对建筑物表面进行消毒，临时组成喷雾分队降低有毒有害物的空气浓度，减少扩散范围。

（9）后勤保障组织。主要涉及计划部门、交通部门、电力、通信、市政、民政部门、物资供应等企业，主要负责应急救援所需的各种设施、设备、物资以及生活、医药用品等的后勤保障。

（10）信息发布中心。主要由宣传部门、新闻媒体、广播电视等组成。负责事故和救援信息的统一发布，以及及时准确地向公众发布有关保护措施的紧急公告等。

b 支持保障系统的内容

（1）法律法规保障体系。明确应急救援的方针与原则，规定有关部门在应急救援工作中的职责，划分响应级别、明确应急预案编制和演练要求、资源和经费保障、索赔和补偿、法律责任等。

（2）通信系统。保证整个应急救援过程中救援组织内部，以及内部与外部之间通畅的通信网络。

（3）警报系统。及时向受事故影响的人群发出警报和紧急公告，准确传达事故信息和防护措施。

（4）技术与信息支持系统。建立应急救援信息平台，开发应急救援信息数据库群和决策支持系统，建立应急救援专家组，为现场应急救援决策提供所需的各类信息和技术支持。

（5）宣传、教育和培训体系。通过各种形式的活动，加强对公众的应急知识教育，提高社会应急意识，如应急救援政策、基本防护知识、自救与互救基本常识等；为全面提高应急队伍的作战能力和专业水平，设立应急救援培训基地，对各级应急指挥人员、技术人员、监测人员和应急队员进行强化培训和训练，如基础培训、专业培训、战术培训等。

C　事故应急救援体系响应分级

按照安全生产事故灾难的可控性、严重程度和影响范围，依据事故危害程度、影响范围和生产经营单位控制事态的能力，对事故应急响应进行分级，应急响应级别原则上分为Ⅰ、Ⅱ、Ⅲ、Ⅳ级响应。响应分级不必照搬事故分级。

（1）出现下列情况之一启动Ⅰ级响应。

1）造成30人以上死亡（含失踪），或危及30人以上生命安全，或者100人以上中毒（重伤），或者直接经济损失1亿元以上的特别重大安全生产事故。

2）需要紧急转移安置10万人以上的安全生产事故。

3）超出省（区、市）人民政府应急处置能力的安全生产事故。

4）跨省级行政区、跨领域（行业和部门）的安全生产事故灾难。

5）国务院领导同志认为需要国务院安委会响应的安全生产事故。

（2）出现下列情况之一启动Ⅱ级响应。

1）造成10人以上、30人以下死亡（含失踪），或危及10人以上、30人以下生命安全，或者50人以上、100人以下中毒（重伤），或者直接经济损失5000万元以上、1亿元以下的安全生产事故。

2）超出市（地、州）人民政府应急处置能力的安全生产事故。

3）跨市、地级行政区的安全生产事故。

4）省（区、市）人民政府认为有必要响应的安全生产事故。

（3）出现下列情况之一启动Ⅲ级响应。

1）造成3人以上、10人以下死亡（含失踪），或危及10人以上、30人以下生产安全，或者30人以上、50人以下中毒（重伤），或者直接经济损失较大的安全生产事故灾难。

2）超出县级人民政府应急处置能力的安全生产事故灾难。

3）发生跨县级行政区安全生产事故灾难。

4）市（地、州）人民政府认为有必要响应的安全生产事故灾难。

（4）发生或者可能发生一般事故时，启动Ⅳ级响应。

在上述有关数量的表述中,"以上"含本数,"以下"不含本数。

D　事故应急救援体系响应程序

事故应急救援系统的响应程序按过程可分为接警、响应级别确定、应急启动、救援行动、应急恢复和应急结束。

（1）接警与响应级别确定。接到事故报警后,按照工作程序,对警情做出判断,初步确定相应的响应级别。如果事故不足以启动应急救援体系的最低响应级别,响应关闭。

（2）应急启动。应急响应级别确定后,按所确定的响应级别启动应急程序,如通知应急中心有关人员到位、开通信息与通信网络、通知调配救援所需的应急资源（包括应急队伍和物资、装备等）、成立现场指挥部等。

（3）救援行动。有关应急队伍进入事故现场后,迅速开展事故侦测、警戒、疏散、人员救助、工程抢险等有关的应急救援工作,专家组为救援决策提供建议和技术支持。当事态超出响应级别无法得到有效控制时,向应急中心请求实施更高级别的应急响应。

（4）应急恢复。救援行动结束后,进入临时应急恢复阶段。该阶段主要包括现场清理、人员清点和撤离、警戒解除、善后处理和事故调查等。

（5）应急结束。执行应急关闭程序,由事故总指挥宣布应急结束。

5.2.5.2　事故应急救援预案

事故应急救援预案,是指为了有效预防和控制可能发生的事故,最大限度减少事故及其造成损害而预先制定的工作方案。预案一方面明确了应急救援的范围和体系,使应急准备和应急管理有据可依、有章可循；另一方面做出及时的应急响应,降低事故后果。

生产经营单位应急预案分为综合应急预案、专项应急预案和现场处置方案。生产经营单位应根据有关法律法规和相关标准,结合单位组织管理体系、生产规模和可能发生的事故特点,科学合理确立单位的应急预案体系,并注意与其他类别应急预案相衔接。

（1）综合应急预案。综合应急预案是生产经营单位为应对各种生产安全事故而制定的综合性工作方案,是本单位应对生产安全事故的总体工作程序、措施和应急预案体系的总纲。综合应急预案主要内容如图 5-11 所示。

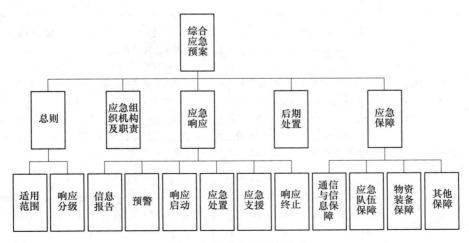

图 5-11　综合应急预案内容

（2）专项应急预案。专项应急预案是生产经营单位为应对某一种或者多种类型生产安全事故，或者针对重要生产设施、重大危险源、重大活动，防止生产安全事故而制定的专项工作方案。专项应急预案主要内容如图 5-12 所示。

专项应急预案与综合应急预案中的应急组织机构、应急响应程序相近时，可不编写专项应急预案，相应的应急处置措施并入综合应急预案。

（3）现场处置方案。现场处置方案是生产经营单位根据不同生产安全事故类型，针对具体场所、装置或者设施所制定的应急处置措施。现场处置方案重点规范事故风险描述、应急工作职责、应急处置措施和注意事项，应体现自救互救、信息报告和先期处置的特点。事故风险单一、危险性小的生产经营单位，可只编制现场处置方案。现场处置方案主要内容如图 5-13 所示。

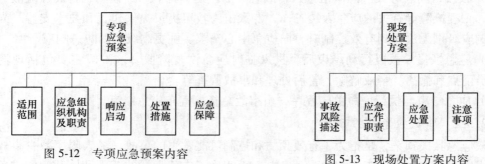

图 5-12　专项应急预案内容　　　　　　　图 5-13　现场处置方案内容

A　事故应急救援预案的分级

根据可能的事故后果的影响范围、地点及应急方式，我国事故应急救援预案分为五级，见表 5-13。

表 5-13　我国事故应急救援预案分级

等级	适用范围
Ⅰ级（国家级）应急预案	对事故后果超过省、直辖市、自治区边界以及列为国家级事故隐患、重大危险源的设施或场所，应制定国家级应急预案
Ⅱ级（省级）应急预案	对可能发生的特大火灾、爆炸、毒物泄漏事故，特大矿山事故以及属省级特大事故隐患、重大危险源的设施或场所，应建立省级事故应急预案
Ⅲ级（地区/市级）应急预案	事故影响范围大，后果严重，或是发生在两个县或县级市管辖区边界上的事故，应急救援需动用地区的力量
Ⅳ级（县、市/社区级）应急预案	事故所涉及的影响可扩大到公共区（社区），但可被该县（市、区）或社区的力量，加上所涉及的工厂或工业部门的力量所控制
Ⅴ级（企业级）应急预案	事故的有害影响局限于某个生产经营单位的厂界内，并且可被现场的操作者遏制和控制在该区域内。这类事故可能需要投入整个单位的力量来控制，但其影响预期不会扩大到社区（公共区）

B　事故应急救援预案编制程序

生产经营单位应急预案编制程序包括成立应急预案编制工作组、资料收集、风险评估、应急资源调查、应急预案编制、桌面推演、应急预案评审和批准实施8个步骤：

（1）成立应急预案编制工作组。结合单位职能和分工，成立以单位有关负责人为组长，单位相关部门人员（如生产、技术、设备、安全、行政、人事、财务人员）参加的应急预案编制工作组，明确工作职责和任务分工，制订工作计划，组织开展应急预案编制工作。预案编制工作组中应邀请相关救援队伍以及周边相关企业、单位或社区代表参加。

（2）资料收集。应急预案编制工作组应收集下列相关资料：

1）适用的法律法规、部门规章、地方性法规和政府规章、技术标准及规范性文件；

2）企业周边地质、地形、环境情况及气象、水文、交通资料；

3）企业现场功能区划分、建（构）筑物平面布置及安全距离资料；

4）企业工艺流程、工艺参数、作业条件、设备装置及风险评估资料；

5）本企业历史事故与隐患、国内外同行业事故资料；

6）属地政府及周边企业、单位应急预案。

（3）风险评估。撰写评估报告（编制大纲参见 GB/T 29639—2020 附录A），其内容包括但不限于：

1）辨识生产经营单位存在的危险有害因素，确定可能发生的生产安全事故类别；

2）分析各种事故类别发生的可能性、危害后果和影响范围；

3）评估确定相应事故类别的风险等级。

（4）应急资源调查。全面调查和客观分析企业以及周边企业和政府部门可请求援助的应急资源状况，撰写应急资源调查报告（编制大纲参见 GB/T 29639—2020 附录B），其内容包括但不限于：

1）本单位可调用的应急队伍、装备、物资、场所；

2）针对生产过程及存在的风险可采取的监测、监控、报警手段；

3）上级单位、当地政府及周边企业可提供的应急资源；

4）可协调使用的医疗、消防、专业抢险救援机构及其他社会化应急救援力量。

（5）应急预案编制。应急预案编制应当遵循以人为本、依法依规、符合实际、注重实效的原则，以应急处置为核心，体现自救互救和先期处置的特点，做到职责明确、程序规范、措施科学，尽可能简明化、图表化、流程化。应急预案编制格式和要求参见 GB/T 29639—2020 附录C。

应急预案编制工作包括但不限下列：

1）依据事故风险评估及应急资源调查结果，结合本单位组织管理体系、生产规模及处置特点，合理确立本单位应急预案体系；

2）结合组织管理体系及部门业务职能划分，科学设定本单位应急组织机构及职责分工；

3）依据事故可能的危害程度和区域范围，结合应急处置权限及能力，清晰界定本单位的响应分级标准，制定相应层级的应急处置措施；

4）按照有关规定和要求，确定事故信息报告、响应分级与启动、指挥权移交、警戒疏散方面的内容，落实与相关部门和单位应急预案的衔接。

（6）桌面推演。按照应急预案明确的职责分工和应急响应程序，结合有关经验教训，相关部门及其人员可采取桌面演练的形式，模拟生产安全事故应对过程，逐步分析讨论并形成记录，检验应急预案的可行性，并进一步完善应急预案。桌面演练的相关要求参见AQ/T 9007。

（7）应急预案评审。

1）评审形式。应急预案编制完成后，生产经营单位应按法律法规有关规定组织评审或论证。参加应急预案评审的人员可包括有关安全生产及应急管理方面的、有现场处置经验的专家。应急预案论证可通过推演的方式开展。

2）评审内容。应急预案评审内容主要包括：风险评估和应急资源调查的全面性、应急预案体系设计的针对性、应急组织体系的合理性、应急响应程序和措施的科学性、应急保障措施的可行性、应急预案的衔接性。

3）评审程序。应急预案评审程序包括下列步骤：

评审准备。成立应急预案评审工作组，落实参加评审的专家，将应急预案、编制说明、风险评估、应急资源调查报告及其他有关资料在评审前送达参加评审的单位或人员。

组织评审。评审采取会议审查形式，企业主要负责人参加会议，会议由参加评审的专家共同推选出的组长主持，按照议程组织评审；表决时，应有不少于出席会议专家人数的三分之二同意方为通过；评审会议应形成评审意见（经评审组组长签字），附参加评审会议的专家签字表。表决的投票情况应以书面材料记录在案，并作为评审意见的附件。

修改完善。生产经营单位应认真分析研究，按照评审意见对应急预案进行修订和完善。评审表决不通过的，生产经营单位应修改完善后按评审程序重新组织专家评审，生产经营单位应写出根据专家评审意见的修改情况说明，并经专家组组长签字确认。

（8）批准实施。通过评审的应急预案，由生产经营单位主要负责人签发实施。

C　事故应急救援预案的基本结构

不同的应急救援预案由于各自所处的层次和适用的范围不同，因而在内容的详略程度和侧重点上会有所不同，但都可以采用相似的基本结构（"1+4"预案编制结构），即由一个基本预案加上应急功能设置、特殊风险管理、标准操作程序和支持附件构成。

（1）基本预案。基本预案是应急预案的总体描述，主要阐述应急预案所要解决的紧急情况，应急的组织体系、方针，应急资源，应急的总体思路，并明确各应急组织在应急准备和应急行动中的职责以及应急预案的演练和管理等规定。

（2）应急功能设置。应急功能是指针对各类重大事故应急救援中通常采取的一系列的基本应急行动和任务，如指挥和控制、警报、通信、人群疏散与安置、医疗、现场管制等。因此，设置应急功能时，应针对潜在重大事故的特点综合分析并将其分配给相关部门。对每项应急功能都应明确其针对的形势、目标、负责机构和支持机构、任务要求、应急准备和操作程序等。

（3）特殊风险管理。特殊风险是根据某类事故灾难、灾害的典型特征，需要对其应急功能做出针对性安排的风险。应说明处置此风险应设置的专有应急功能或有关应急功能所需的特殊要求。明确这些应急功能的责任部门、支持部门、有限介入部门及其职责和任务，为制定该类风险的专项预案提出特殊要求和指导。

（4）标准操作程序。由于基本预案、应急功能设置并不说明各项应急功能的实施细节，因此，各应急功能的主要责任部门必须组织制定相应的标准操作程序，为应急组织或个人提供履行应急预案中规定的职责和任务的详细指导。标准操作程序应保证与应急预案的协调和一致性，其中重要的标准操作程序可作为应急预案附件或以适当的方式引用。

（5）支持附件。支持附件主要包括应急救援的有关支持保障系统的描述及有关的附图表，如：危险分析附件，通信联络附件，法律法规附件，机构和应急资源附件，教育、培训、训练和演习附件，技术支持附件，协议附件，其他支持附件等。

D 事故应急救援预案的编制

应急预案的编制包括下面五个过程。

（1）成立由各有关部门组成的预案编制小组，指定负责人。

（2）危险分析和应急能力评估。辨识可能发生的重点事故风险，并进行影响范围和后果分析（即危险识别、脆弱性分析和风险分析）；分析应急资源需要，评估现有的应急能力。

（3）编制应急预案。根据危险分析和应急能力评估结果，确定最佳的应急策略。应急救援预案的编制应当符合以下要求。

1）符合有关法律、法规、规章和标准的规定。

2）结合本地区、本部门、本单位的安全生产实际情况。

3）结合本地区、本部门、本单位的危险性分析情况。

4）应急组织和人员的职责分工明确，并有具体的落实措施。

5）有明确、具体的事故预防措施和应急程序，并与其应急能力相适应。

6）有明确的应急保障措施，并能满足本地区、本部门、本单位的应急工作要求。

7）预案基本要素齐全、完整，预案附件提供的信息准确。

8）预案内容与相关应急预案相互衔接。

（4）应急预案的评审与发布。应急预案编制后，应组织开展预案的评审工作，包括内部评审和外部评审，以确保应急预案的科学性、合理性以及实际情况的符合性。

（5）应急预案的实施。应急预案经批准发布后，各级安全生产监督管理部门、生产经营单位，应当采取多种形式开展应急预案的宣传教育，普及生产安全事故预防、避险、自救和互救知识，提高从业人员安全意识和应急处置技能。

E 事故应急救援预案的演练

a 事故应急救援预案演练的基本要求

发现缺陷，发现不足，改善协调，增强意识，提高水平，明确职责，提高预案协调、整体应急反应能力。

（1）可检验事故应急救援预案和程序的可操作性，在事故发生前暴露其缺点。

（2）辨识出应急救援资源的不足。

（3）进一步协调各应急机构，部门和人员。

（4）使公众对事故救援方面的信心和应急意识进一步加强。

（5）增强应急人员的熟练程度和信心。

（6）明确应急相关人员的岗位与职责。

（7）提高各级预案之间的协调性。

（8）进一步提高整体应急反应能力。

b　事故应急救援预案演练的类型

事故应急救援预案演练的类型包括：

（1）桌面演练。桌面演练仅限于有限的应急响应和内部协调活动，由应急组织的代表或关键岗位人员参加，按照应急预案及标准工作程序讨论发生紧急情况时应采取的行动。这种口头演练一般在会议室内举行，目的是锻炼参演人员解决问题的能力，解决应急组织相互协作和职责划分的问题。事后采取口头评论形式收集参演人员的建议，提交一份简短的书面报告，总结演练活动和提出有关改进应急响应工作的建议，为功能演练和全面演练做准备。

（2）功能演练。针对某项应急响应功能或其中某些应急响应行动举行的演练活动，一般在应急指挥中心或现场指挥部举行，并可同时开展现场演练，调用有限的应急设备，主要目的是针对应急响应功能，检验应急人员以及应急体系的策划和响应能力。演练完成后，除采取口头评论形式外，还应向地方提交有关演练活动的书面汇报，提出改进建议。

（3）全面演练。针对应急预案中全部或大部分应急响应功能，检验、评价应急组织应急运行能力和相互协调的能力，一般持续几个小时，采取交互式方式进行。演练过程要求尽量真实，调用更多的应急人员和资源，并开展人员、设备及其他资源的实战性演练。演练完成后，除采取口头评论外，还应提交正式的书面报告。

c　事故应急救援预案演练基本任务

在事故真正发生前暴露预案和程序的缺陷；发现应急资源的不足（包括人力和设备等）；改善各应急部门、机构、人员之间的协调；增强公众应对突发重大事故救援的信心和应急意识；提高应急人员的熟练程度和技术水平；进一步明确各自的岗位与职责；提高各级预案之间的协调性；提高整体应急反应能力。

d　事故应急救援预案演练的实施过程

综合性应急演练的过程可划分为演练准备、演练实施和演练总结三个阶段，各阶段的基本任务均有明确要求。建立由多种专业人员组成的应急演练策划小组是成功组织开展演练工作的关键。参演人员不得参与策划小组，更不能参与演练方案的设计。

e　事故应急救援预案演练效果评审方法及内容

应急演练结束后，应对演练的效果作出评价，提交演练报告，并详细说明演练过程中发现的问题。

（1）不足项。指演练过程中观察或识别出的应急准备缺陷，可能导致在紧急事件发生时，不能确保应急救援体系有能力采取合理应对措施。须在规定的时间内予以纠正。策划小组负责人应对该不足项进行详细说明，并给出应采取的纠正措施和完成时限。

（2）整改项。指演练过程中观察或识别出的，单独不可能在应急救援中对公众的安全与健康造成不良影响的应急准备缺陷。在下次演练前予以纠正。有两种情况的整改项可列为不足项：1）某个应急组织中存在两个以上整改项，共同作用可影响保护公众安全与健康能力；2）某个应急组织在多次演练过程中，反复出现前次演练发现的整改项。

（3）改进项。指应急准备过程中应予改善的问题，不会对人员的生命安全与健康产生严重的影响。视情况予以改进，不要求必须纠正。

课后习题

一、选择题

1. 固有危险源控制技术中，固有危险源按其性质的不同，分为_____、_____、机械、辐射和其他 5 类。

  A. 化学、物理　　　　　　　　　B. 化学、电气

  C. 自然、人为　　　　　　　　　D. 物理、人为

2. 危险控制技术中分两类：_____是以整个系统作为控制对象；_____是以具体危险源为对象，以系统工程的原理为指导，对危险进行控制。

  A. 宏观控制技术　　微观控制技术

  B. 宏观控制技术　　闭环控制技术

  C. 微观控制技术　　闭环控制技术

  D. 开环控制技术　　闭环控制技术

3. （多选）危险控制的原则包括：_____。

  A. 闭环控制原则　　　　　　　　B. 动态控制原则

  C. 非封闭控制原则　　　　　　　D. 多层次控制原则

4. 事故应急救援是在事故发生后立即组织营救受害人员，撤离或者采取其他措施保护危害区域内的其他人员，同时迅速控制事态发展，防止事故影响范围继续扩大，并测定事故的_____、_____，消除危害后果。

  A. 危害区域、伤亡人员及危害程度

  B. 危害区域、危害性质及伤亡人员

  C. 危害区域、危害性质及危害程度

  D. 以上都不是

5. （多选）事故应急救援体系组成包括_____。

  A. 综合应急预案　　B. 专项应急预案　　C. 医疗救治机构　　D. 现场处置方案

6. 固有危险源是指生产中的事故隐患，即生产存在的可能导致事故和损失的不安全条件，它包括_____。

  A. 人为因素和设备因素

  B. 物质因素和设备因素

  C. 人为因素和部分环境因素

  D. 物质因素和部分环境因素

7. 根据安全技术措施等级顺序的要求应遵循的具体原则_____。

  A. 消除　预防　减弱　隔离　联锁　警告

  B. 消除　预防　减弱　控制　联锁　警告

  C. 消除　预防　减弱　隔离　联锁　封闭

  D. 消除　预防　减弱　隔离　保留　警告

8. _____是指长期地或临时地生产、储存、使用和经营危险化学品，且危险化学品的数量等于或超过临界量的单元。

　　A. 重大危险源

　　B. 化工重大危险源

　　C. 危险化学品重大危险源

　　D. 建筑重大危险源

9. 生产单元、储存单元内存在的危险化学品为多品种时，若满足下式_____，则定为重大危险源。

　　A. $S=q_1/Q_1+q_2/Q_2+q_3/Q_3\cdots+q_n/Q_n\geqslant1$

　　B. $S=q_1/Q_1+q_2/Q_2+q_3/Q_3\cdots+q_n/Q_n\leqslant1$

　　C. $S=q_1/Q_1+q_2/Q_2+q_3/Q_3\cdots+q_n/Q_n<1$

　　D. $S=q_1/Q_1+q_2/Q_2+q_3/Q_3\cdots+q_n/Q_n=1$

10. （多选）职工安全教育的主要形式有三种，即_____教育。

　　A. 经常性教育　　　　　　　　　B. 职业教育

　　C. 安全教育　　　　　　　　　　D. 特殊工种

11. _____是生产经营单位为应对某一类型或某几种类型事故，或者针对重要生产设施、重大危险源、重大活动等内容而制订的应急预案。

　　A. 现场处置方案　　　　　　　　B. 综合应急预案

　　C. 专项应急预案　　　　　　　　D. 专项处置方案

12. 事故应急救援体系响应分级，按照安全生产事故灾难的可控性、严重程度和影响范围，应急响应级别原则上分为_____级响应。

　　A. 2　　　　　　　B. 3　　　　　　　C. 4　　　　　　　D. 5

13. 不属于事故应急救援预案演练的类型有_____。

　　A. 桌面演练　　　　B. 功能演练　　　　C. 全面演练　　　　D. 事故演练

二、填空题

1. 重大危险源单元定级中，重大危险源定级方法是用半数致死半径 R 的长度来进行的。其中分为_____、二级重大危险源 $100>R\geqslant50$、_____、_____四个等级。

2. 从微观上讲，危险控制的具体方法有：消除危险、_____、防护危险、_____、_____、保留危险、转移危险。

3. _____技术是通过对系统进行全面评价和事故预测，根据评价和预测的结果，对事故隐患采取针对性的限制措施和控制事故发生的对策。

4. _____是指生产中的事故隐患，即生产中存在的可能导致事故和损失的不安全条件，它包括物质因素和部分环境因素。

5. 事故应急预案体系主要由_____、专项应急预案和现场处置方案构成。

6. 事故应急救援系统的响应程序按过程可分为_____、响应级别确定、应急启动、_____、应急恢复和应急结束。

三、简答题

1. 简述危险控制的目的？

2. 在系统危险控制中，安全措施有哪些？

3. 系统危险控制是什么，常见方法有哪些？

4. 加强安全管理常见措施有哪些？

5. 重大危险源的风险分析评价包括哪个部分？

---— 本 章 小 结 ———---

本章主要讲述了系统安全决策的基本程序与方法、系统危险控制的基本原则、固有危险源控制技术、安全对策措施、重大危险源辨识与评价以及事故应急救援等内容。

复习思考题

5-1 简述安全决策的评分法和决策树法的基本程序。

5-2 危险控制的目的和基本原则是什么？

5-3 什么是固有危险源，固有危险源一般可分为哪几类？

5-4 降低事故严重度的措施有哪些？

5-5 加强安全管理的措施有哪些？

5-6 某生产企业，有 10 辆 20t 的甲醇槽罐车；离生产装置 1500m 处有个罐装站，站内有 6 个 15t 的储罐。根据重大危险源申报指导意见，该企业是否有重大危险源需申报？说明理由。

5-7 某聚苯乙烯树脂厂重大危险源辨识。

某聚苯乙烯树脂厂的厂区布置如图 5-14 所示。厂区占地面积 64292m²，建筑面积 35514m²，周边纵向距离 400m，横向距离 180m。厂区主要建筑为 12 层综合楼、3 层主生产车间和 2 座辅助车间，另有机修、仓库等设施。生产装置区建有 3 条聚苯乙烯生产线（1 号、2 号、3 号生产线），并有日用品罐区（乙苯储罐 1 个，80m³；苯乙烯储罐 2 个，均为 58.15m³）。原料罐区基本情况见表 5-14。

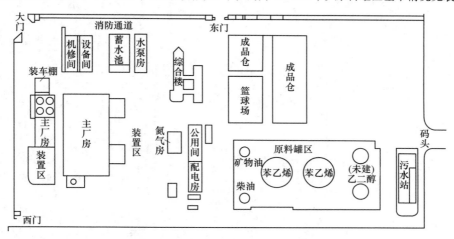

图 5-14　某聚苯乙烯树脂厂的厂区布置

表 5-14　原料罐区基本情况表

物料名称	储罐数量/个	单罐储量/m³	总储量/m³	储罐形式
苯乙烯	2	6750	13500	立式拱顶罐
乙二醇	1	2000	2000	立式拱顶罐
柴油	1	600	600	立式拱顶罐
矿物油	1	864	864	立式拱顶罐

试根据《危险化学品重大危险源辨识》（GB 18218—2018）对该公司进行重大危险源辨识分析。

相关资料：乙苯的相对密度 0.87；苯乙烯的相对密度 0.91；充装系数均为 0.85。

5-8　某热力发电厂制氢系统包括制氢装置和氢气储罐。制氢装置为两套电解制氢设备及其管路等，运行时制氢装置中存有的氢为 50kg。与制氢装置边缘距离为 30m 处，有 6 个 24m³、额定工作压力 3.2MPa、额定工作温度 20℃的卧式储罐，作为生产过程周转储罐。制氢装置与氢气储罐用管道连接。在距制氢系统外部边界 550m 处有 1 个汽油储罐区，有 2 个 20m³ 的卧式油储罐，储罐的设计充装系数为 0.85，两汽油储罐在同一围堰内。

请问：上述情况是否构成重大危险源？

相关资料：氢气在 0℃、0.1MPa 环境的密度为 0.09kg/m³；汽油的密度为 750kg/m³。

5-9　综合应急预案、专项应急预案和现场处置方案分别包括哪些内容？

6 典型实例分析

6.1 露天爆破事故事故树分析

作为现代化露天矿生产工艺首道工序的矿岩爆破，地位非常重要。而爆破作业是一项专业性很强的危险工作，对操作和使用者的素质要求很高。爆破事故的危害性非常大，轻者造成国家财产的损失和影响生产的顺利进行，重者危及人员的身体健康和生命安全。本节运用事故树分析方法，对云南某大理石矿山爆破事故进行安全分析，确定出引起爆破事故发生的各个基本事件，对于全面分析和把握引发事故的各种致因，进而搞好今后爆破安全生产具有十分重要的意义。

6.1.1 矿山爆破作业危险有害因素分析

根据某大理石矿矿体赋存条件及经济合理性比较，确定采用露天开采方式。矿山开采程序遵循"先主后次、先上后下、采剥并举、剥离先行"的原则，由上而下分台阶进行开采。随着开采工作面的推进，边采边进行剥离。

矿山爆破作业的危险性主要体现在3个方面，即爆破地震、飞石和空气冲击波。爆破作业造成的事故主要由人为原因引起，少数由于爆破器材本身的质量问题引起。故4种主要的事故形式如下：

（1）在爆破作业准备阶段，雷管等检查不仔细，导致爆破器材留有缺陷，引起早爆、迟爆、拒爆等现象。在人工装药过程中，不能按实际的炮孔和炮眼调整装药量，会发生卡药现象。装药过程不用木制炮棍、炮泥堵塞，用装药器装药时，违反操作规程会产生反粉、堵管和静电问题，导致炸药悬浮，形成尘埃炸药。

（2）起爆后发生事故。在爆破过程中，一部分能量转化为爆轰波，在岩石或土壤中传播，引起震动，叫作爆破地震，对附近的地下工程、地面建筑物、构筑物有破坏作用。露天爆破，有个别岩块飞得很远，会对人或设备、建筑物、构筑物造成危害。

（3）非爆破员进行爆破作业造成事故。

（4）瞎炮事故。

此外，在爆破作业过程中，还存在炮烟中毒与窒息、噪声、高处坠落等危险有害因素。

6.1.2 事故树的编制及定性分析

6.1.2.1 事故树编制

结合系统安全分析理论和现场实地调查，根据矿山实际情况绘制了爆破事故树，如图6-1所示。

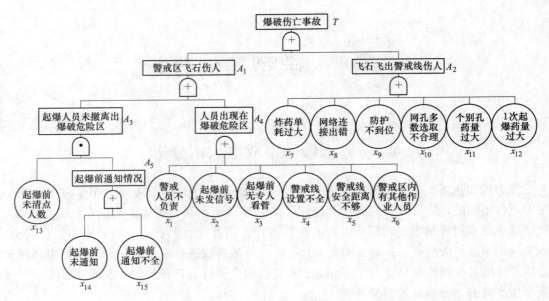

图 6-1　爆破伤亡事故事故树

6.1.2.2　事故树结构函数

根据事故树的逻辑关系，确定事故树结构函数：

$$T = A_1 + A_2$$
$$= (A_3 + A_4) + (x_7 + x_8 + x_9 + x_{10} + x_{11} + x_{12})$$
$$= [x_{13} \times (x_{14} + x_{15}) + x_1 + x_2 + x_3 + x_4 + x_5 + x_6] + (x_7 + x_8 + x_9 + x_{10} + x_{11} + x_{12})$$
$$= x_1 + x_2 + x_3 + x_4 + x_5 + x_6 + x_7 + x_8 + x_9 + x_{10} + x_{11} + x_{12} + x_{13}x_{14} + x_{13}x_{15}$$

6.1.2.3　最小割（径）集的求解

用布尔代数法，可求得该事故树的 14 个最小割集。

即：$\{x_1\}$，$\{x_2\}$，$\{x_3\}$，$\{x_4\}$，$\{x_5\}$，$\{x_6\}$，$\{x_7\}$，$\{x_8\}$，$\{x_9\}$，$\{x_{10}\}$，$\{x_{11}\}$，$\{x_{12}\}$，$\{x_{13}, x_{14}\}$，$\{x_{13}, x_{15}\}$。

用布尔代数法，可求得两个最小径集。

$$P_1 = \{x_1, x_2, x_3, x_4, x_5, x_6, x_7, x_9, x_{10}, x_{11}, x_{12}, x_{13}\}$$
$$P_2 = \{x_1, x_2, x_3, x_4, x_5, x_6, x_7, x_9, x_{10}, x_{11}, x_{12}, x_{14}, x_{15}\}$$

6.1.2.4　结构重要度分析

根据式（2-22）得到：

$$I_\Phi(1) = I_\Phi(2) = I_\Phi(3) = I_\Phi(4) = I_\Phi(5) = I_\Phi(6) = I_\Phi(7) = I_\Phi(8) = I_\Phi(9) = I_\Phi(10) = I_\Phi(11) = I_\Phi(12) = 3/2^{13};\ I_\Phi(13) = 1/2^{12};\ I_\Phi(14) = I_\Phi(15) = 1/2^{13}。$$

得各基本事件结构重要度排序：$I_\Phi(1) = I_\Phi(2) = I_\Phi(3) = I_\Phi(4) = I_\Phi(5) = I_\Phi(6) = I_\Phi(7) = I_\Phi(8) = I_\Phi(9) = I_\Phi(10) = I_\Phi(11) = I_\Phi(12) > I_\Phi(13) > I_\Phi(14) = I_\Phi(15)$

经上述分析，可以得到结论：在大理石露天开采生产过程中，造成爆破事故的主要因素为管理不完善造成的爆破无警戒、警戒范围设置不完善、警戒人员不负责任、防护不到位、无信号等。

6.1.2.5 安全对策措施

安全对策措施有 8 条:

(1) 露天爆破作业必须严格遵守《爆破安全规程》,使用符合国家标准或部颁标准的爆破器材。

(2) 凡从事爆破作业的人员,都必须经过培训,考试合格并持有合格证。

(3) 爆破作业必须按照爆破设计或说明进行,严禁进行爆破器材加工,爆破的作业人员严禁穿化纤衣服。

(4) 大雾天、雷雨天、雪天、黄昏和夜晚,禁止进行爆破作业。

(5) 露天爆破作业地点有边坡滑落危险,有涌水、炮眼温度异常、危及设备或建筑物安全而无防护设施情况下,禁止进行爆破作业。

(6) 爆破应实行定时爆破制度,并设置安全警戒范围和岗哨,使所有通路处于监视之下。每个岗哨应处于相邻岗哨视线范围之内。爆破前必须同时发出音响、视觉信号,使危险区内人员都能清楚地听到和看到。确认爆破地点安全后,方可恢复作业。

(7) 工作面遇有瞎炮时,必须及时处理。处理瞎炮时,严禁掏出或拉出起爆药包。

(8) 在爆破区域内有 2 个以上的单位进行露天作业时,必须统一指挥。

6.2 冒顶事故事件树分析

为防止冒顶伤亡事故的发生,在针对非金属矿山回采工作面冒顶伤亡事故调查的基础上,用事件树分析法进行分析,找出导致事故发生的可能途径(即发生冒顶并导致人员伤亡的原因),为制定预防回采工作面冒顶事故的措施提供参考依据。

6.2.1 事件树的绘制

事件树分析法就是根据事故发展顺序,从事故的起因或诱因事件开始,途经原因事件直至结果事件为止,每一事件都按成功和失败两种状态进行分析,用树枝代表事件的发展过程的分析法。按照事件树的绘制原理,结合某地下矿山回采工作面冒顶伤亡事故的调查情况,做出回采工作面冒顶事件树,如图 6-2 所示。

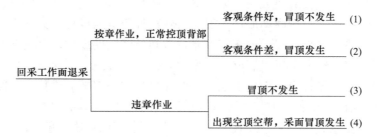

图 6-2 回采工作面冒顶事件树

6.2.2 定性分析

回采工作面退采在以下两种情况下可防止冒顶事故发生:

（1）作业人员按章作业，控顶背帮情况好，而且客观条件好，见图6-2中（1）。

（2）作业人员违章作业，出现空顶空帮，但没有发生冒顶，见图6-2中（3）。众所周知这是一种侥幸情况，管理人员务必要告诫作业人员在作业时应摒弃侥幸的心理。

回采工作面退采有两种情况可能使冒顶事故发生：

（1）作业人员按章作业，控顶背帮情况好，但客观条件差，致使冒顶发生，见图6-2中（2）。因为客观条件（如矿石松软等）属于自然因素，难于人为控制，要预防这种情况发生，只有在回采工作面的布置、回采工艺上做文章，和现场作业人员并无利害关系。

（2）作业人员违章作业，出现空顶空帮，最终发生冒顶事故，见图6-2中（4）。要制止这种情况出现，就必须教育工人严格按作业规程施工，杜绝违章作业，在这一点上可体现出安全技术培训和贯彻作业规程的重要性。

为了了解某矿冒顶事故为何致人死亡的原因，避免同类事故发生，根据事件树分析法做出回采工作面发生冒顶致人死亡的事件树，如图6-3所示。

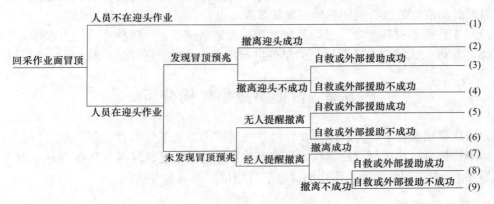

图6-3　回采工作面冒顶伤人事件树

分析事件树图6-3，可见：

（1）回采工作面发生冒顶有6种情况可能使人员免受伤害。

1）人员不在迎头作业，见图6-3中（1），这是一种偶然现象，无须分析。

2）发现了预兆，人员撤离成功，见图6-3中（2）。

3）发现了预兆，人员撤离不成功，但靠自救和外部援助成功，见图6-3中（3）。

4）未发现预兆，又无人提醒撤离，但靠自救和外部援助成功，见图6-3中（5）。

5）未发现预兆，经人提醒撤离成功，见图6-3中（7）。

6）未发现预兆，经人提醒撤离不成功，但靠自救和外部援助成功，见图6-3中（8）。

（2）回采工作面发生冒顶有三种导致人员死亡的可能。

1）作业人员在迎头作业时，发现了冒顶预兆，但来不及撤离迎头，而且自救和外部援助都不成功，导致人员死亡，见图6-3中（4）。这种情况也是常有的，作业人员即使发现了事故的预兆，原本有足够的时间撤离危险区，但是由于安全退路受阻等因素的影响，仍然无法幸免于难。这就是为什么要求采掘工作面必须保持退路安全畅通和回采工作面必须有两个安全出口的原因。

2）人员在迎头作业时，没有发现冒顶的预兆，也没有别人提醒撤离，自救或外部援助不成功，自然无法逃脱灾难，见图 6-3 中（6）。经调查证实，某矿"3.15"冒顶死亡事故就属此类情况，它提醒井下作业人员学习并掌握各类矿山事故预兆知识的重要性和必要性，同时也提醒人们在迎头单人作业的危害性。

3）人员在迎头作业时，未发现冒顶预兆，经别人提醒撤离，但撤离不成功，事后自救和外部援助亦不成功，导致死亡，见图 6-3 中（9）。此类情况使我们意识到矿山企业必须成立矿山救护队或辅助矿山救护队，而且要做好救护队员的安全技术培训和业务技能学习等工作，使矿山救护队真正发挥出抢险救灾的作用。

6.2.3 结论

从以上事件树分析可知，要减少甚至避免回采工作面冒顶伤亡事故的发生，就必须做到以下 5 点：

（1）强调认真编制、严格审批和严肃执行作业规程，并且作业规程必须具有针对性。

（2）坚决杜绝违章作业现象。从事件树分析来看，违章作业对冒顶事故的发生有着重要的影响，所以，对违章作业的预防切勿等闲视之。目前，一些矿山招收大量的农民轮换工和合同工，这部分工人（尤其是轮换工）流动性大，业务素质差，技术水平低，安全生产的思想观念极其淡薄，时常出现违章作业现象，工伤死亡事故也时有发生。因此，各矿应加强对新工人的安全教育和技术培训，使他们充分认识到违章作业可能导致的后果。

（3）回采工作面必须具备两个安全出口，并经常保持退路的安全畅通，以便遇到紧急情况时能够快速撤退。

（4）严禁在采矿工作面单人作业，在危险地带作业时，必须有专人时刻观察顶板情况和两帮情况。

（5）重视矿山救护队建设，加强救护队多功能建设，不断提高救护队员的业务素质和抢险救灾水平。

6.3 地下矿作业条件危险性分析

6.3.1 矿山基本情况及开采概况

某铅锌矿矿体赋存于奥陶系上统文昌组含钙地层与花岗闪长岩外接触带的硅卡岩中，并伴之有硅化。矿体走向长 50~70m，厚度 1.0~3.0m，平均 1.7m，埋藏深度 -50~200m，矿化带产状与岩层产状一致，走向北东 25°~40°，倾向南西，倾角 60°~70°。矿体主要围岩为硅卡岩、角岩、大理岩，矿区地质构造简单，虽然断层较多，但规模不大，对矿床开采影响较小，矿区工程地质条件简单；矿体无大的含水构造，岩层含水微弱，主要靠接受大气降水补给，以断层裂隙渗水为主，流量极小，水文地质条件简单。

6.3.1.1 开拓运输

采用平硐-盲斜井开拓方式。采场落矿后，从漏斗放矿至矿车，由人工推车至井底车场，由卷扬机提升平台提升至上中段平硐，然后再由人工推车运至硐口堆矿场。外部运输利用现有公路，由汽车运至选矿厂进行加工。

6.3.1.2 采矿方法

矿山采用浅孔留矿采矿法进行开采，阶段开采自上而下进行，矿块间采用后退式回采。

矿块采准切割工作完成后，即可进行回采作业，自拉底分层开始，采用 YTP-26 型风动凿岩机钻凿水平、倾斜（或上向）炮孔，分层高 1.7m，炮孔网度一般为 0.9m×0.85m，孔深 2m 左右。采用非电导爆管集中点火起爆，每分层爆落矿石放出 1/3 左右（以保持 2m 以内作业空间高度为准），矿房上采结束后进行大量放矿。每个矿块的顶柱、底柱及间柱均作永久矿柱，以支撑采空区地压。

6.3.1.3 矿井通风

采用单翼对角抽出式通风系统。主扇安设在通风道上部的 150m 中段平巷内，中段采场边界天井作回风天井。

新鲜风流向为：1 号平硐进入→110m 中段沿脉平巷→2 号盲斜井→70m 中段平巷→采场一侧进风行人天井→采场作业面（或掘进作业面）→采场另一侧回风天井→总回风平巷→回风天井→排出地表。

6.3.1.4 井下供排水

矿井供水水源来源于井下沉淀水，距井口 30m 有 1 个 25m³ 储水池，用 PVC 管或镀锌管自流供水至井下各工作面。井下设有水仓及水泵房，用小水泵接力排水至上部平硐，经平硐水沟流出地表。

6.3.2 矿山风险评价

根据矿山实际情况，选取该矿山容易发生事故的作业地点作为评价对象。运用作业条件危险性分析法进行矿山风险评价，见表 6-1。

表 6-1 矿山风险评价

序号	评价对象	危险源及潜在危险	风险值 L	风险值 E	风险值 C	风险值 D	风险等级	结论
1	采掘工作面	爆破事故	3	6	40	720	I	极其危险，不能继续作业
2	斜井提升及平巷运输	提升运输事故	3	6	40	720	I	极其危险，不能继续作业
3	采掘工作面及采空区	冒顶片帮	3	3	40	360	I	极其危险，不能继续作业
4	采掘工作面及采空区	中毒窒息	1	6	40	240	II	高度危险，需要立即整改
5	斜井及采矿作业面	高处坠落	1	6	15	90	III	显著危险，需要整改
6	炸药库	火药爆炸	1	6	15	90	III	显著危险，需有整改
7	凿岩机、空压机及卷扬机附近	机械伤害	3	6	3	54	IV	可能危险，需要注意
8	矿井	触电	1	3	15	45	IV	可能危险，需要注意
9	矿石装卸、采掘工作面、天井、溜井放矿口	物体打击	1	6	7	42	IV	可能危险，需要注意
10	主运输大巷、斜井井口、矿石或废石运输	车辆伤害	1	6	7	42	IV	可能危险，需要注意

序号	评价对象	危险源及潜在危险	风险值				风险等级	结论
			L	E	C	D		
11	矿井	矿山火灾	1	3	15	45	Ⅳ	可能危险，需要注意
12	矿井	水灾	1	6	7	42	Ⅳ	可能危险，需要注意
13	空压机房	容器爆炸	1	6	7	42	Ⅳ	可能危险，需要注意
14	矿井	地面塌陷	1	3	15	45	Ⅳ	可能危险，需要注意
15	采掘工作面、装载及卸载点、回风巷	粉尘	3	6	3	54	Ⅳ	可能危险，需要注意
16	空压机及通风机房、凿岩及爆破工作面、局扇安装地点	噪声与振动	3	3	3	27	Ⅳ	可能危险，需要注意

根据表 6-1 计算结果，对照危险性等级划分标准，可以得出以下结论：爆破事故、提升运输事故、冒顶片帮、中毒窒息、高处坠落、火药爆炸等是该矿井的主要危险有害因素；机械伤害、触电、物体打击、矿山火灾、水灾、容器爆炸、地面塌陷、粉尘、噪声与振动是该矿井的次要危险有害因素。因此，在井下采掘过程中应加强顶板支护、"敲帮问顶"等管理措施，特别要加强对斜井提升系统的管理及维护，加强爆破作业的规范性，加强井下采空区、废弃巷道及高处作业的管理。对可能发生的触电、机械伤害、物体打击、车辆伤害、矿山火灾、水灾、受压容器爆炸、地表塌陷等事故也应加强重视。对于粉尘伤害、噪声与振动危害应加强个人防护措施，监督职工正确使用、佩戴劳动防护用品等。

6.3.3 结论

非煤矿山安全评价工作起步较晚，对于完全适用非煤矿山安全评价的经验和评价方法，只有通过从事非煤矿山安全评价工作者的不断研究、开发，才能形成一套完整的非煤矿山安全评价方法或体系。根据近几年从事矿山安全评价工作的经验，作业条件危险性评价法（LEC）是非煤矿山安全评价中最常用的定量评价方法之一，评价结论与矿山实际基本上是相符的。

6.4 选矿系统预先危险性分析

选矿生产工艺流程一般是：矿石经过破碎、预选抛废、磨矿、分级、磁选（或其他选矿方法与工艺）、过滤等工序，最后得到精矿。

选矿厂的设备设施很多，如球磨机、分级机、磁选机、浮选机、精矿浓缩池等。设备众多，相对的事故也较多，常见的事故有机械伤害、物体打击、高处坠落、触电等。针对这些事故采用预先危险性分析法（PHA）进行系统安全分析。

6.4.1 选厂基本情况

某选矿主厂房磨矿仓内焙烧矿，经给矿胶带机给入一段 φ3600×6000 溢流型球磨机，球磨机排矿进入一次旋流器给矿泵池，用渣浆泵打入一次 φ500 水力旋流器组进行分级，旋流器沉砂自流入一段 φ3600×6000 溢流型球磨机进行闭路磨矿。一段分级机溢流自流到第一次 CTB1200×3000 永磁筒式磁选机中，磁选机尾矿丢弃。一次磁选精矿进入第二次 CTB1200×3000 永磁筒式磁选机进行精选。磁选机尾矿丢弃，精矿进入二次旋流器给矿泵池，由渣浆泵打入二次 $\phi250$ 水力旋流器组进行分级。旋流器沉砂自流进入二段 $\phi3600×6000$ 溢流型球磨机，球磨机排矿进入二次 $\phi250$ 旋流器组给矿泵池。$\phi250$ 水力旋流器组溢流自流给第三次 CTB1200×3000 永磁筒式磁选机进行磁选，磁选尾矿丢弃，磁选精矿自流到第四次 CTB1200×3000 永磁筒式磁选机进行精选。磁选最终精矿自流入 $\phi3000$ 磁力脱水槽进行脱水，脱水后自流入浮选前搅拌槽。矿浆经搅拌后流入粗选浮选槽（80m³）进行粗选，泡沫流进一次扫选浮选槽（80m³），一次扫选底流返回粗选，一次扫选泡沫流进二次扫选（42m³），二次扫选泡沫为最终尾矿，自流入尾矿泵池，二次扫选底流流入一次扫选。每段浮选作业的首槽采用吸入槽，这样，整个浮选系统矿浆就可以达到自流。粗选槽底为最终铁精矿，自流入精矿浓缩池进行浓缩，然后用管道输送到后续处理系统。

6.4.2　安全性评价

对机械伤害、物体打击、高处坠落、触电等常见事故采用预先危险性分析法（PHA）进行分析，见表 6-2。

表 6-2　选矿系统预先危险性分析

序号	事故隐患	诱导因素	事故后果	危险等级	对策措施
1	机械伤害	（1）磨矿机两侧和轴瓦侧面，未设防护栏杆。 （2）磨矿机运转时，人员在运转筒体两侧和下部逗留或工作。 （3）检修、更换磨矿机衬板、处理磨矿机漏浆或紧固筒体螺钉时，未固定筒体。 （4）利用主电动机盘车。 （5）站在勺头正面检查磨损情况。 （6）磨矿机严重偏心。 （7）更换浮选机的三角带，未停车进行。三角带松动时，用棍棒去压或用铁丝去钩三角带。 （8）浮选机突然停电跳闸时，未切断电源开关。 （9）跨在矿浆搅拌槽体上作业。 （10）浮选机槽体因磨损漏矿浆或搅拌器发生故障未停车检修。 （11）开动浮选设备时检查不到位。 （12）照明不足。 （13）防护装置缺陷。 （14）作业人员其他违章操作行为	造成人员伤亡设备损坏	Ⅱ	（1）磨矿机两侧和轴瓦侧面，应有防护栏杆，磨矿机运转时，人员不应在运转筒体两侧和下部逗留或工作。封闭磨矿机人孔时，应确认磨矿机内无人，方可封闭。 （2）检修、更换磨矿机衬板、处理磨矿机漏浆或紧固筒体螺钉时，应事先固定筒体，若磨矿机严重偏心，应首先消除偏心，然后进行处理。 （3）磨矿机停车超过 8h 以上或检修更换衬板完毕，在无微拖设施的情况下，开车之前应用起重机盘车，盘车钢丝绳应事先经过检查；不应利用主电动机盘车。 （4）检查勺头的磨损情况时，作业人员应站在勺头运转方向的侧面，不应站在正面。 （5）更换浮选机的三角带，应停车进行。三角带松动时，不应用棍棒去压或用铁丝去钩三角带。 （6）浮选机突然停电跳闸时，应立即切断电源开关，同时通知球磨停止给矿。 （7）不应跨在矿浆搅拌槽体上作业。 （8）浮选机槽体因磨损漏矿浆或搅拌器发生故障必须停车检修时，应将槽内矿浆放空，并用水冲洗干净。 （9）开动浮选设备时，应确认机内无人、无障碍物。运行中的浮选槽，应防止掉入铁件等杂物或影响运转的其他障碍物。 （10）夜间检查浓密机中心盘，应有良好照明，并在他人监护下进行。 （11）浓密机的地下管道通廊、泵坑等场所，必须有良好的照明。 （12）经常检查设备设施的安全防护装置，保证其完好

序号	事故隐患	诱导因素	事故后果	危险等级	对策措施
2	物体打击	（1）观察人孔门缺陷。 （2）检修、更换衬板时未对机体进行检查。 （3）加钢球时下部有人逗留	造成人员伤亡	Ⅱ	（1）常观察磨矿机人孔门是否严密，严防磨矿介质飞出。 （2）检修、更换磨矿机衬板时，确认机体内无脱落物，通风换气充分，温度适宜，方可进入。 （3）用专门的钢斗给球磨机加球时，斗内钢球面应低于斗的上沿，下方不应有人
3	高处坠落	（1）照明不足。 （2）多层或危险作业措施不当。 （3）高处作业未系安全带。 （4）安全防护栏缺陷。 （5）登高梯子缺陷。 （6）警示标志不全	造成人员伤亡	Ⅱ	（1）在光线不足的场所或夜间进行检修，应有足够的照明。 （2）多层作业或危险作业，应有专人监护，并采取防护措施。 （3）进行登高作业（包括 45°以上的斜坡），应系安全带。 （4）高度超过 0.6m 的平台，周围应设栏杆；平台上的孔洞应设栏杆或盖板；必要时，平台边缘应设安全防护板。 （5）应定期检查、维护和清扫栏杆、平台和走梯。 （6）登高梯子应放置稳当，角度不宜过大。 （7）有坠落危险的区域应设照明和警示标志。 （8）通往周边传动式浓缩机中心盘的走桥和上下走梯，应设置栏杆。 （9）浓缩机的溢流槽，应高出地面至少0.4m；否则，应在靠近路边地段设置安全栏杆。 （10）高处作业要佩戴安全带或设置防护网。 （11）夜间到浓缩机中心盘检查，必须有良好的照明，并在他人监护下进行
4	触电	（1）设备线路缺陷。 （2）警示标志缺陷。 （3）安全防护装置缺陷。 （4）照明不足。 （5）个人防护用品缺陷。 （6）未按操作规程进行停电作业。 （7）接地、接零及过流、过压装置失效。 （8）违章指挥。 （9）其他引起触电的原因	造成人员伤亡	Ⅱ～Ⅲ	（1）严格按照设计合理选择性能可靠的电气设备及线路。 （2）电气设备可能被人触及的裸露带电部分，应设置安全防护罩或遮拦及警示牌。 （3）在光线不足的地方从事电气作业要有良好的照明。 （4）电气作业人员作业时，应穿戴防护用品和使角防护用具。 （5）在断电的线路上作业，应事先对拉下的电源开关把手加锁或设专人看护，并悬挂"有人作业，不准送电"的标志牌；用验电器验明无电，并在所有可能来电线路的各端装接地线，方可进行作业。 （6）电动机应设有短路保护、过载保护与缺相保护，磨矿机等高压电机还应有延时低电压保护。 （7）变压器应有良好的避雷接地装置

6.5　尾矿库安全检查表分析

尾矿库及其附属设施作为具有高危险性的人工构筑物，其经营管理者必须在管辖范围内指定或设立相应的组织结构，制定尾矿库安全管理规章制度，配备专业技术人员，投入充足的安全生产资金，认真执行国家的相关法律、法规和各项规定。根据美国克拉克大学公害评定小组的研究表明，尾矿库事故的危害在世界 93 种事故、公害的隐患中名列第 18 位。因此加强尾矿库的安全管理，提高其规范化、标准化水平，确保尾矿库安全运行就显得十分重要。

6.5.1　尾矿库情况

某尾矿库初期堆石坝底标高为 2026.5m，后期坝终标高为 2080m，坝的总高为 53.5m，目前库容为 $779.52 \times 10^4 m^3$，可划分为四等库，后期拟扩建后，库容可达到 $1710 \times 10^4 m^3$，扩建后的坝终标高为 2095m，总坝高为 68.5m，可划分为三等库，根据现状评价的要求，现按四等库进行安全评价分析。

6.5.2　安全分析

对企业尾矿库的各项安全管理制度、技术措施等进行检查，采用安全检查表对该尾矿库安全管理单元进行安全分析，安全检查表分析见表 6-3。

表 6-3　尾矿库安全管理单元安全检查表

序号	检查项目	检查内容	检查依据	检查结果	备注
1	安全生产管理职责	建立健全尾矿设施安全管理制度	AQ 2006—2005（第6.1条）	符合	
2		对从事尾矿库作业的尾矿工进行专门的作业培训，并监督其取得特种作业人员操作资格证书和持证上岗情况	AQ 2006—2005（第6.1条）	基本符合	尾矿工尚待取证
3		编制年、季作业计划和详细运行图表，统筹安排和实施尾矿输送、分级、筑坝和排洪的管理工作	AQ 2006—2005（第6.1条）	符合	
4		严格按照《尾矿库安全技术规程》《尾矿库安全监督管理规定》和设计文件的要求，做好尾矿库放矿筑坝、防汛、抗震等安全生产管理	AQ 2006—2005（第6.1条）	符合	
5		做好日常巡检和定期观测，并进行及时、全面的记录，发现安全隐患时，应及时处理并向企业主管领导汇报	AQ 2006—2005（第6.1条）	基本符合	记录不详
6	应急救援预案	企业应编制应急救援预案，并组织演练。	AQ 2006—2005（第6.1条）	基本符合	

续表 6-3

序号	检查项目	检查内容	检查依据	检查结果	备注
7	应急救援预案	应急救援预案应包括： （1）尾矿坝垮坝； （2）洪水漫坝； （3）水位超警戒线； （4）洪水设施损毁、排洪设施堵塞； （5）坝坡深层滑动； （6）防震抗震	AQ 2006—2005（第6.1条）	基本符合	
8		应急救援预案内容： （1）应急机构的组成和职责； （2）应急通信保障； （3）抢险救援的人员、资金、物资准备； （4）应急行动	AQ 2006—2005（第6.1条）	基本符合	
9	防洪安全检查	检查尾矿库设计的防洪标准是否符合规程规定	AQ 2006—2005（第7.1条）	符合	
10		尾矿库水位检测，其测量误差应小于20mm	AQ 2006—2005（第7.1条）	符合	
11		尾矿库滩顶高程的检测，应沿坝（滩）顶方向布置测点进行实测，其测量误差应小于20mm	AQ 2006—2005（第7.1条）	符合	
12		当滩顶一端高一端低时，应在低标高段选较低处检测1~3个点；当滩顶高低相同时，应选较低处不少于3个点；其他情况，每100m坝长选较低处检测1~2个点，但总数不少于3个点	AQ 2006—2005（第7.1条）	基本符合	未见测定记录
13		根据尾矿库实际的地形、水位和尾矿沉积滩面，对尾矿库防洪能力进行复核，确定尾矿库安全超高和最小干滩长度是否满足设计要求	AQ 2006—2005（第7.1条）	符合	干渣堆放
14		排洪构筑物安全检查主要内容：构筑物有无变形、位移、损毁、淤堵，排水能力是否满足要求等	AQ 2006—2005（第7.1条）	符合	
15		排水井检查内容：井的内径、窗口尺寸及位置，井壁剥蚀、脱落、渗漏、最大裂缝开展宽度，井身倾斜度和变位，井、管联结部位，进水口水面漂浮物，停用井封盖方法等	AQ 2006—2005（第7.1条）	基本符合	未见记录
16		排水涵管检查内容：断面尺寸，变形、破损、断裂和磨蚀，最大裂缝开展宽度，管间止水及充填物，涵管内淤堵等	AQ 2006—2005（第7.1条）	基本符合	未见记录
17		排水隧洞检查内容：断面尺寸，洞内塌方，衬砌变形、破损、断裂、剥落和磨蚀，最大裂缝开展宽度，伸缩缝、止水及充填物，洞内淤堵及排水孔工况等	AQ 2006—2005（第7.1条）	基本符合	未见记录
18		溢洪道、截洪沟检查内容：断面尺寸，沿线山坡滑坡、塌方，护砌变形、破损、断裂和磨蚀，沟内淤堵等，对溢洪道还应检查溢流坎顶高程，消力池及消力坎等	AQ 2006—2005（第7.1条）	基本符合	未见记录

序号	检查项目	检查内容	检查依据	检查结果	备注
19		尾矿坝安全检查内容：坝的轮廓尺寸，变形，裂缝、滑坡和渗漏，坝面保护等	AQ 2006—2005（第7.2条）	基本符合	部分记录不详
20		尾矿坝的位移监测每年不少于4次，位移异常变化时应增加监测次数	AQ 2006—2005（第7.2条）	符合	
21		尾矿坝的水位监测包括洪水位监测和地下水浸润线监测；水位监测每季度不少于1次	AQ 2006—2005（第7.2条）	不符合	未见记录
22		检测坝的外坡坡比。每100m坝长不少于2处，应选在最大坝高断面和坡坝较陡断面	AQ 2006—2005（第7.2条）	基本符合	未见记录
23		检查坝体位移。要求坝的位移量变化应均衡，无突变现象，且应逐年减小	AQ 2006—2005（第7.2条）	符合	
24	尾矿坝安全检查	检查坝体有无纵、横向裂缝	AQ 2006—2005（第7.2条）	符合	
25		检查坝体滑坡	AQ 2006—2005（第7.2条）	符合	
26		检查坝体浸润线的位置，应查明坝面浸润线出逸点位置、范围和形态	AQ 2006—2005（第7.2条）	不符合	未见记录
27		检查坝体渗漏。应查明有无渗漏出逸点，出逸点的位置、形态、流量及含沙量等	AQ 2006—2005（第7.2条）	基本符合	未见记录
28		检查坝面保护设施。检查坝肩截水沟和坝坡排水沟断面尺寸，沿线山体稳定性，护砌变形、破损、断裂和磨蚀，沟内淤堵等；检查坝坡土石覆盖保护层实施情况	AQ 2006—2005（第7.2条）	基本符合	未见记录
29		尾矿库库区安全检查主要内容：周边山体稳定性、违章建筑、违章施工和违章采选作业等情况	AQ 2006—2005（第7.2条）	基本符合	未见记录
30	尾矿库库区安全检查	检查周边山体滑坡、塌方和泥石流等情况时，应详细观察周边山体有无异常和急变，并根据工程地质勘察报告，分析周边山体发生滑坡可能性	AQ 2006—2005（第7.2条）	基本符合	未见记录
31		检查库区范围内危及尾矿库安全的主要内容：违章爆破、采石和建筑，违章进行尾矿回采、取水，外来尾矿、废石、废水和废弃物排入，放牧和开垦等。	AQ 2006—2005（第7.2条）	基本符合	未见记录
32		尾矿库工程建设档案包括：地形测量、工程地质及水文地质勘察、设计、施工及竣工验收、监理、安全预评价及验收安全评价、审批等文件、图纸、资料	AQ 2006—2005（第7.2条）	符合	
33	尾矿库工程档案	尾矿库生产运行档案包括年度计划、生产记录（入库尾矿量、堆坝高程、库内水位）、坝体位移及浸润线观测记录、隐患检查记录及处理、事故及处理、安全现状评价等	AQ 2006—2005（第7.2条）	符合	

6.5.3 安全对策措施

该企业特殊工种培训不足，特别是尾矿工培训尚未取证；日常巡检和定期观测记录不详；尾矿库应急救援预案内容不全面，未进行演练；防洪安全检查、尾矿坝安全检查和尾矿库库区安全检查的记录文件不详。企业应该加强特殊工种的培训，特别是尾矿工的培训取证；加强日常巡检和定期观测，并且进行详细记录，保存记录文件；完善尾矿库应急救援预案，针对每类事故类型进行演练；加强防洪安全检查、尾矿坝安全检查和尾矿库库区安全检查，并且进行详细记录，保存记录文件。

6.5.4 结论

对尾矿库，俗有"三分设计、七分管理"之称，可见安全管理对于尾矿库的安全运行至关重要。该企业建立了尾矿库的安全管理制度，形成了较为完善的安全生产责任制，对排放尾矿工作建立了相应的安全操作规程，大多数特殊工种均是持证上岗，建立了基本的事故应急救援预案，对主要库区部位进行相应的安全检查与监测，建立了基本的尾矿库管理档案，具备了较为完善的尾矿库安全管理体系。

——————— 本 章 小 结 ———————

典型实例分析主要针对非煤矿山企业典型事故采用系统安全分析方法进行事故案例分析并提出相应的安全对策措施。采用事故树分析方法对露天爆破事故进行安全分析；采用事件树分析法对地下矿山冒顶事故进行安全分析；采用作业条件危险性分析方法对地下矿进行安全分析；采用预先危险性分析法对选矿系统进行安全分析；采用安全检查表分析法对尾矿库系统进行安全分析。

参 考 文 献

[1] 汪元辉. 安全系统工程 [M]. 天津：天津大学出版社，2004.

[2] 张景林，崔国璋. 安全系统工程 [M]. 北京：煤炭工业出版社，2002.

[3] 徐志胜. 安全系统工程 [M]. 北京：机械工业出版社，2007.

[4] 林柏泉，张景林. 安全系统工程 [M]. 北京：中国劳动社会保障出版社，2007.

[5] 冯肇瑞，崔国璋. 安全系统工程 [M]. 北京：冶金工业出版社，1987.

[6] 沈裴敏. 安全系统工程基础与实践 [M]. 北京：煤炭工业出版社，1991.

[7] 蒋军成，郭振龙. 安全系统工程 [M]. 北京：化学工业出版社，2004.

[8] 袁昌明，张晓冬，章保东. 安全系统工程 [M]. 北京：中国计量出版社，2006.

[9] 国家安全生产监督管理总局. 安全评价 [M]. 北京：煤炭工业出版社，2005.

[10] 魏新利，李惠萍，王自健. 工业生产过程安全评价 [M]. 北京：化学工业出版社，2005.

[11] 柴建设，别凤喜，刘志敏. 安全评价 技术·方法·实例 [M]. 北京：化学工业出版社，2008.

[12] 中国就业培训技术指导中心. 安全评价师 [M]. 北京：中国劳动社会保障出版社，2008.

[13] 宋富国，赵瑞玺. 爆破事故分析和安全技术措施 [J]. 露天采煤技术，2001（1）：57-59.

[14] 杨军伟，林大能，张鹏，等. 基于事故树理论的爆破事故致因分析 [J]. 采矿技术，2007，17（3）：49-50.

[15] 刘铁民，张兴凯，刘功智. 安全评价方法应用指南 [M]. 北京：化学工业出版社，2005.

[16] 蒋军成. 事故调查与分析技术 [M]. 北京：化学工业出版社，2004.

[17] 郭建国，宋世杰. 基于事故树理论的非金属矿山爆破事故致因分析 [J]. 工业安全与环保，2009，35（2）：22-23.

[18] 林友，黄德镛，刘名龙. FTA 在某露天矿边坡安全评价中的应用 [J]. 昆明理工大学学报，2005，30（5）：6-10.

[19] 林友，黄德镛. 基于最小割集的多项因式相乘布尔代数化简研究 [J]. 矿业研究与开发，2005，25（4）：81-82.

[20] 林友，黄德镛，叶加冕，等. 矿山竖井提升伤亡事故的事故树分析 [J]. 云南冶金，2006，35（3）：7-9.

[21] 毛益平，郭金峰. 非煤矿山安全评价技术与实践 [J]. 金属矿山，2003（4）：7-10.

[22] 白文元，何昕，赵云胜. 非煤矿山安全评价方法探讨 [J]. 工业安全与环保，2004，30（8）：32-34.

[23] 阮琼平，王玉杰. 地下金属矿山安全评价体系的探讨 [J]. 工业安全与环保，2004，30（3）：46-48.

[24] 石永国，傅忠清. LEC 评价法在非煤矿山安全评价中的应用 [J]. 黄金（采矿工程部分），2009（9）：33-34.

[25] 隋鹏程，陈宝智. 安全原理与事故预测 [M]. 北京：冶金工业出版社，1988.

[26] 本手册编委会. 特大安全事故行政责任追究规定实施手册 [M]. 北京：万方数据电子出版社，2001.

[27] 中华人民共和国国家质量监督检验检疫总局. GB 18218—2009 危险化学品重大危险源辨识 [S]. 北京：中国标准出版社，2009.

[28] 国家市场监督管理总局，国家标准化管理委员会. GB/T 13861—2022 生产过程危险和有害因素分类与代码 [S]. 北京：中国标准出版社，2022.

[29] 国家标准局. GB 6441—1986，企业职工伤亡事故分类 [S]. 北京：中国标准出版社，1986.

[30] 国家安全生产监督管理总局. AQ 8001—2007 安全评价通则 [S]. 北京：煤炭工业出版社，2007.

［31］国家标准局.GB 6721—1986 企业职工伤亡事故经济损失统计标准［S］.北京：中国标准出版社，1986.

［32］林友.矿山斜井跑车伤害事故事件树分析改进研究［J］.云南冶金，2021，50（1）：5-8.

［33］国家标准局.GB/T 29639—2020 生产经营单位生产安全事故应急预案编制导则［S］.北京：中国标准出版社，2020.

［34］国家标准局.AQ/T 9007—2019 生产安全事故应急演练基本规范［S］.北京：中国标准出版社，2020.

［35］魏世孝，周献中.多属性决策理论方法［M］.北京：国防工业出版社，1998.

［36］黄孟藩，王凤彬.决策行为与决策心理［M］.北京：机械工业出版社，1995.

［37］张训诰.可靠性及其应用［M］.北京：兵器工业出版社，1991.